上海市出版协会 编纂

庄智象 著

崔增来◎著

上海古籍出版社◎出版

上海市出版协会◎编纂
庄智象◎著

上海出版研究丛书

理念、策略与探索
外语出版实务研究

LINIAN CELUE YU TANSUO

復旦大學出版社

编委会名单

编委会主任：徐　炯

编委会成员：

徐　炯　赵昌平　贺圣遂　卢辅圣　翁经义　朱杰人
庄智象　邓　明　周舜培　阮光页　孙　晶　马　加

执行编委：

赵昌平　马　加

《大学英语》(试用本,文理科通用)

《大学英语》(修订本)

《大学英语》(第三版)

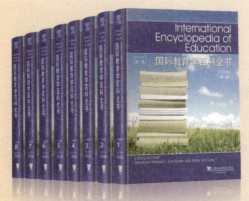

《国际教育学百科全书》

新编外国文学史丛书

《外语界》

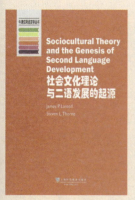  

牛津应用语言学丛书

世界知名语言学家论丛

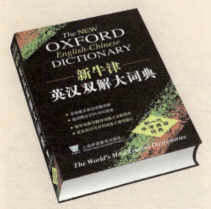 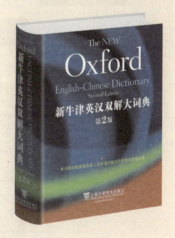

《新牛津英汉双解大词典》（第一版）　　　《新牛津英汉双解大词典》（第二版）

外教社出版的《汉俄大词典》作为文化礼品赠送给俄罗斯总统梅德韦杰夫,梅德韦杰夫总统致函外教社表示感谢

作者同海外出版社商讨合作事宜

作者同海外出版社签订合约

目录

理念、策略与探索
——外语出版实务研究

001　总序
001　序
001　附：出版呼吁专业性研究
　　　——庄智象《外语出版研究》代序

理念与策略

003　坚持与时俱进　调整图书结构　致力于我国外语教育事业的发展
010　出版、科研、教育互动
　　　——上海外语教育出版社集团化构想
017　教育带动出版　出版服务教育
023　与时俱进，坚持特色，加快发展
030　坚守专业，提升出版品质
035　坚持特色　打造品牌
　　　——上海外语教育出版社的办社思路
043　夯实基础　练好内功　坚持可持续发展
049　深化出版体制改革　促进出版业的繁荣与发展
054　发挥优势，办出高校出版社的特色
059　提高认识　明确任务　推动发展
062　贯彻《纲要》精神　服务教师发展
065　三十而立，百尺竿头，更进一步
069　左手迎接挑战，右手抓住机遇

074	以个性求出路　以人才求发展
	——我国外语学术期刊的现状、挑战与对策
080	试论外语学刊的地位、作用和提高
090	努力做好外语出版工作，服务于外语学科建设与发展
	——从创办《外语界》说到外教社的发展

探索与思考

117	21世纪卖的就是品牌
	——出版社品牌建设的若干思考
125	图书营销的现状、困境与出路
133	学术出版与学术走出去的若干问题
140	开发海外出版资源的原则和策略
147	抓住机遇、发挥优势，促进版权输出
151	版权贸易之我见
158	制订"十二五"规划应考虑什么
162	关于全国书市可持续发展的若干建议
164	信息与出版
169	策划、组织与监控
171	加快上海出版业发展的五点建议
173	图书出版业的喜与忧
175	出版工作者的良师益友

编辑与策划

179	构建具有中国特色的外语教材编写和评价体系
190	外语教材编写出版的研究
195	国际化创新型外语人才培养的教材体系建设
204	英语专业本科生教材建设的一点思考
211	《大学英语》：从一部教材到一个产业链
217	大学英语教材立体化建设的理论与实践

228	加强翻译专业教材建设，促进学科发展
231	外语编辑的素质
239	外语教学科研信息与选题策划
244	增强编辑出版工作者的"四个意识"
250	大力营造编辑的市场主体地位
258	一个点子，救活一套辞书，赢取三个市场
	——"外教社简明外汉—汉外词典"系列选题策划和版权贸易案例
263	一个值得记录的成功出版项目
	——以《新牛津英汉双解大词典》为例

附录：媒体访谈

281	清醒的实干家
	——记庄智象和他领导的上海外语教育出版社
287	庄智象：他的选择与众不同
289	桃李不言，下自成蹊
294	智者不惑　大象无形
	——记庄智象
300	会当凌绝顶　一览众山小
305	"可以请外国作者当翻译"
307	庄智象印象
311	谁说大象不能跳舞
	——记上海外语教育出版社社长庄智象
317	有所不为，而后可以有为
	——访上海外语教育出版社社长庄智象
320	把单向的引进变为双向的合作
	——外教社社长庄智象访谈
322	庄智象：外教社使命

总　序

上海市出版协会第六届理事会和秘书处发起并组织撰写《上海出版研究丛书》，由赵昌平理事长领衔，出版界多位前辈、中坚襄助，历经两年努力，业已编成首批三种。这是一项非常有意义的工作。具体来说，意义在于倡导一种理念：出版人和出版单位都要重视总结得失、积累经验，为自己构筑不断进步的台阶；同时倡导一种方法：以撰写案例的形式保证和提升经验总结的质量，把台阶筑得坚实。

先说理念。

两年多前我才从报业转到"面熟陌生"的出版业，尽管对情况的了解还谈不上深透，但也发现了一些共性的问题。我做报纸时，一再感慨报人和报社有个通病：对于总结得失和积累经验不很重视，甚至很不重视。比如年年做全国"两会"报道，于事前的策划和事中的采写编辑投入大量精力，但基本没有事后——所谓总结，多是潦草应付，无非开个会，大家随便说说，老生常谈为主，即便有人说出三四条有价值的新经验或新教训，旁人当时点头赞同，会后却很快忘记；很少留下记录，留了记录也扔到一边。结果，下一年的策划总是面对一张白纸从头再来。尽管这类重要报道会有若干"富有经验"的人参与，理论上他们能够利用以往的经验、教训，优化这一次的策划、提升这一次的执行，可是如果以往未曾认真总结，经历丰富也未必能"富有经验"。

出版人和出版社是不是同样如此？因为并非"实践出真知"，不敢贸然下结论，但至少，以我同时参与新闻类和出版类高级职称评审工作的感受，出版类参评者提交的编辑业务论文的质量，总体上还不如新闻媒体类。不少业绩很不错的出版社编辑，论文却平平。据说是"忙得没时间写"，但正如有一次赵昌平先生正色批评的那样：评职称有几年准备，而论文也就要求提交一两篇，难道真忙得找不出一点时间？

我们做一项工作，总有双重收获，既得到有形成果：一本书、一次营销，等等；又得到无形成果：经验和教训。但我们往往看重前者而忽视后者。对工作中的得失善加总结，是为自己不断上进构筑台阶。事业有成的人，一定如此。

出版单位欲求发展，同样需要构筑这样的台阶。为此就要督促、鼓励员工总结、积累经验，更要把个体经验转化为集体经验：一项工作完成后认真总结、记录并建档，以相宜的形式，比如将它们放到内部网络上，让大家分享，特别是让新人和此前未做过同类工作的员工学习、参考。

我们如今经常说要建设"学习型组织"，但似乎并没有全面、深入地去领悟它的含义，甚至望文生义。"学习型组织"，当以自我总结和分享经验作为关键的学习形式，而不能只是定期不定期地请外人来讲一课。对员工来说，总结得失是自我学习，同事间分享的经验，是最能贴合工作所需的教材。对单位来说，"重视人才"就应营造这样的学习氛围；就应该珍视每个人努力得来的经验，不因不重视总结留存而使得这笔重要财富流失。

再说方法。

由于不重视，我们在总结得失、积累经验的方法上存在问题。《上海出版研究丛书》选用"案例"形式来组织内容，倡导了一种新方法，比较能够保证总结的质量。

说完全不重视"总结"倒也不尽然。某项工作完成之后，若要写出"总结报告"呈交上级部门或者在表彰会上宣读，恐怕就不会敷衍，往往还很用心。这种有特定用途的"总结"，相应地有特定的写作套路，主要特征是"先讲结论后说事"。这若干条"结论"，本应是回顾工作过程之后提炼出来的，但经常是从文件中拿来的、当前格外强调的大原则；在这样的框架中"说事"，一般就将"事实"裁剪成了"事例"，从复杂曲折的工作过程中选取出与"结论"相合的片段。

显然此"总结"非那总结，不能替代，却不时替代。而且这种"总结"的路数影响很大，连不少个人业务论文也套用："结论"从教科书中拿来，每一条之下附加几个自己工作的事例。好像写论文是要再一次证明已经被证明过无数次的正确结论的正确性。

案例写作是另一种路数：先说事再讲结论。说事，要铺陈过程，不省略其中的复杂曲折，不回避自己在事前策划时的误判和执行时的力不从心，也不忽视环境因素和意外因素的作用。结论，从事实引出，是具体的，也是个性的。因为案例详尽地叙述，特别是不作刻意剪裁，所以对于作者有关得失的结论是否允当、是否还有其他正反经验可以提出，读者亦能评判。

利用数字化、网络化技术带来的崭新条件，如今科研论文的发表与传播已开始采用"论文+实验资料"的新模式。它重新定义了"分享"：更完整的事实呈现，让大家都能分析解读，倒逼论文作者更严谨慎重地提观点、下结论。这种新模式极具启发性，为我们以案例撰写为方法作经验总结设定了更高标准，保证自我表扬和自我批评都更有价值。

以上所述，自然是理想化的，完全做到也难。关键在于，坦诚地剖陈自己的教训或许还不太难，直率指出他人特别是上司在某项工作中的缺失却很不容易。

另外，好的案例应当正确估价并写下"环境因素"的作用。做成一件事，主观努力固然要紧，客观条件有时更为重要。虽然我们平常也说"形势比人强"，但总结经验之时，却不免详述自己个人或团队如何"强"，忽视具体地交待和分析做这件事情时的"形势"如何。这会给读者造成误解。比如出版业，30、20、10年前的外在发展环境都跟今天不同，如果案例省略了彼时状况的描述，年轻人较难准确理解当年的成功经验。

前几年《纽约时报》网络版设置收费墙取得不小成功，国内报纸摩拳擦掌也来"造墙"，结果纷纷"撞墙"。当然这主要是因为案例读者有意无意的误读。作者似乎无需花费笔墨向媒体专业人士描述《纽约时报》"造墙"成功的基础和底气，让意图仿效者三思而行；但对于普通读者，则有此必要。

还有"意外因素"。阿里巴巴曾经拒绝与一家当时大红大紫的互联网企业合作，而回头去看，这是一个正确决定，对阿里巴巴后来的发展具有关键的正面影响。究其原因，多位分析人士各有说法，引经据典讲得头头是道，可被他们称赞"决策有方"的马云，最终自曝的真正缘由竟然是：对方前来商谈此事的一位高管让他"第一眼就看着不爽"，情绪占了上风。这类内情，不是当事者极难知悉。此事提醒我们，案例可以由外人来写，他们的总结有可能破除"当局者迷"，但也不能一概而论地认为"旁观者清"。

总之，重视总结的质量，才是真正重视总结。如此方能把托举自己不断进步的台阶筑得坚实。

《上海出版研究丛书》首批三种的出版，把分享经验的范围扩展到全市出版界，为上海出版的整体进步构筑了几格重要台阶。市新闻出版局一定会支持市出版协会继续把这件有意义的事做下去，以此推动各家出版社都更加重视总结得失、积累经验，不断提升总结的质量，既把台阶越筑越高，也越筑越好。

上海市新闻出版局局长
徐　炯

序

  这已经是我第三次通读庄智象社长的有关书稿了。去年冬，智象君要我为他的《外语出版研究》写个序。本以为泛览一过，少则千言，多则二三千便可告成；焉知开卷即被深深吸引，便由泛览而通读、而细读；下笔更不能自已，不知不觉就写成了万余言的研究性文字，而且意犹未尽，整个春节长假，出于敬佩，自告奋勇地又为之校读一过，这样便读了两遍，还不计作序时前前后后的翻检。近数年来，我读书不少，然而这样读法的，最多也就三五种吧。这倒不是因为智象君的文字特别精彩；吸引我的是他30万字左右，数十篇文章中所蕴含的外教社有关专业出版的理念、策略与思考以及相应的孜孜矻矻的研究和实践。当下，业内人人都在谈转型，有取得一定成绩者，然而更不少表面繁荣之下的深刻隐忧；当下，业内人人都在谈发展，然而真正做到了可持续、健康均衡发展的能有多少家？而在这部书稿中我惊喜地发现，外教社不仅如大家所知的那样，30余年，尤其是近十七八年内取得了持续发展，而且已形成一整套坚守使命、大处落墨、固本创新、立体推进的成熟理念与相应策略。这是一套知行合一、经得起时间检验的基于出版实践的经验性的理论，充满了一种专业性出版实务研究的精神气质，既富个性，又足示范，也因此我把长序起名为《出版呼吁专业性研究——代序》；同时因忝为市版协负责人，希望能在业界推广外教社的经验，于是便想将书稿移为版协正在进行中的《上海出版研究》丛书中的一种。然而智象君这部《外语出版研究》与他的另一部论集《外语教育探索》为姐妹篇，且为外教社一套有关丛书中的骨干品种，不便单独抽走，商量的结果，便是把姐妹二编中的尤其精粹之作抽出来合为一帙，取名为《理念、策略与探索——外语出版实务研究》，纳入版协的书系，以期引起业界的重视与讨论。

  合成后的书稿，我又读了一遍。由于新增了不少个案，尤其是近期研究论文，更由于将研究性的"出版"、"教育"二书合而为一,因此更好地体现了外教社"出版、教学、科研"三位一体的立社之本,读来感到更加充实,对理念的阐释更为充分。这里试就有关一个个案的两篇文章略加论析,以窥全豹。

《〈大学英语〉:从一部教材到一个产业链》、《大学英语教材立体化建设的理论与实践》是原收入智象君《外语教育探索》中的两篇文章,所说的核心产品就是外教社的支柱性品牌产品《大学英语》。业内谈起外教社的成绩,每每有一种意见,认为可羡而不可学,因为他们有《大学英语》,得天时、地利之便,此为他社所不具备者。然而,这两篇文章却足以使人们憬悟,这种意见其实肤浅。数据,是最说明问题的。

1986年,上外版《大学英语》试用本初版,一年下来销售总数还不到6 000套,然而至2009年,22年来,该系列教材总发行量近5亿册,销售码洋近20亿人民币,平均每年2 000余万册,销售码洋约9 000万。论地利,22年前,外教社同样背靠母校上海外国语大学;论天时,进入新世纪后,中国的英语热较之1986年其实已经开始降温。可见从6 000至5亿,靠的非尽天时地利。

1986年前后,全国各地所出版的《大学英语》教材不下百种,可以说有相应能力的出版社都依其地利在争夺天时之利,然而30年过去了,其中95%以上,包括几所名牌专业社的有关产品都已销声匿迹;然而外教社《大学英语》仍为上千所高校所使用,市场覆盖率达70%左右。这种情况在其他专业也有所体现。上海的名牌专业社,论地利,大多似外教社之于外语专业,为中央名社之后的老二,也多多少少掌握几种上世纪中分配到的教材或教参;然而又有哪家在30年之后,依然独领风骚?比如在我担任总编22年的上海古籍出版社,有数种中国历史、中国古典文学、中国古代文论的教材和教参,20世纪90年代,均独占鳌头,但新世纪前后,同类教参不断出现,蚕食乃至分割市场,于是上古版的便每下愈况。也曾尝试新编,不久也淡出市场。最可叹的是原有的徐中玉教授主编的古典文学教参早已另谋高就,而郭绍虞教授主编的古代文论教参也险些为复旦大学出版社挖去。今天,当我读到智象君这些文章时,不禁颜赧汗下。

1986年时,外教社的支柱产品主要就是《大学英语》系列,然而至2009年已形成一个巨大的教材教参集群,其中仅教材就有大学英语3套,高职、高专英语3套(一套当时在编),英语专业3套,英语专业研究生2套,翻译专业本科生系列教材、硕士研究生系列教材各一套,等等;不仅如此,他们更由纵向延展,开发了全日制外国语学校小学、初中、高中英语系列教材;向横向拓展,出版了日、德、法、俄、西、意、阿(拉伯)语专业本科生系列教材与专业研究生教材各一套。围绕这些教材系列又开发了与之配套的教参与读物,仅教材与教参总数便达2 000余种。

1997年，外教社开始了数字化的探索，1998年，便为《大学英语》修订本配置了多媒体的《精读》、《听力》教学光盘；至2003年则又在修订纸质教材的同时完成了"新理念大学英语网络教学系统"的研制，并经3年的改进，于2006年初与纸质修订版同时推出了该版的CD-ROM教材与校园网、因特网等数字产品系列。并进一步以数字网络化的技术优势，大大发展了以优质服务为特色的各类教学培训，举办了各语种、层次的外语教学论坛，"外教社杯"外语教学大赛，以及中学生英语能力大赛等多种教学社会活动，从而使修订版以新的教学理念为核心，完成了教材的立体化转型，年销售量在该教材历经30年后依然稳居第一。

世纪之交，外教社更以教材品牌建设为基础开始了教材、学术著作、工具书、读物全面推进的战略转型，仅以学术著作为例，近20年来，推出了高端论著数十套2 000余种。许多为同行不看好的论著均取得了双效益，如"牛津应用语言学丛书"，便实现了一年销售2万余套的奇迹。现在外教社1 300余种常销书中，学术著作占了400多种，近1/3，成为他们又一支柱性产品群。

一个品种不仅历30年不衰，而且一步一个脚印地发展成为一个扎扎实实的产业链，不能不说是出版业的奇迹；然而奇迹背后却是平凡的、持之以恒的出于文化责任感的努力。这两篇文章告诉我们，这个过程中前进的每一步都伴随着对各时期外语教学方针与读者动向的反复研讨，都伴随着数千乃至上万份的问卷调查与不间断的信息积累，数十乃至上百次的研讨会与培训活动，都伴随着从上一版问世后即开始的改版酝酿乃至新编的预案。这些，与2 000多位国内外一流作者、60多家保持战略合作关系的境外出版社，尤其是一以贯之而与时俱进的"出版、教学、科研"三位一体，"专、精、特"，"精品战略、整体推进"的出版社定位，是外教社成功的基础，而所有这一切中更贯彻着一种精神，即高屋建瓴的研究精神，出版物研究所、出版发展研究所、外语教材与教法研究中心，这些为一般出版社所不具备的研究机构的设置，标志着外教社带头人现代企业经营意识的成熟。这种精神、意识在上述两文中更得到了极其生动的体现。

初读《大学英语教材立体化建设的理论与实践》一文，我以为这大概是《大学英语》第三版出版后的总结性文字，然而看到文章所署发表时间，不由得引动了我的"考证癖"，对照二文所述有关出版始末：2002年秋教育部启动新一轮大学基础课程改革工程；2004年1月正式颁发有关文件《课程要求》，不仅对内容，更对载体的数字网络化提出了新的要求；2006年外教社出版了体现立体化教学理念的第三版《大学英语》；而该文发表时地则为《外语界》2003年第六期，约当教育部课改工程启动一年余后，课改文件正式颁发之前数月，而早于第三版教材发布二年余。经向外教社查询，方知该文乃为他们又一种系列教材《大学英语》(全新版)而作,而与该文发表几乎同时,2003年1月,外教社"大学英语网络教学系统"由高教部高教司组织专家验收通过。在这篇近万言的文章中,智象君详细地分析了英语教学种种理论与模式的历史变化与得失,论证了现代建构主义教育理论相对于前此理论的种种优势与引入英语教育的可能性,并着重分析了现代教学技术——多媒体、网络化与建构主义英语教学理论的适配性及其对于传统理念与手段的革新,从而在国外"综合性教材"与"学习包"概念的基础上,落实了教育部2001年8月有关文件首次提出的"立体化教材"的战略性指导意见,并为之定位:大学英语立体化教材并非只是纸质教材与光盘、网络的简单结合;而是"以现代教育学理论,尤其是建构主义教育学理论为指导,通过计算机技术创新教学手段和教学环境,充分利用大量涌现的第一手教学资源而形成的一整套大学英语教学方案。它的目的是要更新大学英语教学观念与教学模式,最大限度地提高大学英语教学质量与效果。它是现代教学理念、现代信息技术和现代高校教学需要三者结合的产物"。在这一指导思想下,文章更详细论析了全新版教材之课程内容立体化、教学手段立体化与教材服务立体化的"一体化"构想。可见,《大学英语》(全新版)的编纂,为《大学英语》第三版的立体化改版,作了一次成功的预演,智象君以上理念与策略,后来也完美地体现于两年半后编成的《大学英语》第三版中,而与文章同步完成的"新理念大学英语网络教学系统"以及外教社行之多年的整体管理意识,无疑为《大学英语》第三版之光景常新提供了技术与监控保证。这些充分展示了一位学者兼出版社经营者,善于思辨、善于研究、善于执行,以大气局推进大工程的优秀气质,也为业界提供了一个出版专业实务研究的完美案例。

不难看出,这种气质,这种研究精神是外教社《大学英语》30年来经久不衰且荣获市、部、国家级多种奖项的灵魂所系,因为"研究"不仅保证了教材的高质量,更确立了教材开发的自主性,从而保证了出版社对优秀教材版权的拥有,避免了被"挖角"之虞。尤其值得一提的是,"十二五"规划期间,教育部对一应教材作了十取其一的删汰,首批公布的教材中,外教社在榜品种仍达8个项目176种,超过综合性的清华社而位居第一,这无疑也是高质量与自主性推扩为产业链的重大成果。

不必讳言,外教社在外语教材编写中有一定的天时、地利之便,然而天时不如地利,地利不如人和。天时与地利,只是为人们掘得第一桶金提供了一些条件,但如果人和不济,第一桶金也会从你手指间漏过;即使掘得了,也会很快消耗殆尽。唯有人和方是抓住"天时"之机遇,发挥"地利"之优势的保证。三复本稿,我最突出的感受是在企业化、集约化、国际化、数字化、泛市场化(传统市场外,出现了政府购买市场与个人出资市场)五大变局(天时)中,不少出版社,包括某些名社大社,因为利润至上而失我故步,不仅未抓住天时,也削弱了自身的地利,以至发展迟滞;而外教社则相反,在五大变局中,他们都借得了东风,汲取了正能量而避免了负影响,从而使天时的每一变化都成为企业发展的一种新机遇。这不能不归功于他们一以贯之的理念、策略与企业精神,归功于他们在适时应变中坚守出版业必须坚守的底线——文化担当与出版业基本规律;从而固本创新,获得了整体推进性的可持续发展。这些已具见于本书各文,我在为外教社版《外语出版研究》所作长序(附后)中,也作了总体性的分析,这里便不再重复,而仅重点以一个案例、两篇文章之论析作为本书序言,以期与前文虚实相映,引发思考。

赵昌平

2015.9

附：出版呼吁专业性研究

——庄智象《外语出版研究》代序

《外语出版研究》——我非常喜欢庄智象君这部论集的书名。它的第一个关键词"研究"，是一项事业是否具有科学性、理论性，是否能成为一门学科的标识；而出版业之是否具有学科品格，其争议由来已久，以至这一行业是否应设立职称系列，也一度成为严重的问题。虽然这问题约20年前已经解决，然而迄今为止，不仅业外，甚至业内，对出版业之"研究"属性的认识仍远远不足。典型的表现是"企业化"以后的一个命题与一种现象。

"出版社的领导应该是学者型的，还是经营型的"，这其实是个伪命题，其潜台词是随着"事转企"，出版社领导也应当是"学转经"。虽然讨论从未有过定论，但10多年来无序出版之愈演愈烈，已说明了将经营型与学者型对立起来的后果。有一位知名教授指责，当前出版社90%以上的产品都是垃圾。作为出版人，我自然不能苟同，甚至反唇相讥，谓出版社的低质产品远非如此严重，好书大量存在，而所谓垃圾产品之产生，第一责任者正是大学里的学者们。虽然反驳似乎义正辞严，然而深心里，我仍不能不自责：出版社的职守就是汰劣扬优，我们在不同程度上为了眼前的区区数万元补贴，而放弃了应当坚守的"闸门"职责，其最终结果是因无序而引发的发展迟缓，这路数实在难称"正道"；而出版社的领导，又是失守的重要责任者，因为我一直以为，"主要领导的风格，就是一个出版社的风格"。

这样说，绝非否认出版人经营素质的重要性，更不否认出版业"事转企"的总体必要性，而只是想强调这样一个显而易见的事实：图书作为"文化商品"的本质属性，决定了出版社的经营者,必须同时具备学者,至少是学人或尚学者的素养。这不唯指学历,更是指文化担当与研究能力、研究习惯。

然而不尽同于其他学科之研究,出版业研究的特殊性在于更强调出版实务中的研究,因此我又很欣赏这书名的又一关键词——"外语"。"外语出版研究",就是一种专业实务化的出版研究。脱离专业实务的出版研究,是纸上谈兵;而脱离了研究的出版实务,只能是短视的小本经营。从张元济、陆费逵、邹韬奋诸先辈起,现代中国出版业的一种优良传统就是文化人办出版产业;他们在创建商务、中华、三联这样现代出版实业的同时,也传承、积累、发扬、创新了中国文化,并形成了中国出版业的基本理念与系统经验。有两种出版人,一种是单纯的出版商,另一种虽然也是出版商,却因为有文化品格、文化担当,而格局宏大、视域宽广,从而升格为出版家。以逐利为最终目的的出版商,不仅赚不到大钱,也造成了出版的无序,弄不好更可能成为泯没了出版良知良能的无良商贾(幸好偷工减料的"精神食粮"还吃不死人);以文化为终极追求的出版家却总能在文化与经营的辩证思辨中,在不断变化的出版业态中,"咬定青山不放松",以崇高的文化担当,敏锐地抓住契机,获取企业利润的最大化。我们不是经常地以欧美出版业为师嘛,然而在这一根本问题上,古今中外,概无例外。阐述美国传媒业发展史的《总开关》一书中,有大意如次的一段话:毋庸讳言,传媒业总是要追求利润的,但成功的传媒企业,必同时具有一种终极的人文追求。

这话真是发人深省,而今天当读毕智象君这本《外语出版研究》后,我更深信,在"事转企"的当下,这话对于中国出版业而言,仍是一条颠扑不破的玉律。同时身为博士生导师,有多部重要著作,在外语教育界也享有令誉的外教社长智象君,以其30余年专业出版实务中与时俱进的研究性思考,也以外教社每年在销售码洋与利润实现上等于增生一个中型出版社的规模,又一次证明了这条玉律,也传承发扬了张元济们开创的现代中国出版的优良传统。智象君无疑是经营型的,而同时又是学者型的,更是思辨研究型的。思辨研究能力,是学者型、经营型两种素质相融合,并产生一加一大于二的化合效应之必不可少的催化剂。如果回到上面提到的那个命题,那末,智象君这本论集使我坚信,当下出版社领导者的素质应当是具有充分思辨研究能力的经营者与学人的集合体。

有深刻思辨素质的研究者都有一个共同的特点,那就是个性。个性并非对专业基本规律的漠视,而恰恰是在遵循基本规律基础上眼光独到的适时应变,而不人云亦云,跟风逐流。当着使命、职责这些字眼已成为不少人的笑柄时,本书却仍然一而再、再而三地谈论着使命、职责,并以之为出版人素质之首要;当着不少人习惯性地将政策、方针视作逐利的束缚而钻头觅逢地企望越界踩线时,这本书则显示,每当国家的一次重要会议召开，一项重大政策出台时，智象君都要组织全社认真学习，努力寻找国家大政与出版发展的契合点；当着许多人都因出版业近10年来发展迟滞，开拓不易，而寄希望于放弃专业来拓展外沿，以至闷杀个性时，这本书却告诉我们，应对挑战的根本之策是专业特色、专业质量、专业品牌；当着不少经营者重拾"广种薄收"的故技，甚至不惜牺牲质量以追求数量时，这本书又告诉我们，"图书以内容为王，内容以质量为上"，品质、品质，第三个词还是品质；当着卖书号成为风气，空壳化司空见惯之时，这本书却从头至尾在诉说着必须以自主创新为主而恰当地处理自主创新与借力创新的关系；当着"跑部钱进"发展到"圈钱运动"，国家出版资助的根本精神被严重扭曲之时，这本书却高屋建瓴，反复提醒人们要"夯实基础，练好内功"，在政府资助与出版社品牌特色建设的关系上，必须坚持以专业、特色、品牌为根本，以自主创新为主体，寻找品牌建设与国家资助的契合点，从而保证出版社的可持续发展；当着许多经营者开发技穷而千方百计地为节约每一个铜板细算死扣时，这本书又告诉我们"应投入100万的，绝不止步于99万"，而在设备、信息、资料、人才培养、作者队伍各方面的建设上敢于下大本钱，而尤为突出的是，外教社在出版科研方面的巨额投入，虽然这在不少经营者眼中只是"不急之务"、"花架子"。类似的"逆向思维"（应读作大思维）还能举出许多，而归根结蒂，都源于智象君这位经营者兼学者的出版人，以对出版社创新能力充分自信为立足点的深刻研究与多思善辨。

开拓创新，是当下人人在谈，而未必人人都懂得的热门话题。而外教社以他们30多年，尤其是近10多年来货真价实的可持续的跨越性发展，证明了开拓与坚守是一对互为前提的矛盾。传统是惰性，传统更是优势；无开拓则守成维艰，无坚守则开拓无本。"固本创新"（中华书局前总经理李岩语）是一切在改革大潮中取得扎扎实实业绩的出版社之共同经验，也必将是中国出版业扭转发展迟滞局面，健康、均衡、可持续发展的关键所在。这是我读完这本书后的又一深切感受。

在坚守中求创新，说时容易行时难，外教社则有成型的系统经验，本书叙之甚详，没有必要一一重复，下面拟由本书的结构起笔，先略析智象君的有关思想。

本书的主体是"理念与策略"、"探索与思考"、"编辑与策划"三章，三章的关系是：作为出版社经营灵魂的理念与支撑理念的骨架即策略，来源于出版实务中长期的不间断的探索与思考，而这种探索与思考又绝非天马行空，而根基于出版社常日里的重要活动——编辑与策划（广义的策划，含运作）。

王阳明说"知行合一"，意思是，知与行浑然一体，知的本身就是行的开始，而行的过程便是知的深化。本书以"探索与思考"居中，联系形而上的理念与策略，形而下的编辑与策划，前者来源于后者，又指导着后者，这就在出版实务研究中，体现了以探索与思考为枢纽的知行合一观。因此，本书虽由众多单篇组成，却富于历史性、系统性与整体感，而给我印象最深的有三点：一是理念与案例的相得益彰；二是基本理念的一以贯之与具体策略的适时应变；三是各个层面的经营策略"三十辐共一毂"，辐凑而成为系统的整体性的专业出版研究。无论作者是否意识到，其中实浸润有以知行合一为基本理路，并综合有崇本举末，审时取势，执一驭繁，执中用权等中国智慧之闪光。以下仅就于当下出版社建设尤关紧要之大端，略析智象君最具个性特点的三项观念。

一、定位、取势与专、精、特——外教社定位意识之特点

定位作为出版社经营者之首务，其重要性毋庸赘言，我想说的是外教社定位与相应布局之特点。

出版社的定位与相应的布局（乃至具体选题的策略）其实是对一个历史时期的文化生态（含出版业态），及其各时段具体演变洞彻理解之结晶。所谓文化生态，最终体现为三种人——文化决策者、文化生产者（就出版业而言是作者与出版人）、文化接受者的关系。过去所说的"出版社是作者与读者之间的桥梁"，应从这一大构架中去理解，也因此出版人不能满足于被动的桥梁作用，而更应当主动地去做文化生产中的导演兼服务者。依据出版社的传统与个性，在文化生态（含出版业态）、商务规律、技术载体所形成的张力中，寻找本社个性化的定位、布局以指导具体策划，这应当是出版"导演"的根本职能。

本书有多篇不同时期的长文，论述外教社的定位，其共同点是依据大学出版社中的外语专业社之特点，以及外教社自1979年建社以来的传统与优势，一以贯之地以出版、科研、教育三者互动为基本理念，同时依据全国同类出版社与作者，乃至外语类读物的分布情况与发展态势，进一步明确本社个性化的定位特点，即取法乎上，以专业、精品、特色为根本，以国内外外语教学科研的趋势为着眼点，以服务于外语教学科研为归要，以阶段性的发展目标与科学布局为取得整体性双效益的总策略。在以上总体理念确定之后，各长文谈得最多的就是"趋势"，亦即动态发展着的文化生态及出版业态，从而进一步确定某一阶段的发展重点。所谓趋势，作者论列了国家现代化建设的发展现状、目标与此一阶段相关的大政方针，以及有关外语教育的具体政策动向；境内外外语教学科研及有关出版物的现状与动向，尤其是一流单位、一流学者的科研现状与潜在趋向；以高校师生为主的各阶层读者对外语类图书的阅读趋尚与潜在走向；市场中已有的成功的本专业出版物的占有率与有关的潜在阅读需求的量化分析；拟议中的甚至潜在的出版选

题之学术水准与市场潜力的科学预估；可以成为合作伙伴的境内外出版单位的特点、现状及发展态势，等等。我以为，所谓形势，就是众形相待而成势，也就是某一特定时期，与要解决的问题相关的矛盾着的诸多方面（形，不仅是正反两方面）相互碰撞所形成的合力（势）。智象君熟谙此理，因此在确定每一时期的发展目标与策略时，总是广泛集聚信息，组织境内外专家与本社员工对以上相关因素作反复研讨，从而在贯彻基本理念与总体策略的基础上，对某一阶段的具体思路、重点开发方向与项目，乃至相关策略作审时度势、审形取势的必要调整。如1997年，他初任外教社社长不久，就确定了在坚持外教社教材出版传统优势的同时，要改变单一化的选题结构，提出教材一百种、学术著作一百种、工具书一百种、读物一百种的"四个一百"工程，从而揭开了外教社整体化发展（详下）的序幕；至2003年，更在近三年快速发展的基础上，进行图书结构的第二步调整，提出"精品战略，整体推进"的明确战略发展目标；与此同时相先后，他得风气之先，更在上世纪八九十年代，就带领外教社在坚持纸质出版专业优势的同时，开始了数字化出版的研究探索，并在以后短短的10多年间，建立了多个数据库与服务平台，更形成了自己初步的赢利模式；也几乎与此同时，他又引领外教社在其重要板块海外合作方面作出了一系列重大决策，由向港台输出为主，到规模化引进先进国家教科学术论著与工具书，再到协作出版、共同出版，再到物色组织海外作者自创外语图书，再到建立北美分社，等等。以上每一次审时取势的调整都是外教社近30年来跨越式持续发展的关键举措。然而外教社绝不因已有成绩固步自封，2015年他们进一步总结经验、审时度势，对今后的发展思路作了清晰的梳理——继续推进出版、科研、教育互动发展；加快传统出版向数字、网络化转型；由外语出版基地向外语教育综合服务基地转型；由传统出版企业向现代化出版企业提升。不难看出，这一明晰、简练的发展目标所内含的气魄宏大、思维敏锐而又脚踏实地的思辨特征，其中，"向外教综合服务基地转型"，最有新意与个性，而20多年来外教社多种数字化平台与多层次教育、培训研发中心的成功建设，已为这一创意提供了强大依托。

如果说在定位问题上，以出版、科研、教育互动是其他各外语专业的出版人也会想到的理念，那么以科研开路、以服务为要，便体现了外教社慧眼独具的气魄；如果说社会效益与经济效益并重，是合格的出版人必备的共识，那么，真正地以高度的社会责任感、优质的社会效益来带动切实而巨大的经济效益，便是外教社知行合一的睿智；如果说尽可能多地占有市场份额是所有出版人的共同愿望，那么以"学术性"、"适应性"、"前瞻性"、"唯一性"、"填空性"建立"专业优势"，始终不移地以专、精、特为品牌特色，"一种产品就是出版社的一个形象代言人"，"人家已经出版的，我们不必再做，我们要做的是人家没有做，不能做，不敢做的"、"不仅要善于洞察当下的市场，更要善于发现潜在的市场"，便是外教社专业定位的个性；如果说定位布局是一个出版经营者的首务，那么定位一经确定，可以也应当作适时应变的调整，但绝不能轻易地随波逐流、改弦更张，成熟的出版社绝不能因数万小利而去做与品牌无关，甚至损害品牌的产品，绝不能搞游击战，而必须建立根据地，搞运动战、阵地战，形成一以贯之的专业优势、品牌气势与个性特色，便是外教社为出版界提供的一条极可宝贵的定位经验。

二、规模、品质与整体推进——外教社规模意识之特点

规模性的效益是出版人又一共同祈愿；然而规模有优质与非优质之分，有可持续与不可持续之别，而当下出版界一种可忧的现象是重复数年前经济建设中"唯GDP论"的偏向，导致规模的非优质化与不可持续性；等而下之者，更不乏玩数字游戏，以纸上规模，自娱自乐，自欺欺人。经济界的调整，在中央的统一部署下，已经多年，并在总体上初见成效；可叹的是出版界虽也不乏调整得力的出版单位，但总体观之，似乎尚未引起足够的重视。

从本书可见，规模意识从上世纪末，智象君一开始任社领导，甚至更早，在上世纪80年代任《外语界》主编时已经明确具备，并在以后同样地一以贯之；然而不同寻常的是，大抵从新世纪初起，他的一系列文章，论到规模，便总是与另外三个关键词相联系，这就是"控制"、"品质"与"整体"。大抵在"十五"规划执行期间，他便明确提出要处理好"数量与质量"、"规模与效益"、"速度与效率"三对关系，"整合出版资源、稳定出版规模、控制出版节奏、双效益优先"，从而"保证外教社的发展科学、稳健、可持续"。要之，经营规模，发展速度，在外教社这位带头人看来，必须有理性的"控制"，以避免"盲目性"，它的实践结果应当体现为效率与效益，而效益与效率的前提就是外教社专业化、个性化的"质量优势"，是"坚持质量优势、打造品牌"，因为"21世纪卖的就是品牌"。质量与品牌合起来也就是出版社的品质。由于充分意识到出版社的品牌是由一以贯之的优质产品累积而成，并维养而扩展影响的，因此外教社的质量监控，贯穿于从选题策划到双效益实现的全过程，包括政治质量、（作品）内容质量、（作品）文字质量、编校质量、装帧质量、印刷质量、服务质量七大方面。

以品质为先，适度控制规模与速度，绝不意味着放弃规模与速度，外教社在明确提出"控制"观念的"十五"期间，有130多位员工，新书品种控制在每年400种以下，各类质检所及品种全部合格，优秀率为13.7%，其品牌声誉在境内外不胫而走，而由于单

书质优量大，重版率年年70%左右，故其效益规模及发展速度并未因此放慢；相反，他们提前两年完成了"十五"规划各项指标，以年增销售码洋5 000万，实际利润1 000万的可持续发展奇迹，证明了对"规模"必须持有理性意识的必要性，而此期建成的12层高、17 000平方米、具备现代化功能的外教社出版大楼，正是其理性规模意识的代言人。在以后的"十一五"、"十二五"规划期间，这种理性的规模意识仍在发挥重大的作用，譬如至2014年，因事业发展，员工总数增至191人，然而新书品种仍控制在462种，而是年实际利润为13 900余万，这种绩效，足以让持"广种薄收"论者深思。

推究本书所论，外教社可持续的优质规模效应之取得，除了定位科学、品质为上之外，又一重要的经验是，将规模、品质与"整体"推进观念相结合，形成"整体策划、整体运作、整体服务、整体监管"的又一可贵出版经验。读本书，会感到智象君在贯彻专业化、精品化、特色化的出版、科研、教育互动的基本理念时，犹如在指挥一个集团军，管理服务方面的整体性留待下节再析，这里先说说外教社在选题策划布局方面的整体性。教材（含教辅）、学术书、工具书、读物是这支集团军的四大分支，每个分支中又形成若干选题群；每一选题群中又都确定若干这一时期要重点修订、维护或重点开发的重大项目，并通过从策划到营销的的整体服务，通过多层次的数字化平台与手段，综合性地维养、拓展品牌效应，从而拉动整个选题群乃至整个分支的整体效应。如由"公共英语"到"大学英语"的思路调整与重大修订及扩容；由《西索简明汉外（系列）词典》至《外教社简明外汉—汉外词典》系列的改版策划；由《新牛津英语词典》直至《新牛津英汉双解大词典》之从选题争取、合同谈判，到编例调整、版次升级，到境内与境外、纸质与数位销售服务同时并举，终于反客为主、大获成功的几近传奇故事的运作推进过程，都是这方面的好例。智象君有一个生动的比喻，选题开发不能零打碎敲，要像开辟田地、森林一般，一块一块、一片一片地开发，更要在这片田地、森林上尽可能地做足做好，这样才能凸现品牌，形成气势，从而不仅以前瞻性、唯一性、质量优势，更以整体形态保证规模效应。这种一片片、一块块做足做好的思路，现在已适时应变地细化为各板块之中各系列产品的主次轻重配置，自主创新产品与境外引入产品的合理布局，纸质产品与数字网络产品的权重，图书产品与服务"产品"的互动等等方面。整体推进观念与专、精、特的品质优势相结合，应当是外教社规模效益持续增长之秘诀所在。

科学发展观，人人都在讲，在我看来，其根本精神就是由统筹与优选所形成的整体性的协调、均衡发展。不均衡是普遍存在的，然而，以此为理由，而不讲均衡，从而导致整体失衡却是可怕的；在常存的不均衡中，保有清醒的均衡协调意识，扣两端而求其中，以求得整体性的规模效应，应当是科学的可持续发展的核心。这一点已成为最近五六年来中央指导我国现代化建设的重中之重,而外教社在出版业中,已为我们提供了一个耐人寻味的优质个案。

三、管控、组建与人才——外教社管理意识之特点

人人都说人才重要,但并非人人能真正认识人才之何以重要,更无论如何使人才确实能人尽其才。通常的做法是:一、引进专业技术人才;二、组织相应的短期培训,如听讲座,参加行政系统的短训班;三、给予一定的物质奖励,做得较好的,能破格提升,较早给予人才以职务平台;而等而下之者,则将人才异化为工具式的简单劳动力,一个博士生,在出版社工作数年后,变成一个事务主义者,连有质量的本版书书评也写不出了,这种情况,绝非个别。

以上做法无论高下,一个共同的特点是将人才视作个体来使用,因此很难起到一加一大于二的效果;外教社的人才方针则相应达到一个较高的层次,显著的特点是与"整体推进"的思路相应,强调人才建设的整体性结构,使个体的人才,产生N加N大于2N的集合效应,因此,其"人才"观念,总与另外两个关键词——"组建"与"管控"相联系;同时,他们将人才的概念由社内推扩至社外,包括作者与其他相关人等,从而构建起社内外甚至境内外互动的人才网络。

一提起"管控"与"组建",就会有人非议这不是限制了人才的自由吗?其实不然。庄智象可说是一位货真价实的"人本主义"者,只是并非民粹派的人本,而是体现了中国管理智慧与现代企业管理经验的人本。

郭象注《庄子·马蹄篇》有一条很有意思的疏解。庄子本文称剪鬃钉足,是戕害马的天性。郭象注说,不然,马牛的天性就是能负重牵引,奔走驰骋,因此,服牛乘马正是顺其天性,唯须注意能日行八百里的马儿,不要让它跑八百零一里。意思就是适度的管控,正是使万物尽其天性之必须。其实,只要不是极端的自由主义者、无政府主义者,即使西方自由主义理论,也不否认人的社会职责,与通过法律、制度进行适度的管理。现代化企业之组织严密,制度井然,便是此一思想在管理学上的反映,而管理学正是产生于西方的一门近现代社会科学。

智象君管理经验的前提是这样一种认识,他把人才的工作视作一种创造性的智力投入,因此,不仅在社外对作者充分礼敬,从不靳惜于名分、报酬之属,更对社内人才舍得下大本钱培养,除前面提到的常规做法外,更每年选送员工攻读高一级学位,甚至鼓励支持他们出国进修与参加各类国际性学术会议,而对于从事对外交流业务的干部,从

不拘泥于每年出国一次的陈规，出国，只要业务与培养需要，在他们是常事，这对于将出国"考察"视作一种福利或奖励，轮转着来的通常做法又是一种启发。本书中有一处，我起初以为自己老眼昏花看错了，就是外教社内设立的种种机构，其中11家都具备"独立法人"的资格，经短信核对，确实不错，只是目前已增至14家。于是不禁想起秦末楚汉之争，史家论刘项成败，称楚霸王败亡的一条重要原因是印玩敝而不忍与；又想起一条大意如下的古训，谓奋一人之私智，而弃群智于不问，断难成就大事。已成就大事业的外教社领军者显然不是这样的主帅。将人才整合于运作有序的组织体系中，让他们身处一定的管控大系统中，又充分发挥才智来管控所领部门的工作，是智象君管理经验的要髓。为此，管控体系的组建，便成为其管理工作的重心。

他以学者兼经营者的眼光，认定外语教学科研的发展是出版社选题结构光景常新的源头活水，"没有有价值的科研创新成果，便没有体现科研成果的出版物"；然而，"有有价值的科研创新成果，却未必有富于科研价值的出版物"。也因此外教社的管控组织系统便以服务于教育科研为核心，致力于社外作者群与社内组织形态紧密结合以产生互动效应。这中间有一个重要的，在现代出版中更至关重要的结合部，就是"信息系统"。信息是良性互动，率先取得前瞻性、有潜力的选题之前提。本书有多篇专文论信息与信息平台的构建，比如具有独立法人资格的"外教社信息技术发展有限公司"，就是外教社的平台之一。限于篇幅，这里不再展开，仅附及于此。

对于作者队伍乃至网络的建设，他们首先通过有效的信息系统，了解境内外外语科教的学术动向及其与国家有关政策的适配点，除斥巨资支持本校的教学科研外，尤其对校外一流外语科教单位、一流学者的成果、在握项目、研究趋向了然于胸；从中优选最有潜力的重点项目与项目担纲人；同时又奔走于决策部门与学界之间，促进各种政、学现有机构的协同，或倡议组织新的交流机构，从而不仅网罗了，更组织了堪称国内出版社最强大的外语教学科研作者群，并通过机构组建强化和作者们的经常联系与对他们的服务。

大抵在"十五"期间或稍后，他们在社内已组建起多个以研发服务为主要职能的机构，如"外教社出版发展研究中心"、"外教社出版物研究中心"、"中国外语教材与教法研究中心"、"外教社教育培训中心"，主要服务于外地院校、作者与外地读者的7个"外教社异地编辑部"、7个下属"图书发行有限公司"，以及致力于新媒体开发的专职研发部门，致力于境外作者、译者队伍组建的外教社北美分社等等。

智象君认为"市场竞争从某种程度上来说，也就是服务质量的竞争"，而服务质量的高下又取决于出版流程各个环节专业化的分工，因此他努力于编辑、校对、出版、营销、外贸、管理等各个部门以人才素养为核心的专业培训、岗位设置与制度建设，而专业化一条龙服务更是部门组建的核心目标，这无疑是外教社吸引凝聚人才，提高服务质量，赢得社会公信的有效措施。

应当同时提及的还有性质类似的同行合作，业界不少知名出版人谈起同行协作，便会嗤之以鼻；然而，智象君却认为同行不仅是竞争对手，还可以是合作伙伴。"双赢"这个当下颇为时髦的词语，20多年前就出现在他的文章中。我曾多次听到外地同行说到这位"华东地区高校出版协会"会长庄智象，是可敬可法的竞争对手，却又是可以信赖的真诚朋友；我还曾有幸旁听他与台湾同行共商某一重大协作项目，侃侃而谈，台湾出版界的名宿林载爵先生当场对我耳语，赞叹道："庄先生是大陆出版界的奇才。"更可注意的是，虽然他将对外交流视作自主创新的补充，但在物色稳定的长期合作伙伴上建树尤丰，累积至新世纪头一个10年，外教社已与60多家海外出版单位建立了健康、双赢的长期协作关系，其中既有培生出版集团、圣智学习出版集团、剑桥大学出版社、牛津大学出版社、麦克米伦出版有限公司、麦格劳–希尔教育出版集团等十数家大型出版集团或单位，更有为数更多的有特色、有潜力而名声不彰的中小出版企业。"无论对方知名度、财力高下如何，我们都一视同仁，一样接待，一样礼敬，一样平等地谈判"，庄智象如是说。

如此广泛、如此众多的境内境外的交流协作，如此组织有序的校内外作者群与本社专业服务部门的互动，为外教社培养大型系列项目提供了肥沃的土壤，比如2007年出版的全球最大最权威最准确的英语工具书《新牛津英汉双解大词典》就在经过传奇性的项目争取、合同谈判后，集中了全国百余名专家历时6年始得完成；而2008年出版的14卷本《语言与语言学百科全书》第一版，更凝聚了70多个国家近千名专家10余年的心血。严密的组建化管理催生了重点、大型项目，而大型、重点项目又反过来孕育了新的更高层次的组建。比如享誉海内外外语学界的《外语界》杂志，既以其情报性、知识性、资料性、学术性的高品质个性定位与严谨的编校作风，吸引了海内外学者的密切关注，更取得总署有关领导部门的大力支持，同时争取到"外语专业教学指导委员会"、"大学外语专业指导委员会"、"大学外语教学研究会"、"大学英语四、六级考试委员会"四个权威机构来共同主办，从而有效地扩大了会员单位与刊物销量，至上世纪80年代末，更在此基础上成立了一个新的组织机构"全国高校外语学刊研究会"（请注意，又是"研究"），而1998年作为主要发起人与主要干部之一，智象君接任了这一高层次研究会的会长。该会从成立那时起，不仅深刻研讨了外语学刊的诸多理论与实务问题，以指导全国有关刊物的进一步发展，更组织出版了一批又一批的中外学术性外语系列丛书，成为出版社书刊互动的成功范例。自然，这一机构，也为智象君提供了一个促进外教社建设的更宽广、更高端的平台。

通过有效的有机组建，将人才培养与出版管控融为一体，不仅是外教社"整体推进"战略的一个重要环节，更因为科学的组织是现代化企业的一个重要标志，因此可以说外教社这方面过往的实践，已为他们最近的发展目标之最后一项——"从传统出版企业向现代化出版企业提升"，做好了最困难也是最重要的铺垫。

庄智象的《外语出版研究》，可为当下业界借鉴的经验还有很多，比如他对当前出版业现状与发展方向的考量；他对各职能部门工作的标准化思考；他于对外交流的成套经验；他所倡导的企业文化与由此派生的分配、奖惩、培训制度等等。而我相信，以上所述三点，"定位、取势与专、精、特"、"规模、品质与整体推进"、"管控、组建与人才"是他基于实务的出版研究之精髓。庄智象所有的探索与思考中还隐隐包含着一种对当今中国最迫切需要解决的大问题，即现代化的中国之核心价值观的思索。记得20年前，我曾审处一部有关宝钢人的道德与价值观的书稿，宝钢这个中国最大的现代化企业，在实践中提出了一个相当可贵的命题，要将西方所说的个人价值实现与中国儒学的集群主义融合起来，"在为实现宝钢的宏伟战略目标中，实现每位员工的个人价值"。而20年后，正向现代化企业迈进的上海出版界的翘楚外教社的领军者庄智象在这本论集中所体现的价值观念，与宝钢人时隔廿年而桴鼓相应，这也许应当引起理论界的重视。

最后想就这本论集的附录部分说几句话。十数家著名媒体对智象君的采访，不仅从方方面面体现了他的种种理念，般般业绩，更勾勒出了他的人格。有两段文字最令我感动。一段记录了他的生活，说是他的孩子抱怨，老是不能与爸爸同桌吃饭，早饭时，爸爸已去上班；晚饭时，爸爸还未回来。另一段则记录了他所强调的一段话："海德格尔是这样来解读老子的'道'的，'道'即道路。一条不断出发的道路，一条成为可能的道路！这个'道'，不仅仅是求索之'道'，它还关联着天地人神的运迹。其神圣性就在于，'道'即生命的历程，也将是一个出版家出发、坚守、返回自身的运动！"两段文字，前者令我鼻酸，后者令我沉思，因此引以为这篇序言的结尾，以期读者与我一起沉思，尤其是我们这一代出版人……

赵昌平
2015.2

理念与策略

理念、策略与探索
——外语出版实务研究

坚持与时俱进 调整图书结构 致力于我国外语教育事业的发展

出版、科研、教育互动——上海外语教育出版社集团化构想

教育带动出版 出版服务教育

与时俱进、坚持特色、加快发展

坚守专业,提升出版品质

坚持特色 打造品牌

夯实基础 练好内功 坚持可持续发展

深化出版体制改革 促进出版业的繁荣与发展

发挥优势,办出高校出版社的特色

提高认识 明确任务 推动发展

贯彻《纲要》精神 服务教师发展

三十而立,百尺竿头,更进一步

左手迎接挑战,右手抓住机遇

以个性求出路 以人才求发展——我国外语学术期刊的现状、挑战与对策

试论外语学刊的地位、作用和提高

努力做好外语出版工作,服务于外语学科建设与发展——从创办《外语界》说到外教社的发展

坚持与时俱进　调整图书结构
致力于我国外语教育事业的发展

自第四次全国高等学校出版社工作会议以来，上海外语教育出版社（简称"外教社"）认真贯彻党的出版方针，坚持为本校和全国的外语教学科研服务的方针，全社员工积极开拓进取，艰苦奋斗，面对国际形势的变化和国内社会发展的需要，与时俱进，积极主动调整图书产品结构，精心组织实施，近几年来实现了跨越式发展，获得了社会效益和经济效益双丰收的佳绩。现将我社近年来图书产品结构调整的整体思路、具体措施与实施效果汇报如下，以求教于有关领导和同行。

一、问题的提出

纵观外教社的发展历史，审视现有图书产品结构及其所占有的外语图书市场的份额，我们发现，外教社尽管长期以来年出新书100种左右，重印率保持在70%上下，但产品结构单一，品牌产品不多，名牌产品更少；销售码洋和经济效益过分依赖教材，而教材中又过分依赖某一品种；一般图书上架率偏低，市场占有份额少，缺乏支柱性产品。社里有相当一部分同志面对日益激烈的市场竞争和挑战，缺乏足够的危机感和紧迫感，工作节奏缓慢，工作效率低下，跟不上市场变化的节律，缺乏足够的拼搏精神和进取精神。问题的主要原因是：以为只要保住某一品种的市场份额，就能获取较佳的社会效益和经济效益，便可高枕无忧，以致有的兄弟出版社和业内人士对外教社图书产品形成了这样一种印象偏差——外教社除《大学英语》外便无其他可称道的产品。由于长期过分依赖一两种产品打天下，外教社原有的优势逐渐失去，整体竞争能力不断下降，其外语专业出版社出书应具备的质量、规模、特色和领先优势一直未能凸现出来。

近几年随着改革开放的不断深入，我国参与国际竞争日益频繁，社会各界对外语人才的需求呈现规格多样化趋势，外语教学科研的发展对外语出版也提出了新的要求，单一的产品已难以满足新形势的需求。全社员工在社领导班子的带领下，审时度势，客观地分析了外教社所面临的形势和所处的现状。全社员工积极开展市场调研，分析外教社图书品种的结构，了解我国外语教学科研的现状与未来发展的趋势及其对出版的要求，研究有关兄弟出版社的产品结构和特点，不断增强危机感和紧迫感，增强忧患意识和市场意识，充分认识时代赋予外教社的历史重任。如何更有效地为我国的改革开放服务？如何更好地为我国外语教育事业作出贡献？如何使外教社在激烈的市场竞争中能立于不败之地？这些问题成为外教社上上下下关心的热点。

二、图书结构调整的思路与措施

为实施图书结构的战略性调整，社领导班子组织全社员工认真学习党的十五大精神，学习第四次全国高等学校出版社工作会议的文件和有关出版方面的材料；对图书市场进行深入细致的分析，统一思想认识，用3年时间进行图书产品结构调整，使图书结构基本趋于合理。形成这一决定的依据有五个方面，也可以说是为了满足五种需要。

1. 改革开放和社会发展的需要。随着改革开放的不断深入发展，我国同世界各国的交往与合作日益频繁。在这一切有关活动中，外语起着十分重要的桥梁作用。提高全民族的外语教育水平是迫在眉睫的大事，而外语图书的出版可以促进外语教学和科研的发展。凡是教学科研需要的外语出版物，外教社都应该有，满足国家发展和社会对外语出版物的需要，便是专业外语教育出版社义不容辞的职责。

2. 学科调整、交替、更迭、整合的需要。随着我国改革开放的发展，社会的进步，并逐步与国际的接轨，全国乃至世界范围内的高校都在积极调整学科，新老学科交替、更迭、整合，外语学科亦不例外。交叉学科的发展，新学科的建立，人才培养规格的变化，教材的出版，学术基础的奠定，师资队伍的培养，教学科研成果的反映和推广，都需要出版界给予支持。

3. 外语教学本身发展的需要。改革开放以来，我国外语教学的发展对出版工作提出了新的要求，尤其对英语专业的本科教材、研究生教材的建设，都提出了新的课题。如何应对中小学英语水平的提升？面对大学公共英语听、说、读、写水平全面提高的挑战，英语专业究竟应该怎么办？英语专业与大学公共英语相比优势何在？我国英语专业与国际上的英语专业如何接轨？如此种种，都亟须外语专业出版社予以关注，并有所作为。

4. 普及外语，并提高全民族外语水平的需要。选题的策划和产品结构的调整都必须处理好普及与提高的关系。外教社积极实施"以提高带动普及，以普及促进提高"的图书选题开发和图书产品结构调整的方针。除了千方百计做好为高等外语教育服务的选题策划和出版工作外，还竭尽全力组织策划为普及全民族外语水平、配合地方经济建设和重大活动服务的选题。

5. 出版业做强做大、抵御市场风险的需要。任何一个企业，仅依靠一两个产品是无法生存的，更谈不上有更大的发展。只有不断创新，与时俱进，外教社才能对我国外语教育事业的发展有所作为。为此外教社着手实施"新产品开发'四个一百'工程"，即在3年左右时间里出版100种教材、100种学术著作、100种工具书、100种读物，以及几十种电子出版物。

根据上述思路，外教社确定了以下具体措施。

1. 除了每年上缴学校数千万元利润，用于弥补学校办学经费的不足，改善办学条件以外，外教社在学校领导的支持下，先后设立了校教材出版基金、校学术著作出版基金和新学科出版基金，每年向这些项目提供50万元的专项资助，为本校的学科建设、师资队伍的培养和科研水平的提高作出了积极的贡献。同时，外教社从1999年起每年为全国高校外语专业教学指导委员会提供30万元的科研基金。经过若干年的不懈努力，已有一批成果涌现。

2. 充分发挥传统优势，把教材板块做强做大，配套齐全，各层次衔接到位，继续保持外教社外语教材出版在全国的领先地位，为促进外语教学的发展和水平的提高作出新贡献。外教社继出版《大学英语》系列教材（修订本）50余册后，精心策划，组织论证，充分听取专家和大学英语教师的意见，以全新的理念、全新的材料、全新的语言编写《大学英语》（全新版）系列教材50余册，经过试用、修订、完善，将逐步向全国推广，以期成为新世纪大学英语教材的精品；策划编写全国首套新世纪小学、中学、大学、研究生一条龙英语系列教材，解决以往各阶段不衔接的问题；编写中职中专、高职高专系列教材，为职业教育度身制作；编写全国首套高等院校英语语言文学专业研究生系列教材，解决这方面教材缺乏的难题，填补空白；组织编写全国首套由语言技能、语言文学知识、文化与人文科学组成的高等院校英语语言文学专业本科系列教材150—200种，使英语专业本科教学与国际接轨；编写全国首套外国语学校的系列教材，填补此类学校长期没有自己教材的空白；编写继大学英语四、六级以后的专业英语教材，以切实保证大学英语教学4年不断线；修订已使用10多年且广受欢迎的英语专业系列教材《新编英语教程》、《交际英语教程·核心课程》等，更新内容，使其适应时代发展的需要。

3. 继续加强学术出版，保持外教社在这一领域的领先地位，为提高学术水平、繁荣学术研究服务。外教社在学术著作的策划出版中，十分注重结合我国外语教学和科研的需要，及时反映优秀的教学科研成果，除注重策划出版基础研究的著作外，更注重能解决教学实践中的现实问题、促进教学水平和教学效果提高的学术著作，产生了比较好的社会效益和经济效益。如外教社先后策划了"当代英语语言学丛书"20种、"当代语言学丛书"10余种、"语言及语言教学丛书"20余种，有力地推动了学术研究的开展，促进了外语及相关学科教学水平的提高。

同时，根据我国学术研究和教学的需要，我社还积极引进国内专家暂时没有这方面的积累，却又是教学科研急需的学术著作。率先策划引进了"牛津应用语言学丛书"29种、"剑桥文学指南"31种、"国外翻译研究丛书"30种等。

4. 开发潜在的辞书资源，构建工具书出版的新高地，填补空白，满足教学科研的需要。外教社建社近20年，虽然也出版过一些工具书，但还有很大潜力可以挖掘。经过市场调研，比较分析，我们确定了工具书出版原则：不搞低层次的重复出版，根据自己的优势和特色及作者队伍的状况，审时度势，积极策划开发有特色、有潜在市场的高质量的精品工具书。外教社先后策划出版了"柯林斯COBUILD英语工具书系列"17种、"牛津百科分类词典系列"近40种（总规模达80余种）等各类词典上百种，初步改变了外教社工具书出版薄弱的状况，基本形成和确立了外教社工具书的品牌、规模、特色和优势。

5. 策划出版满足各级各类多层次外语教学需要的读物，构建新的产品板块，为外语教育的普及作出积极贡献。以往外教社很少出版外语读物，然而，有特色的精品读物为学习外语所必需。经过充分的市场调研后，根据自己的优势和特点，综合各层次各级各类外语学习者的需要，采用国内外结合的方式，约请中外学者单独或联合编写，中外机构合作编写，策划出版了一批反映现实、贴近当代生活、思想性好、语言地道而且别具一格、填补市场空白的优秀读物。外教社先后策划出版了"大学生英语文库"、"英美文学名著导读详注本系列"等10余个板块数百种读物。这些读物的出版受到了教师和学生的欢迎，占有了可观的市场份额。

6. 调整外语教学电子出版物的出版战略，策划出版几十种外语教学电子出版物（CD-ROM），以支持教材的使用，提高教学效果和质量。以往外教社每年出版不到10种外语教学电子出版物，而且品种零乱，结果出版后无人问津。针对这种情况，外教社调整出版思路，重新确定出版战略，将外语电子出版物定位在配套教材上。这既支撑了教材市场的开发，方便教材的使用，提高了教学质量，又带动了电子出版物的发展，形成了良性循环。

三、开发海外出版资源是调整图书结构的有效补充

外教社在20世纪80年代末和90年代初也曾经开展一些版权贸易活动，但无论是力度还是规模上均未形成板块效应，缺乏整体优势；版权贸易停留在与一两家境外出版社的合作上，选择的空间较小，回旋余地有限。针对这种境况，外教社调整了战略和策略，确定最近若干年有关的工作思路和做法。

1. 扩大合作伙伴，寻找和确定10个左右与本社出版物相匹配的出版社或公司作为长期的版权贸易伙伴和合作伙伴。外教社先后与培生教育集团、剑桥大学出版社、牛津大学出版社等多家外国出版机构建立了经常性的业务往来，并且每年都有合作项目。

2. 寻找成熟的产品和有潜在市场的产品，减少盲目性和随意性。在版权贸易活动中，要想取得理想的效果和成果，出版社必须对图书市场有比较清楚的了解，尤其要能预测未来市场的发展趋势；引进版权从某种意义上是弥补原创选题的不足，是一种补差手段；引进版权要择其精品，不但要注意引进成熟产品，更要注重引进有潜在市场的产品。

3. 认真分析和筛选引进版权的选题，形成自己的特色，力戒一哄而起，多次引进或重复引进同一类产品。外教社根据自身的出版范围、出书特色和发行力量及本版图书在市场上所占有的市场份额等因素，确定引进图书选题项目。有计划有针对性地引进了一部分国外同类出版社的学术著作、工具书、教材和读物，以弥补自身原创的不足。

4. 版权贸易和对外合作，应坚持大社、小社相结合。大社注意整体合作，小社应注意特色产品合作。国外大出版社或出版集团整体实力很强，是外教社的主要合作伙伴；而国外的小出版社、小公司既然能够在强手林立的出版界生存，肯定有特色产品的支撑。外教社既同大公司合作，又同有特色的小公司合作，取得了比较好的效果。

5. 引进成熟产品与共同策划、共同编写相结合。外教社十分关注合作对象新产品的问世和成熟产品的呈现，一旦发现上乘之作或精品之作便积极引进。同时，外教社也十分注重根据我国外语市场的需要，提出选题设想、选题项目，进行市场定位，委托外国出版公司物色作者编写，或由外教社组织专家进行改编等，这样往往能够比简单引进现有产品，甚至现有成熟产品更有利。双方合作可发挥各自所长。一旦占领市场或产生双效益，竞争对手很难取而代之。

6. 充分发挥海外作者的优势，积极开发出版资源。为了更好地开发和利用海外出版

资源，外教社在北美设立了3个代表处或分支机构，积极物色作者，组织作者队伍，充分发挥海外华人学者和其他合适作者的作用。一则进行文化、科技、教育等方面的交流，促进学术和科研的发展；二则丰富出版资源，让更多的人共享人类文明的成果。

7. 注重培养和造就一支高素质的版权贸易队伍。要搞好版权贸易，顺利地、有成效地开展版权贸易活动，从业人员的素质至关重要。外教社很注意版权贸易队伍的培养，让他们尽可能多地参加国内外的书展、图书订货会、各种国际版权贸易活动和学术会议，从而具有比较丰富的理论和实践的积累，做到知己知彼。外教社非常注意版权贸易的延续性和稳定性，由专门机构和人员负责对外合作项目；同时创造条件，与国外合作伙伴商定并实施人员交流项目，双方互派人员到对方进行短期工作或考察，很有成效。

总之，在图书结构调整中，外教社始终坚持以自主开发为主、引进版权为辅的原则，将综合开发海外的出版资源作为本社图书结构的有效补充。我们认为，如果不顾自身条件，一味地盲目引进，就只会使自己成为国外出版机构的加工厂或代理商；只有挖掘自身潜力，增加知识投入，才能在即将面临的国际竞争中立于不败之地。

四、调整图书结构初见成效

自实施图书产品结构调整战略以来，外教社实现了令人瞩目的跨越式发展，取得了社会效益和经济效益的双丰收。其主要表现是：

1. 促进了外语学科建设，支持了上外由单科性的外语学院向应用型、多科性的外国语大学发展，支持和扶植了一批新型学科的发展，巩固了复合型外语学科的基础，为提高全民族的外语教育水平乃至外语普及，作出了积极的贡献。

2. 活跃了我国外语学术研究的气氛，促进了外语学科的发展，繁荣了外语学术研究。

3. 为国家培养和造就千百万既精通专业又掌握外语的高级人才作出了贡献。

4. 为外语界造就了一支高素质的师资队伍和一大批专家教授，外教社因此被全国外语界誉为"专家、教授的摇篮"。

5. 市民通用外语考试教材，上海市中、高级口译资格考试证书教材和中职中专、高职高专教材的出版，在地方的经济建设、人才培养上作出了十分有益的探索，得到了上海市委市政府的好评。

6. 取得了十分可观的社会效益和经济效益。有近百种图书在省部级以上各类评比中获奖，《现代汉语学习词典》、《新世纪英语用法大词典》（缩印本）先后荣获"中国图书奖"，《新世纪英语新词语双解词典》荣获"第四届国家辞书一等奖"，并入围"国家图书奖"。无论是新书出版品种还是图书销售册数、销售码洋均取得了历史性的突破。由于在社会效益和经济效益两方面的突出成就,外教社曾先后被教育部、新闻出版总署、上海市人民政府授予"先进高校出版社"、"全国良好出版社"(3次)、"上海市模范集体"等荣誉称号。

在新的形势下,外教社全体员工决心认真学习"三个代表"重要思想,以"三个代表"为指针,继续认真贯彻党和政府有关出版的方针政策,以我国"入世"和第五次全国高等学校出版社工作会议为契机,与时俱进,开拓进取,艰苦奋斗,真抓实干,争取为我国外语教育事业的发展作出新的、更大的贡献。

★本文发表于《大学出版》2002年第一期。

出版、科研、教育互动

——上海外语教育出版社集团化构想

一、外教社集团化的意义和必要性

当代中国出版业是中国特色社会主义事业的一个重要组成部分，它担负着建设和传播社会主义先进文化的历史重任，在传承文明、创新知识、普及科学、探索真理、积累文化、资政育人、实现中华民族伟大复兴中，都有着特殊的意义和作用。然而，中国的出版社是在计划经济体制下形成的，按照主管部门和地区的行政级次配置出版单位，小而全、多而散，资源平均，竞争乏力是它的基本特点。要适应我国先进文化建设需要和社会主义市场经济体制的要求，参与国际竞争，在竞争中传播民族优秀文化，巩固和扩大先进文化阵地，必须调整产业结构和组织结构，大力推进集团化建设，形成一批跨地区发展、多媒体经营，具有实力的大型出版、发行集团，塑造全新的市场竞争主体。为顺应出版业历史潮流，上海外语教育出版社遵循党的十六届三中全会通过的《中共中央关于完善社会主义市场经济体制若干问题的决定》之精神，按照"形成一批大型文化企业集团，增强文化产业的整体实力和国际竞争力"的要求，努力探索通过内部扩张，进一步开拓和优化出版资源，提高创新能力，改善经营机制，扩大经营规模的集团化之路。

二、外教社集团化已具备的条件

建社25年来，外教社，一直全心致力于我国外语教育事业的发展，努力繁荣学术研究，促进中西文化的交流，取得了社会效益和经济效益双丰收，已经发展成为我国最大、最权威的外语教材、教参、学术著作、工具书、读物乃至相关电子出版物的出版基地之一。

进入21世纪前夕，外教社针对自身出版物比较偏重高校外语类教材和学术著作，外语教材又过分依赖单一品种的状况，针对产品结构单一、结构不够合理、市场影响力不强的情况，及时分析了当时外语图书的市场状况，客观科学地分析了自身的优势和不足，及时作出了抉择：实施战略性图书结构调整，启动新品开发"四个一百"工程，即在3至5年中策划编写出版100种教材、100种学术著作、100种工具书和100种读物等；并同时围绕着七个方面进行调整，以达到突出主业、强化优势、优化结构的目的。

1. 设立多个教学科研基金，用以促进外语学科的整体建设和相关教学科研的发展。

2. 充分发挥外教社的传统优势，继续做大做强教材板块，实现了外教社系列教材的配套齐全，层次衔接到位，保持了外教社版外语教材在全国的领先地位，为提高我国外语教育的水平，加快发展作出新贡献。

3. 加大外语学术著作的出版力度，保证外教社在国内该领域的领先优势，为反映该领域的研究成果，繁荣学术研究提供高质量的专业服务。

4. 开发潜在的辞书编纂资源，构建工具书出版的新高地，填补空白，满足教学科研的需要。

5. 策划出版满足各级各类外语教学需要的读物，构建新的读物产品板块，为普及外语教育作出积极贡献。

6. 调整外语教育类电子出版物的出版战略，策划出版数十种电子出版物，以支持教材的使用，改善教学效果和质量。

7. 把开发海外资源作为调整结构的有效补充。

通过实施战略调整，外教社目前的图书产品结构大体已趋于合理，教材、学术著作等传统优势板块得到进一步加强，读物、工具书和电子出版物等新的支柱性产品和经济增长点正在悄然涌现，再次迎来了"双效益"的新高峰。

在图书产品质量不断得到提高，产品呈现多样化，结构日趋合理的情况下，外教社自1998年以来，以稳健的步伐实现了超常规、跨越式发展：年均出书逾千种，重版率达70%，发行码洋以年均5 000万元以上幅度攀升，2003年达到增幅1亿元，利润同步增长。近10年来，外教社在自身发展的同时，更向上海外国语大学上缴利润累计2.3亿元，为上外的改革和发展作出了积极贡献。2003年，外教社完成发行码洋逾5亿元，并在平均每印张1.06元低定价的基础上（这是上海40余家出版社中最低的定价），加上其他经营效益，实现利润1.16亿元。根据上海市新闻出版局"上海出版行业2003年度图书出版信息通报"，外教社的创新能力、发展能力、总资产报酬率、净资产收益率、保值增值率、销售利润率、主营业务利润率、成本费用利润率、销售增长率，全部7项指标均名列上海市出版行业首位。同时，外教社出版大楼的建成和启用，更为外教社走内涵式发展、集团化道路提供了硬件保障。

经过连续7年的跨越式发展，外教社逐步在图书的质量优势、规模优势、特色优势和品牌优势等各方面确立了其作为一家全国性专业外语出版社的领先地位，走在了国内出版社的前列。"外教社"版图书已成为享誉国内外的知名品牌图书。外教社建社以来共出版了23个语种的中外文图书3 000余种，总印数逾4亿册，其中近400个品种在省部级以上各类评比中获奖，多种教材分别荣获"全国高等学校优秀教材"特等奖、优秀奖，10余种学术著作和辞书分别荣获"中国图书奖"、"国家辞书"一等奖。外教社出版的公共英语教材被全国近千所高校采用，英语专业教材被60%以上的学校所选用，为我国高等教育的人才培养作出了积极的贡献。

不仅具有产品优势，而且具有人才优势。外教社拥有一个政治强、业务精、懂经营、善管理，具有团队协作精神的领导班子。社领导班子成员形成了老中青的梯队结构；高级职称占85%，主要领导均为外语专业出身；都有10年以上从事编辑出版工作的经历，既精通外语又熟悉出版业务，具有比较丰富的行业经验。

全社现有编辑88人，占员工总数的61%，其中具有高级职称的32人，占编辑总数的36%，编辑队伍的结构比较合理，编辑人员主要分属文字、选题策划、期刊、电子出版物、装帧与技术等部门。既在社的统筹安排下完成全社的总体出版任务，又各自负责出版活动中不同程度、不同媒介的出版物的选题开发和编辑加工工作。这样一支职责分明、协同合作的编辑队伍，从基础上保证了外教社能够每年高质量地完成400多种新书的选题策划、开发及编辑出版任务。

在不断做大做强出版规模的同时，外教社还利用自身的资源和资金优势，本着有利于促进主业发展的宗旨，积极稳妥地发展相关的文化产业。建社以来，根据业务发展的需要，外教社先后投资建立了上海申亚实业有限公司、上海申亚出版发展有限公司、上海外教图书发行有限公司、上海申南外语教育图书批销部、上海外语教育出版社印刷厂、上海宝祁装订厂；在北京注册成立了外教社北京文化发展中心，从事出版及相关信息的收集与沟通，负责北京及周边地区出版资源的业务开发；在西安、山东、湖南、福建等省市先后成立了外教图书发行有限公司，从事本版图书在这些省市及周边地区的发行业务；在美国纽约成立了外教社北美分社，负责北美地区相关信息的收集和出版资源的开发。以主体内部的渐进式扩张为主，以稳妥地发展相关文化产业为辅，外教社正在实施内涵式的规模扩张，不断做大做强。

三、外教社集团化应选择的道路——出版、科研、教育互动

根据国家文化体制改革试点的要求，组建外教社出版集团的总体规划就是要在制度、体制、机制、培育市场主体的基础上进行企业改革——实施公司制改造、完善法人治理结构，建立产权清晰、权责明确、政企分开、管理科学的现代企业制度。

1. 努力抓好出版主业，为教学科研服务

出版、科研、教育互动构想的实现，首先仍然要坚持以出版为主业，做大做强出版业。

为了更好地实施出版资源和人力资源的有效配置，实施整体策划，专业化运作，团体操作，外教社选择了走内涵式扩张的发展道路，将现有的几个出版范围和支柱性产品，根据专业分工，裂变成数家专业性出版分社，例如拟建立外语教材出版社，专业从事各语种外语教材、教参、教辅图书的开发与出版；学术出版社，专业从事外语教学、对外汉语教学和对外文化交流领域的学术著作的开发与出版；外语辞书出版社，专业从事各层次、各学科、各类型工具书的开发与出版；外语读物出版社，专业从事各层次各语种读物的开发与出版；对外汉语与文化出版社，专门从事对外汉语教学和中外文化交流领域的教材、教参和教辅图书的开发与出版；期刊出版社，专业从事外语教学与研究领域各相关学术期刊、外语学习及对外汉语教学类报纸杂志的出版；电子出版物出版社，专业从事外语教学、对外汉语教学和中外文化交流等相关领域的电子出版物的开发与出版。各专业出版社专业化运作后，可以充分发挥自身的优势，突出特色，深入开发潜在的出版资源，缩短出版周期，拓展产品数量，提高产品质量，增强产品的市场竞争能力，从而产生规模化的经营效益。

同时，有计划地、有针对性地在一些重要的省市建立外教社异地分支机构，有效地强化地域服务功能，开发当地的出版资源，满足某些特殊地区的特殊需要，扩大市场份额。此外，要进一步开发和利用海外出版资源，开拓海外市场，实施内外并举的发展战略。拟在北京、广州、西安和重庆等省市建立分社，起到辐射、服务全国的功能。同时，在已建立北美分社的基础上，创造条件在欧洲和东亚建立分社，这3家海外分社，主要承担掌握和了解国外相关出版信息，更有效地开发和利用海外出版资源的任务。在条件成熟时，开办对外汉语教学，更好地实施中外文化交流。

在有效开发出版资源，实施专业化运作的过程中，应坚持与时俱进，在互惠互利、

共同发展和繁荣的原则指导下,进一步开发营销资源,充分发挥现有销售渠道的作用,加强与他们的合作,协调好关系,增强市场的影响力,实施有效销售。在此基础上,建立外教社图书销售总公司,按现代企业制度要求,改制成企业,并可按照中央文化体制改革要求,实施股份制改造,国家、集体、个人多种经济成分入股,充分调动各方的积极性。销售总公司负责外教社全部产品的营销、策划和销售,可相对独立、自负盈亏、自我发展、自我积累、自我约束。同时,在全国各地尤其是重要的省市建立外教社异地分公司,延伸总公司的营销策划和销售,使市场开拓更有力、有效,信息反馈更及时、便捷,服务功能更到位、完善,最终达到巩固、开拓和有效占领市场的目的,以不断扩大外教社产品的市场份额和影响力。一旦建构成外教社自己的销售体系,则对整个出版社的发展会起到意想不到的巨大作用。

2. 以科研支撑出版、繁荣出版

为了保证出版主业的健康、稳步、快速、可持续的发展,中国的出版业在面对新的机遇与挑战时,必须根据我国国情,积极采取有效的对策,将挑战转化为机遇。外教社根据现有的基础、发展的现状、学术背景、作者队伍、出版资源、信息资源及综合实力和发展规划,拟加大开发出版资源的力度,充分利用良好的学术背景,以科研为抓手,以科研为决策基础,以科研提升出版层次,以科研优化选题结构,以科研实现精品战略。外教社将与上海外国语大学携手建立"中国外语教材与教法研究中心",利用资源优势和人才优势研究国内外各级各类外语教材的特点,探讨不同文化背景的学习者学习外语的规律与特点,解决令中国学习者长期感到困惑的语言学习障碍与问题,并对我国外语教育水平的提高和外语普及提供教材方面的建议和咨询。建立出版物研究所,专业研究外语出版物的学科建设需求、学术研究需求、社会需求、人才培养需求,对现有的各类出版物进行市场调研和分析,预测未来对出版物的需求和特色,在出版物研究所下可按照板块设立专门的研究室,如:教材研究室,专门从事各级各类和多语种教材的研究;学术著作研究室,专门从事外语学术著作的研究;辞书研究室,专门从事辞书编辑、出版的研究;教参研究室,专门从事各级各类学校外语教学参考书需求的研究;电子出版物研究室,专门从事纸质媒体以外的新颖的各种媒体,如多媒体课件、多媒体教学光盘、网络等电子出版物的研究。此外在条件成熟时,拟建立外教社朗文出版咨询公司,专门从事出版咨询等;建立国际合作部,专门从事版权贸易、合作出版、委托组稿等海外出版资源的开发工作,作为出版资源开发的一种有效补充,跨国界、多渠道、多方位地开发和利用出版资源。同时,在进行各项目研究的基础上,每年确定各项目中的一两个重点板块，在取得相应成果时，可适时召开相关的学术研讨会，论证和完善这些研究成果。

3. 以教育带动出版业，支持和促进出版业的发展

外教社背靠上海外国语大学，有丰厚强大的教学资源，与国内外著名的学者有着广泛的联系和合作，拥有一支高质量的人数众多的作译者队伍，且与国内外的学术团体和出版机构有着良好的合作，并有众多的合作项目正在进行，充分利用这些优质的教学和学术资源，建立相应的教育机构则可为出版业的发展建立中试基地和传播阵地。外教社拟建立外语教师继续教育学院，专门从事各级各类外语教师的培训、进修和继续教育工作。既可从事外语教师基本素质的培养，基本技能的训练，提高业务水平，又可针对特定的群体，开展教学理论的传授、教学理念和教学方法及手段的培训；既可从事较长时间的继续教育教学，又可就某一理论和方法开展研讨或讲习；既可开展基本教学方法、手段的训练，又可结合某种教材、某一授课群体探讨有较强针对性的教学方法的研究。总之，外语教师继续教育学院可根据形势发展的需要，开展有针对性的培训工作；可根据教师们使用教材的情况，开展有针对性的研讨活动，切实使外语教师继续教育学院成为出版物的中试基地，新理念、新理论、新方法、新手段的传播阵地，从而不断提高外语教师的业务水平和素质，同时，又促进出版的发展，为出版提供需求反馈，使出版更好地贴近教育，扎根于教育，服务于教育。同时，建立外教社语言培训中心（总部），可与国外出版机构、国内学术团体和有条件的高校联合或合作，例如可与麦克米伦或培生集团共同组建外教社麦克米伦（培生）外语培训中心。条件成熟时，在异地设立外教社语言培训分中心，例如在陕西、山东、福建、湖南、北京、广东等地建立外教社语言培训中心，专门从事语言培训工作，利用已有的出版资源开展这一工作，充分利用外教社的作译者队伍的优势和影响，为外语普及和提升整个民族的外语水平积极工作。这些语言培训中心的导向可对市场产生较大的影响力，对于推广新的教学理念、理论、手段和方法可产生较大的积极意义。同时，又可通过语言培训中心，了解社会和市场的需求，使出版更好地服务于教学，服务于社会，形成以教育促进出版、繁荣出版，出版服务于教育、支持教育的互动发展。

外教社集团化，出版、科研、教育互动的构想，是在新形势下面对新的需求、新的任务、新的机遇与挑战，根据外教社的现状及其发展规划提出的一种构想。试图通过这样一种探索，形成大学出版社独特的办社模式，同时也进一步发挥大学出版社的优势与特点，通过出版、科研、教育的互动，使三者互相促进、拉动，互为依存。出版服务于科研和学术，促进和提升科研和学术，繁荣科研和学术，科研和学术的繁荣又反作用于出版，支撑出版的健康、稳步、快速、可持续发展；出版服务于教育，促进教育的发展，教育的发展则为繁荣出版提供支持和机遇；出版、科研、教育互动，可形成一个良性循环的产业链，有利于出版业的繁荣，有利于将出版业做大做强。我们深信只要坚持与时俱进，勇于探索，勤于思考，大胆实施，出版、科研、教育互动的构想必将结出更加辉煌的硕果。

★本文发表于《编辑学刊》2005年第三期。

教育带动出版　出版服务教育

我国高等教育和出版体制改革的深入推进，为上海外语教育出版社的快速发展创造了历史机遇。多年来，外教社坚持正确的办社方针，积极探索与实施出版、科研、教育互动发展战略，在产品、营销和管理方面形成了自己的特色，从一个6万元起步的小社，发展成为我国最大、最权威的外语出版基地之一。

一、"十五"发展概况

1. 产品规模

"十五"期间，外教社完成了图书结构的布局与调整，经历了由单一纸质媒体出版到多媒体、数字化、立体化出版的转变。5年内共出版新书2 000多种，其中国家级重点项目近200个，编校质量全部合格，优秀率达到15%，重版率70%；目前已累计出版23个语种的图书和电子出版物5 000多种，总印数逾4亿册；400多种图书和电子出版物在省部级和国家级评选中获奖。

2. 经营规模

"十五"期间，外教社实现产值30亿元，完成销售册数1.6亿册，码洋24亿元，实现利润总额5.3亿元，人均效益名列全国出版社前茅，各项主要指标提前两年达到和完成"十五"规划的目标。

3. 组织规模

"十五"期间,外教社启用了现代化、智能化、多功能的新出版大楼;建成两个中心——外教社北京文化发展中心和外教社教育培训中心,一个分社——外教社北美分社,两个研究所——外教社出版物研究所和出版发展研究所以及10余个独立法人企业。

4. 人员规模

"十五"期间,外教社打造了一支政治强、业务精、懂经营、善管理,具有优秀职业素质的编辑、出版、营销和管理队伍。以不到200人的人员规模实现了逾6个亿的销售,在保持科学、稳定、可持续发展,提高人均效率和效益,克服粗放型经营等方面作出了有益的探索。

二、坚持正确的出版方向、办社宗旨和发展定位

总结外教社的发展经验,我们有以下几点体会。

1. 坚持正确的办社方向

坚持正确的办社方向与宗旨,坚持出版为人民服务、为社会主义服务、为全党全国工作大局服务,坚持出版服务于高等教育的改革与发展,服务于教学科研和学科建设,坚持把社会效益放在第一位,力求社会效益与经济效益的统一。通过出版服务高等教育的改革与发展,促进学科建设,为高等教育的改革与发展提供条件保障、智力支持和精神动力,这是外教社的立社之本。我们认为,经济指标和销售码洋不是衡量高校出版社发展的唯一标准。高校出版社的办社宗旨和其作用应有别于一般地方出版社或商业出版社,它应该具有推动高等教育改革与发展、提升教学与科研、传播学术与文化、促进人才培养的功能,应该承担起高校设立的出版社所应有的职责与义务。

外教社在追求双效益的过程中,始终把推动外语学科的建设、人才的培养、学术的传播作为追求目标。我们投入巨大的人力、物力开发的多套大学公共英语教材、英语专业本科生教材、研究生英语教材,及时满足了我国外语教学改革的需求;国内原创的高等学校俄语、阿拉伯语等十几个小语种本科生系列教材,为小语种学科的建设提供了必要的教学材料;成系列出版的翻译研究丛书、跨文化交际丛书、语言学和文学研究丛书等学术著作记录了中外语言文化最新的研究成果,目前我社学术著作占出版总量的30%以上。

2. 用好两种资源

高校出版社有着得天独厚的优势，一是学校内部的学科、学术资源；二是国内外的学术、出版资源。外教社作为上海外国语大学的出版机构，与上外唇齿相依，上外有近10个博士点和10多个通用语种和非通用语种的教学和科研队伍。"十五"期间，学校学科建设更趋完善，新型学科的创立和发展，知名学者、专家、教授队伍的扩大和提升为外教社的发展提供了强大的智力源泉和出版资源。同时，国内外外语学科的发展、外语教学的普及、外语学习热的兴起也为外教社提供了大量信息、选题和作者。外教社依托上外，面向全国，联系世界，多次召开海外作者座谈会和国际教学研讨会，及时获取国外外语教学发展的信息，同时深入开展国际合作，用好校内外、国内外的各种资源，使之为出版工作提供新的思路，促进出版主业的发展，以此形成良性的循环。

3. 处理好三对关系

在贯彻落实科学发展观的过程中，我们深切认识到在出版中，要处理好数量和质量、规模和效益、速度和效率这三对关系。随着外教社的高速发展，社领导班子也意识到，加快发展并不等于盲目发展，而是要合理地进行出版资源、人力资源和管理资源的配置与利用。因此我们提出"整合出版资源、稳定出版规模、控制出版节奏、双效益优先"，狠抓图书质量，按教学和市场需求控制出版节奏，把质量效益优先作为工作重点；同时，在经营管理上，强调整体策划、整体运作、整体效益，严格遵守市场行为规则，规范操作、稳扎稳打，提倡求真务实、脚踏实地，不急功近利，以保证外教社的发展科学、稳健、可持续。

根据国内外出版业的发展态势和国家教育体制改革对出版提出的要求，外教社决定探索与实施出版、科研、教育互动发展战略，并以此作为实践科学发展观的一种尝试。我们认为外教社已经具备了一定的条件与能力，可以尝试通过做强做大出版主业来支持、服务教育、科研，促进教育、科研的发展，通过教育带动出版、繁荣出版，通过科研支撑出版、发展出版、提升出版，通过出版的发展更好地服务和支持教育、科研的进步，以此形成三者互动的良性发展。

三、探索与实施出版、科研、教育互动发展战略

1. 互动发展的目标

实施出版、科研、教育互动发展战略的目标，是要把出版社建成一个融出版、科研、

教育为一体的综合性平台。以出版为主业,为教学科研服务;以科研为支撑,提升出版层次,优化选题结构,实现精品战略、品牌战略,繁荣和服务于现代出版业;以教育为媒介,传播先进的教育与出版理念,创造出版机遇。通过出版、科研、教育的互动,互相促进,互为依存,开创外教社独特的内涵式发展之路。

(1)符合高校出版社的宗旨、定位与特色:作为知识传承与创新的重要阵地,作为大学学术与思想的传播者,高校出版社有责任与所依托的大学形成互动,以优质的出版物去推动教学科研的进步和学科发展,促进高校的改革。其次,高校出版社与大学有着天然的学缘联系,这是我们的优势,依托高校丰富的教学、学术、人才、硬件等资源,高校出版社有条件在整个出版活动中,将科研与出版有机地结合起来,通过科研提升、促进、繁荣出版。高校出版社有责任挖掘、整理、编辑、出版所在高校以及教育、学科领域中优秀的科研和教学成果,也有责任弘扬与传播这些优秀成果,服务于人民和社会。出版、科研、教育互动发展战略,不仅可以形成出版社内部的互动,更可以形成出版社与高校及社会发展的互动。

(2)是现代出版业与教育改革发展的需要:在图书产品日益丰富的今天,读者的需求更加多样化、个性化。外教社在应对竞争的过程中认识到,要想开发出具有很强生命力的出版物,必须深入了解市场与教学的需求。通过探索,外教社的出版运作模式逐渐从传统的"编、印、发"转变成为"研发—论证—实施"。这一新模式要求以"研发"为源头,对教材、学术专著、工具书和读物等各类外语图书的社会需求、编写特点、未来趋势进行系统分析和调研,在数据和研究的基础上提出选题报告,同时对出版业发展过程中可能遇到的体制、机制、管理、经营等诸方面的问题进行研究论证。有针对性地开展对学科发展和国家教育体制改革的研究,使出版做到决策准确、反应及时。出版、科研、教育互动将改变传统出版模式比较单一的局限性,使出版建立在科学研究、充分反馈论证的基础上,同时教育、培训、交流的加强,又能为出版提供需求反馈和传播阵地,使出版更好地贴近教育、扎根教育、服务教育。

2. 互动发展的具体措施

近年来,外教社成立了出版物研究所、出版发展研究所和教育培训中心。我国外语教材与教法研究的国家级基地、"211"工程重点建设项目——上海外国语大学"中国外语教材与教法研究中心"也设在外教社。这些机构的建立切实保障外教社出版主业实现了健康、稳步、快速和可持续的发展。

(1)抓好出版主业,服务外语教学科研:出版是主业,是支柱,是基础。外教社要求自己的出版物在"质量、特色、规模、前瞻性和市场适应性"这五个方面形成鲜明特色。质量是第一位的,图书的政治观点、学术水平及内容、文字、编排、装帧等都依据严格的质量标准层层审核,确保高质量;特色,即"发挥专业优势、突出专业特色",体现外语专业出版社的理念与水准;规模,是指出版物要成体系、成一定的规模,要覆盖外语学科发展的各个专业面;前瞻性,要求出版物不但能满足今天的需要,而且能适应明天的需要,还要思考和探索未来的需求,快速地反映学科发展的趋势;市场适应性,出版物从内容到形式要能够满足教学科研的需要、新时代人才培养的需要和市场的多种需求。

为了把出版主业做强做大,外教社成立了电子出版物和辞书、学术等研发部门,专门从事多媒体课件、教学光盘、网络系统和各类辞书与学术著作的研究与开发,对未来的社会需求、编写特点、出版手段等作出分析,就此类图书选题开发和营销开展专业化运作。

(2)以科研支撑出版,提升教育出版层次:出版、科研、教育互动,科研是支撑。成立出版物研究所、外语教材与教法研究中心与出版发展研究所,就是要使外教社的发展建立在科学的基础上。出版物研究所对目前我国出版物,尤其是外语教育类出版物的性质、内容、品种结构等方面进行系统研究,主要为选题策划和市场运作提供理论依据;外语教材与教法研究中心主要从事国内外各级各类外语教材编写体系、发展趋向、编写特点和外语学习规律等问题的研究,使教材的开发与出版建立在科学的基础上;出版发展研究所针对出版社发展过程中可能遇到的体制、机制、运作模式、人力资源、管理制度、营销战略和经营管理等问题进行研究,为出版社的长远发展提供决策咨询和智力支持。总之,要把科研作为决策基础,把科研视为科学、合理开发和利用出版资源的依据。

(3)以教育带动出版,整合拓展出版资源:目前,外教社教育培训中心已成为教学新理念、新方法、新手段的传播阵地,它专门从事各级各类外语教师和学习者的培训、进修与继续教育工作。

外教社与国外60多家著名出版机构有着良好的合作,原版引进的优秀教材体现了国际最新的教学理念,但这些原版教材是否适合我国的国情、是否适合我国学生学习的特点,这需要通过教育培训机构来检验,为教材的改编与修订提供必要的反馈资料。除此之外,我社还定期召开各种类型的教学研讨会,其中有针对提高教师职业素质和学术水平的培训,有传授和交流教学理论、教学方法的研讨会,有针对新教材的使用情况开设的试验性课程……从与教师和外语学习者密切的沟通、交流中,我们掌握了大量宝贵的第一手反馈信息,所了解到的教学与市场需求,为出版提供了参考,同时也带来了新的出版机遇。

"海阔凭鱼跃，天高任鸟飞"，我国社会经济的发展和出版教育体制的改革，给外教社带来了更多的发展机遇与空间。"十一五"期间，外教社面临的任务十分艰巨，竞争和挑战将更为严峻，出版、科研、教育互动发展战略的深入实践，需要更多的投入、尝试与付出。我们将深入贯彻落实科学发展观，与时俱进，以我们的智慧、勤奋和汗水，以振奋的精神、开拓的思路、高效的工作，通过出版、科研、教育的互动，全面完成"十一五"规划中提出的奋斗目标，为我国外语教育事业和出版事业的发展与进步而努力奋斗！

★本文发表于《编辑学刊》2008年第一期。

与时俱进，坚持特色，加快发展

上海外语教育出版社（下称"外教社"）按照党的十五大对新闻出版工作提出的"加强管理、优化结构、提高质量"的十二字方针和十六大关于文化建设和文化体制改革的要求，遵循江泽民同志"三个代表"以及"以科学的理论武装人，以正确的舆论引导人，以高尚的精神塑造人，以优秀的作品鼓舞人"的重要思想，认真贯彻出版为人民服务、为社会主义服务、为全党全国的工作大局服务、为繁荣学术研究和丰富文化积累服务、为本校和全国的外语教学科研服务的方针，全心致力于我国外语教育事业的发展，牢固地坚持社会效益第一的原则，力争社会效益和经济效益的统一。

近五六年来，外教社实现了引人注目的超常规、跨越式发展。年均出书900余种，其中重版率达到约70%，销售码洋连续6年以年均5 000万元以上的幅度攀升。2003年预计可达到5亿元，利润同步增长，并在每印张平均1.02元的低定价的基础上实现利润逾1亿元，社会效益和经济效益显著。根据《中国图书出版资源基础数据库》课题组于2001年发表的《"九五"期间全国大学出版社竞争力评估报告》，在"九五"期间，外教社的综合竞争力排名有了很大提升，位居大学出版社第二、外语专业类出版社第一（参见《出版广角》2001年第十、十一期和《中国出版年鉴（2001年）》同标题文章）。

外教社之所以能够取得如此快速的发展，与我国改革开放的大局、与我国外语教育事业的发展、与教育部和新闻出版总署领导的指导及上海外国语大学领导的支持和帮助是分不开的，与各兄弟院校、各兄弟出版社的帮助也是分不开的。就自身而言，主要得力于社领导班子观念领先，开拓进取，身先士卒，严格管理。具体地说，我们主要做了以下四个方面的工作。

一、审时度势,调整图书结构

长期以来,外教社的图书产品结构单一,品牌产品不多,名牌产品更少,销售码洋和经济效益过分依赖教材,而教材中又过分依赖某一品种;一般图书上架率偏低,市场占有份额少,缺乏支柱性产品。面对日益激烈的市场竞争和挑战,若不及时采取措施,外教社原有的优势就有可能逐渐失去,整体竞争能力将不断下降,其外语专业出版社出书应具备的质量、规模、特色和领先优势将难以突显。

外教社领导班子审时度势,组织全社干部、员工认真学习党的十五大精神,学习第四次全国高校出版社工作会议的文件和其他有关材料。在统一思想的基础上,对当时的图书市场进行认真充分、深入细致的分析,展望外语出版的市场前景,决定积极主动地实施图书结构的战略性调整。用3年时间初步扭转局面,改变现状,营造多个支柱性产品,增强外教社的抗风险能力,充分发挥专业外语社外语图书的质量优势、规模优势、特色优势和领先优势。

形成调整图书产品结构的思路源自五个方面,也可以说是为了满足五种需要:

1. 改革开放和社会发展的需要;
2. 高等教育学科调整、交替、更迭、整合的需要;
3. 外语学科建设、教学本身发展的需要;
4. 外语普及和提高全民族外语教育水平的需要;
5. 出版业做大做强、抵御市场风险的需要。

为此,外教社采取了以下具体措施。

1. 充分发挥传统优势,把外语教材板块做强做大,各类外语教材配套齐全,各层次衔接到位,继续保持外教社外语教材出版在全国的领先地位,为促进外语教学的发展和水平的提高作出新贡献。

2. 继续加强加大学术著作出版力度,注重结合我国外语教学和科研的需要,及时反映优秀的教学科研成果,占领外语学术著作出版的制高点,保持在这一领域的领先地位,为提高学术水平、繁荣学术研究服务。

3. 开发潜在的辞书资源,形成特色和规模,构建工具书出版的新高地,填补空白,满足教学科研的需要。

4. 除了每年上缴学校数千万元利润(占当年利润的50%),用于弥补学校办学经费的不足,改善办学条件以外,外教社先后设立了校教材出版基金、学术著作出版基金和新学科出版基金,每年向这些项目提供50万元的专项资助;从1999年起每年为全国高校外语专业教学指导委员会提供30万元的科研基金，支持和推动科研工作的开展，催化科研成果的诞生。

5. 策划出版满足各级各类层次外语教学需要的读物，构建新的产品板块，为外语教育的普及作出积极贡献。

6. 调整外语教学电子出版物的出版战略，策划出版几十种外语教学电子出版物（CD-ROM），以提高教学效果和质量。

在这一进程中，外教社还注意将综合开发海外出版资源作为调整图书结构的有效补充，在我国融入WTO的新形势下有效开展国际合作。具体表现为如下几方面。

1. 扩大合作伙伴，寻找和确定10个左右与外教社出版物相匹配的出版社或公司作为长期的版权贸易伙伴和合作伙伴。

2. 寻找成熟的产品和有潜在市场的产品，减少盲目性和随意性。

3. 认真分析和筛选引进版权的选题，形成自己的特色，力戒一哄而起、多次引进或者重复引进同一类产品。

4. 版权贸易和对外合作坚持大社、小社相结合；大社注重整体合作，小社注重特色产品合作。

5. 引进成熟产品与共同策划、共同编写相结合。

6. 充分发挥海外作者的优势，积极开发拥有自己版权的海外出版资源。

7. 注重培养和造就一支高素质的版权贸易队伍。

自实施图书产品结构调整战略以来，外教社通过上述一系列的艰苦努力，积极实施"新品开发'四个一百'工程"，即在3年左右时间里出版100种教材、100种学术著作、100种工具书、100种读物及几十种电子出版物，实现了令人瞩目的跨越式发展，取得了社会效益和经济效益的双丰收。主要表现为如下几方面。

1. 促进了外语学科建设，支持了上海外国语大学由单科性的外国语学院向应用型、多科性的外国语大学发展，支持和扶植了一批新型学科的发展，巩固了复合型外语学科的基础，为提高全民族的外语教育水平乃至普及外语作出了积极的贡献。

2. 活跃了我国外语学术研究的气氛，促进了外语学科的发展，繁荣了外语学术研究。

3. 为国家培养和造就千百万既精通专业又掌握外语的高级人才作出了贡献。

4. 为外语界造就了一支高素质的师资队伍和一大批专家教授做出了积极的努力。外教社因此被全国外语界誉为"专家、教授的摇篮"。

5. 为地方的经济建设、人才培养做出了有益的探索和积极的贡献，得到了教育部和上海市委、市政府有关部门的好评，荣获"上海市模范集体"等各种荣誉称号。

6. 取得了丰硕的社会效益和经济效益。有百余种图书在省部级以上各类评比中获奖，外教社也多次荣获各类奖项，得到上级主管部门的嘉奖。

二、精心策划，强化市场营销

从1998年开始，面对我国即将加入WTO的新形势，外教社对市场进行深入细致的分析后，采取了一系列措施，加强了市场营销工作。主要做法如下。

1. 成立了市场部，专门负责广告宣传和市场营销工作。目前，外教社已同10多家报纸、8家杂志、5家广播电视、4家网络公司建立了经常性的业务关系；围绕着"实现成功的销售"这一主题，通过发布产品信息、体现经营理念、展示企业形象，为终端消费群体和销售渠道提供便捷、热忱的服务。

同时，还通过加强市场部内部建设以及与策划编辑、销售人员的联系沟通，安排学历高、能力强、经验丰富的精干人员，开展对选题和产品的深层次研究，对市场营销进行整体策划。

2. 根据现阶段我国外语教学界的需要，安排专人负责与各地外语教研部门（如高校外语院系和大学英语教学部）联系，了解并掌握教学科研的动态和需求，同时征询师生对外教社教材和图书的意见和建议，全力做好服务工作。

凭借20多年来服务我国外语教学事业而形成的扎实基础，外教社本着认真负责的态度，以"全心致力于中国外语教育事业的发展"为宗旨，将"兢兢业业、踏踏实实地做好服务工作"的理念贯穿于市场营销工作之中。坚持不懈地做好以下工作：（1）定期向各地外语教研部门（尤其是高校外语院系和大学英语教学部）提供教学科研、学术和出版信息并及时提供有关资料，包括《外语界》等学术期刊、期末试题和磁带等各种资料；（2）长期举办全国大学英语教师暑期研修班和各类专业研讨会，邀请国内外一流专家、教授讲课，为教师提供交流、进修和提高的机会；（3）支持外语教师大力开展教学科研，在保证质量的前提下，优先发表科研论文，出版论文集和学术著作，并提供优厚的稿酬；（4）设立教学科研基金，对教材使用单位的重大教学科研项目或活动给予支持和资助；（5）积极主动地参与各地的外语教学研究会年会、学术研讨会，并给予必要的资助。

3. 进一步加大发行部的体制和机制改革，理清内外勤关系，明确各自职责，使发行业务员能够将主要精力投入到渠道管理、市场调研和营销活动中去；加强对业务员的业绩考核，使其更加积极主动地投身市场，开拓渠道，及时、准确地掌握相关动态，调整营销策略，更有效地开拓、巩固和占领市场，实现有效销售。

4. 建立外教社网站，在发布和更新出版信息、开展网上荐书购书服务的同时，开辟"大学英语教学论坛"、"教学俱乐部"等专栏，为广大师生和其他有关人员提供一个广阔便捷的交流园地。通过实践积累，逐步完善服务功能，充分发挥电子商务在市场营销环节中的积极作用。

在严酷的市场竞争形势下，只有及时、准确地掌握信息，广开思路，随机应变，不断更新服务观念，提高服务质量，才能为外教社产品赢得市场打下扎实的基础。

三、因势利导，加强经营管理

在新的经济形势下，尽管日常编辑出版、经营管理工作十分繁忙，外教社领导班子始终将学习"三个代表"重要思想、党和国家的方针政策，及时了解党中央和各级主管部门对出版工作提出的要求，放在十分重要的位置，并要求全体编辑、干部都这样做，以不断增强政治意识、大局意识、责任意识，坚持正确的舆论导向，努力遵循和贯彻党的方针政策，当好党和人民的喉舌，把握方向，对外教社各方面的工作进行定期和不定期的总结检查。社领导班子成员勤政廉政，以身作则，身先士卒，凡是要求群众做到的，自己首先做到；凡是要求群众不做的，自己坚决不做。这样，领导班子威望较高，令行禁止，全社战斗力也大大增强。社领导为全社员工做出了表率，进一步增强了全社员工的责任心和使命感。在决策方面，认真贯彻社长负责制，不断加强和完善民主集中制，增强透明度，提高决策能力和水平。在工作中，外教社大力提倡君子和而不同的做法，即工作上的争论、不同意见和看法，决不能影响感情，影响团结。工作中有不同意见是很正常的，可以通过讨论取得共识，使决策更趋全面、合理、完善。

根据发展的需要，外教社近几年来先后出台了人事、考勤、考核、分配、奖惩、管理、编校、经营等方面的条例和规定，使各项工作更加规范、有序、有效。例如，近年来随着市场发展的需要，外教社取消了寒暑假，实行年休假制，实行全员坐班制、严格的考勤制度和双向考核的分配制度等等。对科室以上干部加强管理和考核，严格要求，严格管理，实行干部任期聘任制。全社干部和职工每半年进行一次德、勤、能、绩方面的考核，实行匿名打分的双向考核办法。社领导和科室干部逐级考核全社职工，全社职工考核科室干部和社领导班子，将社领导和科室干部置于全社职工的监督之下，促进了各项工作的开展。根据社会和市场竞争的需要，不断完善办社机制、用人机制，优化人力资源配置，调整机构和人员，激发全社职工的积极性、主动性和创造性。完善分配制度，根据每半年考核的结果分配奖金，加大按劳、按业绩分配的力度，优劳优酬、优绩优得。定岗、定责、定薪，按工作表现和业绩考核、分配。以法治社，人人照章办事，有力地保障了各项工作的顺利进行，同时取得外教社人均效益名列上海出版界和全国大学出版社之首的佳绩。

在队伍建设方面，根据出版社的发展规划，有计划、有步骤地吸纳编辑、营销、出版和经营管理方面的优秀人才，采取公开招聘的办法招收大学毕业生和研究生来社工作，充实到各个岗位。注重不断提高全社员工的政治素质和业务素质，造就一支高素质的编辑、出版、经营管理队伍。例如每年安排若干名编辑读在职研究生，每年派若干名编辑出国培训或进修，参加各类业务研讨会和国内外大型书展等；积极支持和鼓励出版社员工参加各种类型的短期进修或培训，并且实行以老带新的办法帮助业务人员尽快熟悉和掌握出版业务，不定期邀请学术权威和外语界专家、学者和出版业专家来社做讲座，帮助外教社员工不断提高敬业精神、政治素质和业务水平。

外教社十分重视作者队伍的扶植、培养和联络工作，花大力气组织海内外两支高质量的作者队伍，尤其注意发现和发展有潜力的中青年作者群，建设一支跨国的一流作者队伍，大力挖掘开发和扩展外教社的出版人才资源，为一流的选题和书稿创造了条件。

根据国家布置的出版范围，外教社的主要任务是编辑、出版面向全国各级各类学校及社会各界、各层次读者所需要的外语教材、教参、读物、工具书、学术著作和多媒体电子出版物及外语学术期刊。20多年来，外教社出版了英语、俄语、德语、法语、日语、阿拉伯语、西班牙语、意大利语、葡萄牙语、拉丁语、世界语、韩语、越语、汉语等10多个语种的各级各类教材和图书3 000余种，发行约4亿册。在整个出版活动中，外教社均严格遵守国家的法律、法令和规定，坚决杜绝违法违规的行为和操作。"自重、自爱、自律"，"老老实实做人，踏踏实实做事"，已成为外教社员工人人信奉的准则。

同时，作为一家以外语教育为主要出版范围的专业出版社，外教社充分意识到自身担负的特殊的任务，充分发挥高校出版社专家办社、教授办社的优势，在社领导班子的表率作用下，全社员工不断增强创新意识，积极参与出版业市场竞争，不断增强市场意识和危机意识，深入了解并掌握新世纪中国读者对外语教育的实际需要，在此基础上不断改进自己的工作，全心致力和服务于我国外语教育事业的发展。

四、与时俱进，制订发展蓝图

经过20余年的耕耘和追求，外教社取得了一些发展，为中国外语教育事业的发展作出了积极的贡献，形成了有一定竞争能力的适应市场需要的编、印、发和经营、管理队伍。近年来，随着我国改革开放的不断深入和发展，尤其是面临着我国加入WTO之后的机遇和挑战，外教社更要抓住机遇，奋发努力，开拓进取，积极应对各种挑战与困难，努力开发国内外出版资源，拓宽出书范围，加强与国内外学术机构和团体的联系与合作，积极发展版权贸易和合作出版，形成外教社图书的品牌和良好的企业形象。为在"十五"期间谋求外教社的更大发展，形成"外教社"产品显著的质量、规模、特色、品牌优势，在教育部、新闻出版总署和学校党政领导的关怀和支持下，外教社经过大量的调研论证，编制了"十五"发展规划。外教社的奋斗目标是：努力将外教社建设成为国内一流的出版、科研、教学集团和我国最大的外语教材、图书、多媒体教学电子出版物出版基地之一；力争成为全国名牌企业，成为国内一流、国际知名的大学出版集团。

"十五"期间，外教社将出版图书1 800—2 000种。其中出版教材800余种，学术著作250余种，工具书250余种，读物300余种，教参300余种，多媒体电子出版物100余种。年均出版新书300种，力争每年以5 000万元以上的销售额递增。进一步转变办社体制和机制，采取各种有效措施，保证"十五"规划的实施。此外，建造"外教社出版大楼"16 000平方米左右；建立两个研究所（出版物研究所和出版发展研究所）、一所外语教师进修学院、一个外语教师俱乐部、一个英语语料库；与上外共建网上学院；建立一个广告公司；在异地建立外教社分支机构，在海外建立分社；与上外新闻传播学院共同培养新闻出版专业研究生，等等。经过"十五"前3年的努力，外教社已按照"十五"发展规划，各项事业全面推进：在美国纽约建立了"外教社北美分社"，在陕西建立了"外教社陕西图书销售分公司"，在北京建立了"外教社北京文化发展中心"，出版大楼在2003年底竣工，教师俱乐部已开始运作。"十五"规划的各项主要指标可望提前达到。

外教社在成长过程中迈出的每一步，无不与我国的改革开放、外语教育事业的发展、上级领导的关怀和支持、海内外各界的关心和帮助紧紧地联系在一起。同时，我们也清醒地认识到，虽说近几年发展较快，但整个队伍的素质仍然有待通过培训、工作实践和招聘两条路来求得不断的提高和充实；入世后国外出版业进入中国市场首先要争夺的是人才资源，亟须我们认真制定对策；在管理水平方面，要很好地向各兄弟出版社学习，不断改进我们的薄弱环节。在新形势下，外教社全体员工决心认真学习和贯彻十六大文件精神，努力学习和实践"三个代表"重要思想，以十六大精神和"三个代表"重要思想为指针，全心全意谋发展，坚持先进文化的前进方向，继续认真贯彻党和国家有关出版的方针和政策，以我国加入世贸组织为契机，与时俱进，开拓进取，艰苦奋斗，真抓实干，全心致力于我国外语教育事业的发展，为全面奔小康，作出更大的贡献。

*本文于2004年1月发表于《我当社长总编辑（优秀征文选）》文集中。

坚守专业，提升出版品质

三十四载耕耘，上海外语教育出版社全心致力于中国外语教育事业的发展，始终坚持为学科建设、学术繁荣、人才培养和文化传承传播服务，已发展成为我国最大、最权威的外语出版基地之一。

自1998年起，特别是近年来，在全球经济形势复杂、传统出版发展举步维艰的大环境下，外教社坚守出版主业，努力做大做强做精各图书板块，大力开拓数字出版业务，探索传统出版数字化转型和网络化传播，实现了健康、稳步、可持续快速发展。2009年，外教社被新闻出版总署评为"全国百佳图书出版单位"，获国家一级出版社称号。2011年，获第二届中国出版政府奖先进出版单位等4项大奖；19个项目入选《"十二五"时期（2011—2015年）国家重点图书、音像、电子出版物规划》。在上海市新闻出版局组织的上海市图书出版单位社会效益评估中，外教社连续多年名列前茅。2012年，外教社出版各类出版物1 500余种，其中图书近1 300种，数字出版物200余种，图书重印率70.1%，销售码洋7.1亿元，其中数字产品1.25亿元，人均销售额超350万元，实现销售收入4.1亿元，实现了社会效益和经济效益的双丰收。近几年，外教社净资产以每年6 000万—7 000万元速度提升，至2012年底达7.38亿元。

一、开创、实施出版、科研、教育互动发展战略

把握国家加快文化事业和新闻出版产业发展的历史机遇，以出版单位改企转制为契机，外教社开创性地将出版、科研、教育互动作为谋求科学、全面、协调发展的战略规划。以出版为主业，坚持主业发展，坚守专业出版，坚定内涵发展，努力做大、做强、做精，服务于教学科研，服务于学术繁荣，服务于人才培养，服务于文化传承和传播，服务于经济建设和社会各项事业的进步；以科研为先导和支撑，支持出版的科学发展，以科研优化产品结构，提升出版水平和出版物品质，促进出版物的市场竞争力，以品牌和精品战略稳固和开拓市场；以教育为契机与平台，传播先进教学理念，推广先进教学方法和

手段，适时获取教学科学和市场需求信息和变化，更好地贴近教学、贴近科研、贴近人才培养，寻找和创造出版机遇。通过出版、科研、教育的产、学、研互动发展，互为依存，互为促进，互动协调发展，充分开发和利用高校丰厚的教学、学术和人才资源，充分发挥大学出版社的优势和特点，探索和创造大学出版社独特的办社模式。

外教社相继成立了出版发展研究所和出版物研究所，与上海外国语大学共建中国外语教材与教法研究中心，积极开展科研工作，以科研答疑解惑，以科研提升出版社的品质和特性，以科研打造出版物的升级版，以科研支撑出版社的稳定、健康、可持续的快速发展。多年来，外教社针对市场的变化、业态的变化，积极开展调查研究，尤其是针对重大项目和支柱性项目，设立研究课题，通过课题研究，明确产品开发的思路，回应市场的挑战，解答办社中碰到的困难与矛盾，坚定专业、质量、品牌立社的信念，保持了出版社科学、稳定、可持续快速发展。此外，外教社先后承担并顺利完成了教育部项目"新理念大学英语网络教学平台"、上海市经信委项目"新理念外语测试中心"和上海市科委项目"双语词典编纂系统"的研发，开展了上海外国语大学重大科研项目"国际化创新型外语人才培养体系研究"等。外教社与中国科技大学共同研发的大学英语口语考试系统及研发项目获"2010年安徽省级教学成果特等奖"。这些项目的完成，有效地支持了外教社由传统出版向数字化出版转型，向网络化传播进军，提升了出版的品质和水平，增强了出版物和出版经营的市场竞争力，提高了出版社的整体能力与水平，有效地支撑了出版社的科学发展。2005年，外教社成立教育培训中心，积极有效地开展教师培训和教材中试，每年培训教师近2 000人，为教学理念研讨、学术思想交流、学科建设发展搭建平台，成为我国外语教学新理念、新方法、新手段和外语新教材建设等专业信息交流、研讨、传播不可或缺的阵地，有力地支撑了出版的发展和各类资源的积聚，有效地实现了产学研互动发展。

二、坚守专业，打造品牌

作为专业外语教育出版社，外教社坚持走专业出版道路，围绕外语学科和高等外语教育开展出版和经营业务，以外语教材、学术著作、工具书、教学参考书及外语学术期刊为主要出版内容，每一种重大出版物都以专业的高标准严格打造，力求做到世界先进、国内领先，不断提升外教社出版物的核心竞争力、市场号召力和品牌影响力，由我国最大、最权威的外语出版基地向外语服务基地转型，不断增强外教社品牌的市场认可度、影响力和感召力。

外教社在国家级大型外语教材的组织、策划、研发、编辑制作和出版领域积累了丰富、卓有成效的经验。从20世纪90年代中期开始，外教社教材出版逐渐形成了科学、独特的理念与原则，即教材出版要满足外语教学改革的需要、满足外语学科建设的需要、满足外语人才培养的需要；既要满足市场的需要，又要引领市场的发展；教材出版的过程应借鉴和应用语言学与语言教学理论研究的最新成果，紧密结合中国人学习外语的特点，贴近教学实际、贴近学生、贴近教师，以有利于教学、有利于学生健康成长为宗旨，及时采纳新鲜的教学研究成果，确保教材的科学性、系统性、前瞻性与适用性。外教社出版发行的数套大型系列教材，已成为我国高等教育外语教材的经典之作，获得了教师和学生的一致好评，先后荣获数项国家大奖并多次被教育部列入精品教材和推荐使用教材，取得了很好的社会效益和经济效益。"十一五"期间，外教社15个项目、数百册教材被教育部评为普通高等教育本科国家级规划和精品教材。近期，在教育部公布的普通高等教育"十二五"本科国家级规划教材目录中，外教社8个项目176册图书入选，项目数占外语类教材的17.4%，册数占43.5%，入选数居全国大学出版社之首。

外教社秉承以服务教学科研为己任的学术出版理念，每年出版的学术著作、学术参考书和论文集占出书总量的30%以上，语言学、文学与文学史、文化与跨文化、外语教学法、翻译研究，《语言与语言学百科全书》、《美国文学百科全书》、《英国文学百科全书》、《国际教育学百科全书》、《不列颠简明百科全书》等数十套丛书和全书的出版发行，有力地支持了我国外语学科的建设与发展、学术繁荣、人才培养和文化、学术交流。外教社始终走在学术出版的前沿，为外语学科建设和科研提供有价值的学术参考资料。学术图书，尤其是大型学术工具书的性质决定了出版单位要承担经济风险，但这些典藏性文献的出版却能为我国相关领域学科建设和教学科研作出积极贡献，具有里程碑意义。近期，根据《中国高被引指数分析》，在语言文字领域高被引前10种图书中，外教社出版的图书占5种。

三、传统出版数字化，数字出版网络化

出版企业的数字转型是传统出版社适应信息化时代的必由之路。外教社走专业化道路的同时也在努力探索外教社特色的数字出版之路：积极向传统出版数字化、数字产品网络化迈进。

外教社的数字出版从大学英语多媒体配套教学光盘启航。如今，外教社每推出一个系列的外语教材，都要力争同步研发供学生自学使用的多媒体配套光盘、供教师使用的

电子教案和网络化教学平台，有效地支持了教材立体化的建设，对外语学科的建设和发展，起到了积极的促进作用。1998年外教社研制第一张多媒体教学光盘取得圆满成功，有力地支撑了传统教材的数字化转型，丰富了传统教材的教学内容和教学手段，广受师生们的欢迎和好评，并荣获"教育部优秀教学成果奖二等奖"（一等奖空缺）和"广东省优秀教学成果奖一等奖"。2003年，受教育部委托开发的"新理念大学英语网络教学系统"，专家评审一致通过，在全国180所示范院校推广使用。此外，外教社本着服务外语教育的宗旨，在数字产品的研发中，根据外语教学活动各个环节、各类学习群体的不同需求，相继研发推出了"外教社大学英语分级测试题库"、"外教社新理念视听说网络考试系统"、"中国高校外语专业多语种语料库建设和研究——英语语料库（CEM语料库）"和"外国语言研究论文索引平台"等独立数字产品。

外教社的数字出版发展正稳步向互联网领域进军，初步建成了以外教社官网为核心，由十几个子网站组成的外教社网站群。"外教社高等英语教学网"有效拓展了教学发展空间，丰富了教学资源，为高校外语教与学提供了交流和互动的平台；"外教社有声资源网"为外语学习者提供了丰富的学习资源和下载语音资源的便捷途径；"四八级在线"为考生提供在线测试、视频讲解、在线答疑、考试资讯等全方位服务；"外国语言研究论文索引平台"利用现代化信息处理技术将分散于各报刊中有价值的各种论文信息进行系统的选择、收集整理、分类，实现数字化和网络化；根据小学生英语学习特点建成的形式活泼多样、内容新颖有趣的"思飞小学英语网"，为学生提供了新颖的学习课堂，并荣获第二届中国出版政府奖网络出版物提名奖。

外教社深信，数字和网络出版与传播对传统出版是挑战，也是机遇。凭借规模化、长效化、多元化发展的理念，外教社的数字出版已初步形成特色鲜明、行之有效的发展模式，获得了可观的社会效益和经济效益。

四、质量第一，双效益第一

出版，内容为王；内容，质量为上。"双效益产品优先出版，有社会效益而暂时没有经济效益的积极出版，有经济效益、没有社会效益的限制出版，两个效益均无的坚决不出版"，是外教社产品开发坚守的原则。外教社追求和坚守出版的品质、坚持产品的特色，不断提升产品的创新含量，从内容到形式，从作者到编辑，从编校到管理，都提出了高质量的要求，精耕细作、精益求精。

以外语教材出版为例，外教社出版一套教材的平均周期为3至5年，甚至更长，从教材市场调研、规划、组织、策划、研讨、设计、编写、协调、编辑到印制成书，需经历几十个步骤，涉及组织、策划、物色作者与外籍专家、审稿编辑、校对、美术、出版制作、试用单位等各个方面。在整个过程中，外教社制定了严格的出版规范和程序，从编辑到校对、从版式到装帧、从插图到字体字号，乃至纸张选择、颜色确定、印刷装订和包装等，无不依据严格的质量监控标准进行操作。优质的教材一定是"磨"出来的。质量达不到要求或不成熟的教材，无论有多大的经济效益，外教社坚决不出版。凡是大型系列丛书、学术著作、工具书等，外教社都不遗余力，精心打造，力争成为高质量、可信赖的文化精品。

面对竞争激烈的图书市场，面对数字出版网络传播的强劲挑战，外教社始终坚持自己的"游戏规则"，规范操作，稳扎稳打，取之有道，施之有度，不断增强产品研发、营销策划、管理运营的核心竞争力。外教社坚信，只有坚持社会效益第一，以产品质量为生命线，才能担负起历史赋予出版社的光荣使命。

★本文发表于《编辑学刊》2013年第二期。

坚持特色　打造品牌

——上海外语教育出版社的办社思路

上海外语教育出版社（以下简称"外教社"）自1979年建社以来，始终坚持以服务我国外语教育事业为己任，全心致力于我国外语教育事业的发展；始终坚持办社特色，努力打造品牌，牢固地坚持社会效益第一的原则，力争社会效益和经济效益的统一。面对激烈的市场竞争和挑战，全社员工与时俱进，积极开拓进取，艰苦奋斗。近5年来，外教社以稳健的步伐实现了超常规、跨越式的发展。年均出版图书900余种（含重版），重版率达70%。发行码洋以年均5 000万元以上幅度攀升，利润以年均1 000万元以上幅度递增，获得了社会效益和经济效益双丰收的佳绩。以下就"坚持特色，打造品牌"谈一点看法，以求教于出版界的同行和领导。

一、坚持办社特色

高校出版社与地方出版社相比，有其特点和优势，比如学科优势、人才优势、信息源优势、地域优势以及整体上容易形成合力的优势。

外教社是由上海外国语大学主办，教育部主管的一家大学出版社，主要从事编辑、出版各级各类外语教材，外国语言和文学及相关学科的学术著作、外语读物、外语工具书、外语教学参考书、对外汉语教材、外语学术期刊、外语电子出版物等。建社20多年来，外教社坚持正确的学科定位、市场定位、服务对象定位和产品结构定位，依托上海外国语大学的学科优势，尤其是数个国家级重点学科的人才、学术和声誉的优势，积极开发优质出版资源,策划高质量、高水准、辐射能力强、优势和特色显著的选题,及时反映外语教学科研的优秀成果,促进外语教学和科研的发展。外教社能够不断发展壮大,尤其是近五六年的快速发展,与其坚持高校出版社的定位和外语专业出版社的特色,从而扬长避短是分不开的。

二、坚持选题开发与设计的特色

无论是国际出版业的成功者,还是国内的佼佼者;无论是长盛不衰的百年老社,还是崭露头角或锋芒初露可称后起之秀的新社:都有一个共同之处,即坚持正确的定位,坚持鲜明的办社特色,尤其是具有特色显著的图书结构和图书品种。国内如百年老社商务印书馆以其坚持自身的出版范围和品种而闻名,工具书和学术著作及教科书的出版使其享有很高的声誉。国外的贝塔斯曼、培生、牛津、剑桥、麦克米伦等超大规模的出版集团都因各自鲜明的出书范围和出书特色而拥有了强大的出版资源和较大的市场份额。外教社这几年的跨越式发展,也源自牢牢地坚持了正确的市场定位,坚持走特色之路。其特色主要表现在选题开发和设计等以下几个方面。

1. 专业性

在激烈的市场竞争中,尤其是国际市场竞争中,专业化运作或走专业化道路是立足于不败之地的关键。一般说来,在某一个领域中,竞争非常激烈或白热化时,以通用人才与专业人才竞争,往往是专业人才占有优势的可能性要大些。同样,产品的专业化设计制作和营销,要比非专业化更具有竞争力。外教社这几年的快速发展就说明了这一点。外教社紧紧依托上海外国语大学专业方面的优势,依靠全国外语学科的专家,充分发挥专业出版社之所长,充分调动本社具有外语专业优势的编辑、营销和管理队伍的积极性,发挥他们的创造性,走专业化发展的道路,成功策划了《新世纪高等院校英语专业本科生系列教材》(约150种)和《高等院校英语语言文学专业研究生系列教材》(约50种)以及从小学、中学、大学直至研究生英语教育一条龙系列教材,一旦占领市场,其地位亦十分稳固,这便是专业性优势所在。

2. 唯一性

追求产品的唯一性既是开拓和占领市场的有效手段,也是创特色、树品牌的有效途径。市场经济既要十分关注现行的市场需求,把握机遇,更要预测潜在市场的需求和发展。

唯有把握未来市场的需求和发展，才能真正开拓、占领和引导市场。若能洞察何时会多，何时会少，就能很好把握市场，最终能占领市场。有些产品看起来层次较高，或学术性过强，读者面不是太广，但是如果该产品是市场上独一无二的，则往往可获得非常理想的社会效益和经济效益。例如外教社根据市场调研，发现我国图书市场缺少英语原版的语言学著作，而我国又有大约6万名高校英语教师，其中有相当一部分未受过这方面的专业训练，很需要这方面的著作。于是外教社率先引进出版了"牛津应用语言学丛书"、"牛津语言学入门丛书"（35种），结果一举成功：一年内重印5次，销售逾2万套，获得了很好的社会效益和经济效益。

3. 学术性

繁荣学术，促进学科发展，是大学出版社出书的一个很重要的任务，亦是大学出版社赖以生存和发展的基础和推进器。学术的繁荣可以促进学科建设，学科建设的推进可以培养高质量的师资队伍，师资队伍学术水平的提升又可促进学术的发展。抓住学术研究，反映学术研究成果，往往可以提升出版社图书产品的层次；同时可以团结一大批有较高水平的作者，常常可以获得社会效益和经济效益双丰收。外教社在策划学术著作出版中，十分注重结合我国外语教学和科研的需要，及时反映优秀的教学科研成果。不仅注重策划出版基础研究的著作，更注重能解决教学实践中的现实问题，促进教学水平和教学效果提高的学术著作。外教社策划了"当代英语语言学丛书"20多种，反映该领域的最新研究成果，又策划了文化研究方面的著作等丛书，填补了我国在这些研究领域学术著作出版的空白，提供了教学科研资料，有力地促进了这些领域学术研究的发展。学术著作的品种占了外教社常备图书的近30%。这些学术性较强的图书的出版，树立了外教社良好的学术形象，创立了学术品牌，为外教社带来了良好的社会效益，而且经济效益十分可观。

4. 创新性

外语出版物的创新，就是按照外语教育的规律，结合我国国情，设计和开发创新产品，赋予产品前所未有的特色。1999年外教社从牛津大学引进29种语言学专著。这是我国出版界首次大规模引进英语教学专著，缓解了我国外语教学科研资料的短缺，获得了全国外语教师的好评。2001年，外教社推出的《大学英语》(全新版)，更是多处闪烁着创新的光芒。根据教学规律，将"精读"改为"综合教程"，将"听力教程"改为"听说教程"，将单项技能训练改为综合能力培养；编排形式、单元安排都应适合现代生活节奏需要，而成为后来教材的模仿对象。并且教材出版后，根据教学手段现代化的要求，首次将教材打造成立体化：纸介质、音带、多媒体光盘（助学版、助教版）、网络（校园网络版、互联网版）配套齐全，推动了出版物的内容和形式的创新，为提高教学质量、手段多样作出了有益的探索。

5. 前瞻性

选题的设计与策划，既要关注现行图书市场的需要，更要研究和探测未来市场和潜在市场的需求和发展。图书选题设计与策划的前瞻性，也就是要有远虑。有无前瞻性的思考、铺垫和动作，直接关系到出版社的发展潜力。若能根据国家发展、社会各项事业进步的需要，善于捕捉能为未来发展提供智力支持和满足未来教育、文化精神需要的选题，就抓住了未来的市场，就可能占有优势。因此，每当国家制定教育方针大计和改革措施时，外教社都密切关注，配合外语教学改革，积极提供优良的服务。1998年和1999年，当上海和北京中小学相继取消小学升学考试时，外教社就敏锐地察觉到小学有可能要普遍开设英语课，因为这是现代化发展的需要，参与国际竞争的需要，语言学习规律的需要。紧接着外教社先后策划了两套小学英语教材。至2001年教育部要求有条件的城市分别从小学一年级和三年级开设英语课时，外教社已出版了两套小学英语教材，结果因其前瞻性而获得了较好的社会效益和经济效益。

6. 积累性

出版业的发展从某种意义上说，要依赖出版资源的积累。图书产品便是出版资源非常重要的组成部分。事实上，出版业的不断发展和扩张，便是出版资源的不断积累。积累越多，发展基础就越坚实，发展后劲便越强。积累越厚实，可持续发展的动力就越大。出版资源的积累亦是出版社的基本建设。基本建设搞好了，就有可能让发展插上腾飞的翅膀。外教社在整个发展过程中十分注重文化、学术等方面的积累，尤其十分注重有文化、学术积累价值图书的策划与开发。作为一家以外语为出版方向的高校出版社，外教社出版了能够满足各级各类学校和社会教学需要的15个语种的外语教材，如《大学英语》（修订本）、《大学英语》（全新版）、《新编英语教程》、《交际英语教程》、《新编日语》、《新编俄语》等系列教材，以及新近策划的从小学到研究生一条龙系列教材。建社20余年，外教社出版了一大批有学术积累价值的学术著作。这些学术著作的出版是一种非常有价值的学术积累，为出版社的发展注入了动力。此外，外教社还出版了各类外语工具书150余种，外语读物几百种等。这些都是出版社赖以生存和发展的积累。

7. 填空性

高等学校出版社的很重要的一个任务，就是要为高校的学科建设服务，反映教学科研成果，促进学科的发展。在整个学科建设和发展过程中，常常存在一些空白点需要填补和覆盖。空白点的填补，往往使整个学科建设更为健康，发展更具有后劲。外教社在国家改革开放进程中，积极服务于整个外语学科的建设和发展，围绕学科建设进行有效的工作，积极策划和组织填补学科空白的选题，为完善学科建设，促进学科的改革、整合和发展作出了积极的贡献。例如，2001年外教社经过调研，发现英语语言文学专业学科长期以来一直以传授语言知识、训练语言技能为宗旨。然而语言仅仅是载体，若无内容——即人文科学和文化——作支撑的话，恐是一门不完整的学科。于是外教社便积极策划组织了英语语言文学专业本科生系列教材，填补了该专业人文科学方面的空白，使整个学科发展与国际接轨，并有更强的发展潜力。

8. 规模性

图书产品有无一定规模，在市场竞争中直接关系到是否能够形成一定的市场效应或影响力。高质量的有特色的产品若无一定的规模，常常亦很难左右或影响市场。内容充实、丰富、特色鲜明的产品若达到一定的规模，常常可起到引导市场的作用，形成一定的市场声势。从数量上、规模上凸显其优势，在气势上形成感召力，在市场营销、市场开拓和领导市场方面往往可形成整体效益或联动效益，最终形成支柱性的产品，赢得读者和市场。外教社连续5年的跨越式发展亦充分证明了这一点。外教社在策划图书时，除了十分注重产品的质量、特色外，还十分注重使每一类产品能形成相应的规模，这是竞争对专业出版社的一种要求。非专业出版社若一类品种出几本书的话，专业出版社就得考虑其专业优势，在规模上也要胜出。也就是规模上要形成优势，一类品种就得考虑将相应的选题出齐。一旦形成规模后，其竞争对手要动摇这些板块就绝非易事。因此在设计和策划选题时，应十分注意尽可能使其达到一定的规模，形成数量和规模优势。

三、坚持质量优势、打造品牌

质量是企业的生命。一家出版社是否受到读者的信赖，取决于其能否源源不断地向他们提供能够满足文化、精神生活所需要的产品，并提供优质的服务；而一种出版物能否受到读者欢迎，是否被读者和社会认可，是否有强大的生命力，从某种意义上说，完全取决于该出版物的质量。这就要求我们的出版工作者应具备强烈的质量意识。这种质量包括政治质量、内容质量、文字质量、编校质量、装帧质量、印制质量和服务质量。

1. 政治质量

建社20余年来，外教社始终坚持出版物的政治质量标准。凡有悖于四项基本原则、有悖于社会主义精神文明建设、有悖于我国现行政策法规的出版物，坚决不出。哪怕经济效益再好，亦决不受诱惑。在出版物内容方面亦严格把关。凡是政治倾向不正确的，坚决不出。凡文字表达不符合国家法规的坚决纠正后才出版。尤其是在与境外出版社合作中，外教社坚持凡合作出版图书，一定做到逐字逐句审读，并对不合我国国情的内容和文字作必要的处理，保证了出版物的政治质量。

2. 内容质量

出版业作为内容产业的一个组成部分，其内容质量的优劣直接关系到产业的存亡和兴衰。而某一图书产品内容质量的好坏，直接关系到该产品是否能被读者接受，是否能立足于市场，亦直接关系到生产该产品出版社的信誉和声誉。无论是在策划选题或编辑书稿时，我们都应十分注重出版物的内容质量。也就是说，书的内容应当有益于提高民族素质，有益于经济发展和社会全面进步的科学技术和文化知识，有益于弘扬民族优秀文化，有益于促进国际文化交流，有益于丰富和提高人民的精神生活，有益于学术研究、积累和繁荣。例如，为解决好外语教育中各层次衔接不好的问题，外教社组织策划了新世纪小学、中学、大学、研究生英语教学一条龙系列教材；为促进外语教学水平的提高，外教社出版了"国外英语教学法丛书"；为满足教学科研需要，外教社花巨资翻译出版《剑桥国际英语词典》、《新牛津英语词典》；为繁荣学术研究，外教社又不惜工本，扶持学术期刊的建设。这些内容质量优秀的出版物，极大地推动和促进了我国外语教育事业的发展。

3. 文字质量

图书产品文字质量的高低，关系到出版物的丰富内容是否能准确表达到位，是否能传情达意，亦是保证出版物内容质量的关键。在整个出版过程中，在策划选题、物色作者时，外教社十分注重作者的写作能力包括外文文字的驾驭能力；而在编辑加工书稿时，认真审查和修改文字，尽可能使中外文语句通顺，表达清楚、确切、规范，富有文字的感染力。

4. 编校质量

图书产品的编校过程如同工艺品的加工过程一样，产品能否达到令人满意的程度，完全取决于加工者是否掌握加工的技艺，了解加工的要求，熟悉加工的程序，每一程序是否实施到位，加工产品检验是否严格把关，监控到位。尤其是图书的责任编辑，不但要有较高的专业水平、广博的知识面、比较过硬的文字功底，还要了解整个制作过程。外教社在整个出版活动中，不断强化编校质量意识，严格三审三校制度，不允许有任何例外。重点图书还要重点增加审校次数，从而保证了图书的编校质量，使图书的原稿通过编、审、校加工后，无论是内容、文字、版式都能上一个，甚至几个档次。

5. 装帧质量

图书的装帧决定图书给予读者的第一印象，其质量的高低有时直接影响读者对该图书的取舍。装帧是否新颖，是否能较好地体现书稿的主题，是否贴切，往往直接关系到该书的命运。如果一本图书连封面上的文字都有错误，那就很难想象读者会对这样的图书存有信心。装帧是图书的脸面，图书封面从某种意义上说，是出版社产品形象的塑造，一张封面就如同一张广告，装帧质量上乘的封面就会给读者留下美好深刻的印象。提高图书装帧质量是打造出版社品牌的必由之路。一流的书稿必须要有一流的装帧，没有一流的装帧也出不了一流的图书。坚持不懈地抓图书的装帧质量，不断提高装帧水平，塑造形象，形成风格、特色是出版社打造品牌不可或缺的步骤。外教社的每一类图书都力求形成具有特色的开本、装帧结构、色块和标志，最终形成外语教材、学术著作、工具书、读物、教学参考书、期刊等特色明显，风格独特，标志清晰的产品装帧。

6. 印制质量

印制是一本图书制作生产的最后一道工序，能否达到策划设计时的预期效果，印制质量至关重要。如果前面的工序均达到了比较理想的质量要求，而印制上没有跟上则往往功亏一篑，此类教训举不胜举。每年新学期开学后数周内新闻媒体屡屡曝光的教科书质量问题，很大一部分是由印装质量低下导致的。所以加强对印制质量的监控，已成为出版社提高图书质量，打造品牌不可缺少的重要环节。

7. 服务质量

改善服务、提高服务水平和质量是图书出版业坚持特色、打造品牌、开拓市场、赢得读者的非常重要的工作。服务质量直接关系到出版社产品的营销和市场占有份额及市场信誉。打造品牌，除了产品品种、质量以外，服务质量的优劣亦与其息息相关。市场竞争从某种意义上说，就是服务竞争。谁能够与用户保持最密切的联系，随时了解用户的需求，为用户提供优质的服务，谁就可能树立良好的信誉；拥有良好的信誉就能赢得用户的信赖；赢得了用户的信任也就赢得了市场，从而使出版社的信誉和品牌牢牢地扎根于读者心中。打造品牌就是要塑造良好的企业形象，当今出版业出书品种繁多，同类书令人眼花缭乱，出版社的品牌和作者的权威性更成了众多读者挑选图书的主要依据。可见服务和品牌是何等的戚戚相关。劣质的服务永远不可能打造品牌，塑造名牌。建社20多年来，外教社在服务水平和质量的提高上作出了不懈的努力。由于长年的诚信服务，外教社塑造了良好的企业形象，赢得了广大外语教师的信赖，为外教社的发展打下了扎实的基础。

建社20余年来，外教社始终坚持正确的办社宗旨，全心致力于我国外语教育事业的发展。坚持办社特色，与时俱进，不断提升办社的理念；坚持严格的质量标准，努力打造外教社的品牌，取得了比较好的成效。在新的形势下，面对新的任务、机遇与挑战，外教社将一如既往，坚持特色、打造品牌，塑造更加光彩夺目的企业形象。

★本文发表于《编辑学刊》2003年第一期。

夯实基础　练好内功　坚持可持续发展

一

党的十六大把"三个代表"重要思想确立为中国共产党的指导思想，实现了党在指导思想上的又一次与时俱进。"三个代表"重要思想把代表先进文化的前进方向同先进生产力的发展要求和最广大人民的根本利益统一起来，进一步明确了先进文化在建设中国特色社会主义事业中的重要地位和作用。十六大突出强调了文化建设的重要性，明确了文化建设和文化体制改革的方针原则和目标任务，要求我们牢牢把握先进文化的前进方向，坚持培育与弘扬民族精神，切实加强思想道德建设，大力发展教育和科学事业，积极发展文化事业和文化产业，继续深化文化体制改革。新闻出版业作为社会主义文化事业的重要组成部分，同样肩负着相同的历史使命。

按照党的十五大对出版工作提出的"加强管理，优化结构，提高质量"的要求，上海外语教育出版社（下称"外教社"）全体员工认真学习和实践"三个代表"重要思想，认真贯彻出版为人民服务、为社会主义服务、为全党全国工作大局服务的方针，全心致力于我国外语教育事业的发展，为外语学科发展，繁荣学术研究，丰富文化积累和师资队伍建设作出了不懈的努力。我们牢牢坚持社会效益第一的原则，力争社会效益和经济效益的统一，不断增强核心竞争力，为做大做强，超常规、跨越式、可持续发展打下了扎实的基础。

外教社建社于1979年12月，至今已走过了24年路程，现有社正式编制职工139人，分编为编辑、出版、发行、市场、财务、行政管理、社属公司、工厂等部门，共有10余个法人单位。编辑部主要由选题策划与对外合作编辑室、文字编辑室、期刊编辑室

（6份学术期刊）、美术与技术编辑室、电子出版物编辑室、校对室、资料信息室、总编办公室等部门组成；发行部主要由发行一科、二科、储运、邮购、上海外语教育书店总店、申南外语教育经营部、高校图书发行站等构成；出版部由出版科、材料科、申亚实业有限公司、申亚出版发展有限公司、上海外语教育出版社印刷厂、上海宝祁装订厂等组成。此外外教社还分别建立了外教社北京文化发展中心、外教社陕西图书销售有限公司、外教社北美分社等；还在全国各省市设有外教社高校图书发行站近70个。

外教社近几年年均出版图书约1 000余种，其中初版书300余种，重版率常年保持在约70%，主要出版品种有高等学校外语教材、学术著作、工具书、读物、教学参考书、学术期刊、对外汉语与文化教材及读物、电子出版物（CD-ROM）等。其中高等学校外语教材和学术著作占主导地位，处于全国同类出版社的领先地位。外语工具书、读物、教参、电子出版物等正在形成特色、规模和支柱。近五六年来，外教社实现了引人注目的超常规、跨越式发展，2002年销售图书近3 500万册，预计2003年将接近4 000万册，年用纸量预计可达到45万令，电子出版物亦有较大发展；销售码洋连续5年以年均5 000万元以上的幅度攀升，2003年将递增销售码洋1亿元以上。在每印张平均1.02元的低定价的基础上，2002年实现利润逾1亿元人民币。《新世纪英语新词语双解词典》、《新世纪英语用法大词典》、《英国小说批评史》等近200部图书获得国家和省部级以上各类奖项。2003年春季，面对突如其来的"非典"疫情侵袭，外教社在学校的支持下，向中国红十字会捐款100万元人民币，支持北京抗击非典斗争。根据《中国图书出版资源基础数据库》课题组于2001年发表的《"九五"期间全国大学出版社竞争力评估报告》，"九五"期间，外教社的综合竞争力排名有了很大提升，位居大学出版社第二、外语专业类出版社第一（参见《出版广角》2001年第十期、第十一期和《中国出版年鉴（2001卷）》同标题文章）。

二

按照党的十六大关于文化建设和文化体制改革的要求，外教社牢牢抓住我国改革开放的深入发展和加入世界贸易组织的契机，不断强化竞争意识、市场意识、忧患意识，增强危机感和紧迫感。面对日益激烈的市场竞争的挑战，根据外教社的现状和发展规划，积极主动转换经营机制，调整图书结构，优化出版资源配置，加强和完善内部管理，建立现代出版、制作、营销体系，努力把出版事业做大做强。经过3年的图书结构战略性调整，实施新品开发"四个一百"工程，即在3年时间内出版100种教材、100种学术著作、100种工具书、100种教学参考书，以及几十个电子出版物，已初步扭转了外教社图书产品结构单一，品牌产品不多，名牌产品更少，销售码洋和经济效益过分依赖教材，而教材中又过分依赖某一品种，一般图书上架率偏低，市场占有份额少，缺乏支柱性产品的局面。经过3年的努力初步改变了现状，营造了多个支柱性产品，增强了外教社的抗风险能力，发挥了外语专业出版社外语图书的质量优势、规模优势、特色优势和领先优势，取得了丰硕的社会效益和经济效益，有百余种图书在国家和省部级以上各类评比中获奖，得到上级主管部门的嘉奖。

外教社在党的十六大精神的指引下，解放思想，实事求是，与时俱进，抓住机遇，开拓进取，积极应对各种困难与挑战。我们实施第二步图书结构调整战略，进一步优化图书结构，全面打造外教社图书品牌；加强营销力度，实施专业化运作；加强经营管理，转变经营机制，全面推进和加速外教社的发展。

1. 实施第二步图书结构调整战略，全面打造外教社图书品牌

（1）在前3年图书结构调整初步完成的基础上，实施第二步图书结构调整战略。以市场和社会需求为导向，前瞻性地预测我国未来政治、经济、社会发展对外语的需求，再用3到5年时间，通过实施精品战略，全面打造外教社图书的品牌，塑造外教社名牌企业形象：完善并做强、做好、做精各板块，继续保持外教社在高校外语教材和学术著作方面的领先地位，加快加大外语工具书、读物、教参、对外汉语与文化教材及电子出版物的发展，加强整体策划、整体运作与实施，实现整体效益；在产品策划和设计方面更加突出外语专业出版社的专业性、唯一性、学术性、创新性、前瞻性、积累性、规模性、填补空白等特色；采取各种有效措施，从制度和操作程序上保证出版物的政治质量、内容质量、文字质量、编校质量、装帧质量、印装质量等；与时俱进，不断增强创新意识，尤其在出版资源开发、整合，出版内容、表现形式、手段和方法等方面不断创新，充分发挥外语专业出版社外语图书的多方面优势。

（2）在实施第二步图书结构调整中，花大力气培育海内外两支作者、译者队伍，除继续充分发挥老教授、老专家的作用，反映他们的教学科研成果和学术积累外，尤其要注重培育中青年作者队伍，催化创新成果的诞生，及时将他们鲜活的教学科研成果和闪光点反映出来，积极开发出版资源。同时，要努力、主动开发海外出版资源，作为外教社图书结构调整的有效补充。继续加强和发展版权贸易，积极引进填补国内某些空白领域或缺乏积累的选题，促进新兴学科的发展，繁荣学术研究；更加注重由我社策划选题，按照我国政治、经济、文化、社会发展需要，满足我国读者的需求，委托海外出版社物色作者撰写，或由我社直接在海外组织和物色人员撰稿，外教社曾在这方面作了一些尝试，效果甚佳。对引进海外版权的选题，外教社不断增加知识投入，增加知识含量，根据我国图书市场需要，进行改编、加注解、翻译等。通过出版资源的开发、创新使用和整合，外教社的图书结构更趋合理，不少产品已成为具有很强劲的市场竞争力的精品。

2. 强化营销工作，实施专业化运作

（1）面对我国图书市场的现状和加入世贸后我国图书市场对外逐步开放，外教社进一步加强发行体制和机制改革，转变经营机制，充分调动营销人员的工作积极性、主动性和创造性，注重市场调研，根据市场的变化及时调整营销政策、策略与手段，不断创新营销观念、营销艺术、手段和方法。强化营销人员的职责，力求运作到位。根据图书品种类型，实施专业化运作，市场调研、营销、外勤、内勤、制单，分工明确，职责分明，整体策划，整体运作，将市场做得更细、更精、更专业化，力争占有市场信息、网络、销售手段等方面的优势。

（2）充实发行队伍力量，努力提高队伍素质，尤其要不断增强发行销售人员的事业心、责任心、敬业精神和奉献精神。继续发扬艰苦奋斗、奋发向上的精神，提高政治思想水准，增强业务素质和综合能力，打造一支能适应市场竞争和开拓需要的高素质的发行队伍，构建营销人才的高地。

（3）加强营销策划，转变观念，要像选题策划那样，花大力气，倾注精力和注意力，重视营销策划。凡重大或有一定规模的选题和有重大市场影响力、较大潜在市场份额的产品，必须先策划营销方案，通过论证，确认后实施，整体设计，整体运作，实现整体效益。

（4）加强图书销售网络的维护、管理和建设，加大市场监控力度，及时掌握各网点的销售情况和有关信息，通过各种有效手段沟通与网点的信息互换，增加图书的销售量，加快图书销售周转速度。根据未来市场竞争的需要，在有关省市建立外教社图书销售分公司，逐渐建立和形成有外教社特点的销售网络，以实现有效销售。

3. 加强经营管理，充分调动员工的积极性、主动性和创造性

（1）进一步解放思想，更新观念，按照党的十六大提出的要求，发展要有新思路，改革要有新突破，开放要有新局面，各项工作要有新举措；一切妨碍发展的思想观念都要坚决冲破，一切束缚发展的做法和规定都要坚决改变，一切影响发展的体制弊端都要坚决革除。在改革发展的实践中解放思想，在解放思想中统一思想。加大改革力度，坚定发展是第一要务的信念，通过改革加快发展、增强实力。

（2）针对外教社近五六年的快速发展，进一步增强员工的政治意识、责任意识和大局意识，增强忧患意识，增强危机感和紧迫感。更加振奋精神，奋发向上，以创新的精神，更有效的机制和管理，加强协调与合作，发挥团队精神、艰苦奋斗的精神。深化内部劳动、人事、工资三项制度改革，人员能进能出，干部能上能下，工资能增能减，不断完善办社机制、用人机制，优化人力资源配置，调整机构和人员，充分调动员工的积极性和创造性，完善制度建设，取消寒暑假，实施年休假制度，严格考勤制度等，营造健康、奋发向上的良好工作氛围。

（3）进一步增强全社员工的事业心和工作责任心，积极倡导敬业精神和奉献精神，加强全社职工队伍的建设，尤其是社领导班子和干部队伍建设，要求社领导、科室干部、党员以身作则，模范带头。建立高素质的编、印、发和经营管理队伍。完善考核分配机制，加大按劳、按业绩分配的力度，优劳优酬，优绩优得。定岗、定责、定薪，按工作表现和业绩考核分配。以法治社，人人照章办事，保证各项工作高效有序，运作到位。

三

为在"十五"期间谋求外教社的更大发展，形成外教社产品显著的质量、规模、特色和品牌优势，在教育部、新闻出版总署、上海市新闻出版局和上海外国语大学党政领导的关怀和支持下，外教社经过大量的调研论证，研制了"十五"规划。"十五"期间，努力将外教社建设成为集"出版、科研、教学"为一体的出版集团，我国最大的外语教材、图书、多媒体教学电子出版物基地之一，走"专、精、特"的专业特色道路。在今后3至5年内，力争使外教社成为拥有多个名牌产品的全国名牌企业，成为国内一流、国际知名的大学出版集团。

通过引入现代企业制度的集团运作，进一步巩固外教社在高校外语教材和学术著作等领域的传统优势，主导国内高校外语教材和学术著作市场，同时确立在其他相关领域的优势地位。到2010年，争取实现年总产值20亿元，利润3亿元，净资产累积达12亿元，从而实现国有资产的良性运作和保值、增值，并全面提升外教社核心竞争力。

为实现这一目标，外教社拟建立"策划制作中心"，下设各专业出版社7至8个；"出版中心"，下设专业部门、公司和工厂6至7个；"销售总公司"，下设专业部门、分公司、书店、物流中心等约30个。此外建立3个研究所、1个学院、1个语料库、1个俱乐部、2至3个文化咨询和出版公司，在异地建立分支机构4至5个，在海外设立2至3个分社等。

在我国加入世贸和申奥、申博成功给各行各业带来新的机遇与挑战的形势下，外教社将在党的十六大精神指引下,进一步解放思想,实事求是,与时俱进,开拓创新,深化内部改革,改善经营机制,调整图书结构,优化出版资源配置,建立现代出版、制作、营销体系,扩大经营规模,形成规模效益,走内涵式发展道路,增强抗风险能力和核心竞争力,服务于我国的社会主义建设,服务于我国外语教育事业的发展,为我国全面建设小康社会,增强综合国力作出应有的贡献。

★本文发表于《大学出版》2003年第四期。

深化出版体制改革　促进出版业的繁荣与发展

加强文化建设，深化文化体制改革，是党的十六大作出的重大战略部署，是继经济体制改革、政治体制改革、教育体制改革、科技体制改革、卫生体制改革之后，又一项关系全局的重大决策。《中共中央、国务院关于深化文化体制改革的若干意见》（以下简称《若干意见》）已明确将文化体制改革纳入完善社会主义市场经济体制的重要任务，确定了深化文化体制改革的总体思路和目标；把提高建设社会主义先进文化能力作为加强党的执政能力建设的一项重要任务；明确提出深化文化体制改革的重要意义和发展文化生产力。认真学习和贯彻《若干意见》就是要"高举邓小平理论和'三个代表'重要思想的伟大旗帜，全面落实科学发展观。以发展为主题，以改革为动力，以体制机制创新为重点，以创造更多更好适应人民群众需求的文化产品为目标，深入推进文化体制改革，充分调动广大文化工作者的积极性、主动性和创造性，解放和发展文化生产力，促进文化事业全面繁荣和文化产业快速发展，更好地发挥先进文化启迪思想、陶冶情操、传授知识、鼓舞人心的积极作用，为全面建设小康社会作出积极的贡献"。作为文化单位或文化工作者，一定要充分认识深化文化体制改革的重要意义，进一步增强责任感、紧迫感和使命感。

一

新闻出版是文化事业的重要组成部分，亦是文化体制改革的重要内容之一。在深化文化体制改革、解放思想和发展文化生产力的指导原则下，新闻出版业所面临的形势与所要承担的职责，是同其他文化单位一样的。经过20多年的改革开放，我国文化生存和发展的经济基础、体制环境、社会条件都发生了深刻的变化，全面建设小康社会的新形势，对新闻出版业提出了新的更高的要求。繁荣和发展社会主义的新闻出版业，满足人民群众日益增长的精神文化需求，是新闻出版单位和新闻出版工作者的一项不可推卸的历史任务。当前进行的深化出版体制改革的主要内容是什么？首先，出版业的体制改革正如李长春同志《在全国文化体制改革工作会议上的讲话》中所指出的：深化文化体制改革是全面落实科学发展观、构建社会主义和谐社会的需要；是建立完善的社会主义市场经济体制的需要；是推动文化自身发展、满足人民群众文化需求的需要；是适应对外开放新形势，推动中华文化走向世界的迫切需要；是维护国家战略安全的迫切需要。其次，出版业的体制改革，是为了进一步解放出版的生产力。所谓体制改革，就是要坚决冲破一切妨碍发展的思想观念，坚决改变一切束缚发展的做法和规定，坚决革除一切影响发展的体制弊端，创新体制、转换机制、解放和发展出版生产力。在新型的体制和机制框架下，充分调动广大出版工作者的积极性、主动性和创造性，最大限度地释放出版工作者的潜能。锐意进取，奋发有为，创造更多更好的精神文化产品，满足人民群众日益增长的精神文化需求，促进人的全面发展，为社会主义现代化建设提供精神动力和智力支持。第三，深化出版体制改革，合理配置资源。通过深化出版体制改革将长期以来一直以事业单位实行企业管理的出版单位一分为二。应该由政府主管的公益性文化事业由国家或政府负责投入，承担其应有的责任和任务；而应该由市场主导的经营性文化事业，则应融入社会主义市场经济体制之中，由市场来配置资源，走企业经营和发展的道路。按市场规则运行，使事业和企业分工明确，合理配置资源，各得其所。做好一手抓公益性文化事业，一手抓经营性文化产业，做到两手抓、两手硬。第四，通过深化体制改革，建立完善新型的适合社会主义市场经济发展所需要的体制和机制，形成有利于多出精品、多出人才，有利于充分调动人的积极性、主动性和创造性的富有生机和活力的文化管理体制的运营机制。按照现代企业制度的要求，完善法人治理结构，盘活国有文化资源，打造一批有实力、有竞争力和影响力的国有或国有控股的出版企业和出版集团，使之成为出版产业的主导力量和出版产业的战略投资者，构建和完善新型的市场体系，形成统一、开放、竞争、有序的现代图书市场，促使文化资本、人才、技术在更大范围内合理流动，实现国有资产保值、增值。

二

改革开放以来，作为中国出版业的一支重要生力军，大学出版社一直全心致力于我国高等教育事业的发展，服务于高等教育的学科建设、学术繁荣、人才培养，为我国的改革开放、经济和社会各项事业的发展和进步作出了重要的贡献。改革开放近30年来，大学出版社一直在探索适合其自身发展的特色之路，尤其是《若干意见》颁布后，更是加快了改革的步伐和工作的节奏：认真学习《若干意见》和中央领导有关文化体制改革的精神、工作指导原则和要求，将思想统一到《若干意见》上来，深刻领会文化体制改革的重大意义，明确任务和目标，根据大学出版社的现状和特点，因地制宜、因校制宜、因社制宜，积极主动深化出版体制改革，取得不少有益的经验和阶段性的成果，尤其是数个试点单位，作出了十分有益的具有重要指导性的探索，为出版体制的深化改革和全面实施奠定了基础。

然而，大学出版社的体制改革，应充分考虑到自身的发展历史、现状和特点。

首先，大学出版社不同于各部委所属的出版社，也不同于各省市新闻出版局所办的出版社或各省市宣传部所管辖的出版集团。大学出版社一般由所属大学主办，教育部或省市教育厅（教委）主管，相当于高校院、系、所一级的建制。大多数出版社都是在改革开放初期创办或恢复的，历史长一些的二十五六年，短一些的三五年。高校创办出版社主要目的是为本校的学科建设、学术繁荣、师资队伍培养等服务，为高等教育的发展，本校学科内涵的提升提供精神动力和智力支持。有鉴于此，大学出版社的性质基本界定为：学术性、科研性较强的事业单位，实行企业管理。从微观上看，须承担学校所下达的各项出版任务，服从和服务于学校的发展战略，为学校的全面发展提供服务和支撑；从宏观上看，承担整个高等教育的学科发展或某些学科的建设和繁荣的任务，服从和服务于整个高等教育的建设和发展。大学出版社的发展始终同学科建设、学术研究、人才培养和社会服务联系在一起。

其次，大学出版社的发展历史、过程有其本身的个性和特点。一部分大学出版社，或因学校的地理位置、牌子、地位，或因学校给予的支持、政策比较有力，或因抓住了发展机遇，或因领导班子开拓进取心较强，或因发展历史稍长等因素，已奠定了非常好的发展基础，形成了自己的鲜明特色和优势，有自己的支柱性的强势产品板块和一定的规模，形成了自身的营销体系和市场，并且有着十分清晰的发展思路和合乎实际的操作性比较强的发展规划，走上了良性发展的道路，已经发展壮大为我国出版界的大社、强社和名社，成为某一出版领域不可或缺的力量。但是也有相当数量的大学出版社，由于各种原因，发展缓慢，困难重重，缺乏强势产品，形成不了自己的市场体系，特色不明显，游离于社会主义市场经济体制之外，缺乏活力和竞争力。有些大学出版社被"边缘化"，有些甚至难以为继。同全国出版界一样，大学出版社已经呈现出两极分化的现象。强者愈强，弱者愈弱。因此，大学出版社的体制改革应根据不同的地区、不同的学校、不同的出版社，因其特点区别对待，分类指导，循序渐进，逐步推开，积极稳妥推进大学出版社的体制改革。

第三，大学出版社除了服务于学校的学科建设、学术繁荣、人才培养，还要向学校提供经济上的支持，上交学校利润。很多印数和销售量较少的教材和学术著作，只要学科建设需要，绝大多数大学出版社几乎是无条件给予全力支持，承担起出版任务。同时，大学出版社都有上缴学校利润的义务，少的20%—30%，多的50%以上。2004年以前，大学出版社免征所得税，冲抵教育经费不足，上缴学校利润。然而近几年，大学出版社除了向税务部门上缴所得税以外，仍然必须向学校上缴利润。投入不断增加，而收入则急剧下降。这使得大学出版社的竞争能力大大减弱。可以说与其他类型的出版社相比，大学出版社处于一种弱势的竞争地位。经济的负担和压力日益沉重，不利于大学出版社健康、稳定、可持续快速发展。

第四，大学出版社体制无论怎么改，转成企业体制或保持事业体制，大学出版社的定位恐怕仍然不能改变，仍然是高校出版单位，仍然始终坚持服务于学科建设、学术研究、人才培养，服务于学校的整体发展目标，仍然依托于学校的学科优势、人才优势、名牌优势、学术信息优势等，仍然以学校作为背景和后盾，仍然必须坚持社会效益第一的原则。其管理模式、运营方式仍然会受到学校现有体制和机制的影响或制约，因此如何探索具有中国大学出版社特色的体制和机制显得尤为重要和紧迫。

第五，深化出版体制改革、创新体制、转换机制的根本目的是革除一切妨碍生产力发展的体制弊端，改变一切束缚生产力发展的规定和做法，解放和发展生产力，充分调动干部和员工的积极性、主动性和创造性，贯彻"三个有利于"的原则和"三个代表"重要思想，从体制、机制上保护"积极性、主动性和创造性"，做到产权明晰，责、权、利明确，确保国有资产的保值、增值，将干部和职工的利益同企业的发展捆绑在一起，使大学出版社沿着健康、稳定、可持续的快速发展道路前进。

第六，要正确认识深化出版体制改革的重要意义，切勿只重形式而忽视内涵的提升，切不要以为转企就是发展的灵丹妙药。无论是转成企业还是保留事业体制，都要努力提升出版的内涵；无论是面向市场还是面向公益事业，同样都有办社理念、指导思想、办社宗旨和方向问题，同样有一个社会效益和经济效益统一的问题。企业经营不善、破产、倒闭、难以为继的比比皆是；事业单位经营有方，管理完善，发展得红红火火的亦非鲜见。因此，仍然要练好办社的内功，夯实基础，才能有所作为。

第七，大学出版社的出版体制改革，应坚持区别对待，分类指导，先试点，取得经验,再逐步推广。全国100多家大学出版社,因为地区、部门、历史等的原因而发展不平衡。因此,开展广泛的调查研究,弄清楚大学出版社发展的现状,影响大学出版社发展的主要障碍和问题,主办单位领导对体制改革的看法和思路,出版社领导和职工的想法等,是做好深化体制改革工作,顺利转变体制、转换机制的基础。找出大学出版社的共性问题,先着重解决共性的问题,再处理个性的问题。目前全国大学出版社的体制不完全一样,有的仍然一切按照事业单位的体制和机制在管理和运营;有的则已基本上实施企业的体制和机制,如用人制度、运作模式、管理机制等。坚持先试点,不断总结经验,探索出一条适合大学出版社体制改革的"创新体制、转变机制、面向市场、壮大实力"的模式十分重要,有着重大的意义。

以上就大学出版社深化体制改革提出一点不成熟的想法和思考,不妥之处,请各位同仁不吝指正。

*本文发表于《大学出版》2006年第二期。

发挥优势,办出高校出版社的特色

原国家教育委员会和新闻出版署颁发的《关于高等学校出版社加强管理深化改革的若干意见》(以下简称《意见》)指出:"高等学校应根据学校的办学规模、专业和学科特点及地缘条件,按突出特色、规模适度的原则,提出出版社的发展思路和发展模式并制定建设发展规划。"《意见》同时要求:大学出版社应形成出书风格与特色。根据《意见》的精神,我国大学出版界进行了认真的学习、探索和实践。本文就大学出版社的优势和办社特色谈一些看法,以求教于兄弟出版社的领导与同行。

一、坚持正确方向是办特色出版社之本

《出版管理条例》(以下简称《条例》)指出:"出版事业必须坚持为人民服务、为社会主义服务的方向,坚持以马克思列宁主义、毛泽东思想和建设有中国特色的社会主义理论为指导,传播和积累一切有益于提高民族素质、有益于经济发展和社会全面进步的科学技术和文化知识,弘扬民族优秀文化,促进国际文化交流,丰富和提高人民的精神生活。"《条例》给我们指明了出版社的办社方向、指导思想和任务。我国的出版工作是在党和政府领导下开展的,是我国社会主义事业和党的意识形态工作的重要组成部分。高校出版社作为我国出版事业的重要成员,在社会主义精神文明和物质文明建设中发挥着不可低估的作用。江泽民同志曾深刻地指出,"舆论导向正确是党和人民之福,舆论导向错误是党和人民之祸。"这就决定了高校出版社的出版工作者首先必须具备高度的政治意识,要讲政治,包括政治方向、政治立场、政治观点、政治纪律、政治鉴别力和政治敏锐性。也就是说,我们高校的出版工作者在思想上必须坚定地同党中央保持一致,积

极宣传马列主义、毛泽东思想和邓小平理论；宣传党的路线、方针和政策。当前尤其要宣传好党的十五大的精神及十五大制定的路线、方针和政策，推动各项事业的发展。坚持出版工作为人民服务、为社会主义服务、为社会主义物质文明和精神文明建设服务，才能做到"以科学的理论武装人，以正确的舆论引导人，以高尚的精神塑造人，以优秀的作品鼓舞人"。其次，我们高校出版社的出版工作者必须讲大局，具备大局意识，坚持出版工作为全党全国工作大局服务，一切出版活动都应服从和服务于这个大局；认真发挥好党和人民的喉舌作用，成为宣传党和政府方针、政策的坚强阵地；坚持正确的方向，努力为实现党的中心工作服务，为推进和完成我国的各项事业服务。总之，只能给党和国家帮忙，不能添乱。其三，高校出版社的出版工作者必须具备强烈的责任意识，要讲责任心。我们所从事的出版工作，从宏观上看，担负着宣传党和政府的方针、政策，体现和反映党和人民的意志和呼声，反映和指导我国目前正在从事的工作和任务；从微观上看，我们正从事着弘扬和积累中华民族的优秀文化的工作，传播科学文化知识，为高校的教学和科研及学科建设和发展服务，为满足人民精神生活之需服务。我们的工作性质决定了我们必须具备强烈的责任意识，因为任何的疏忽或失误都可能给党和国家带来不可弥补的损失。这方面的沉痛教训已不少，前车之鉴值得我们很好记取。要把高校出版社办出特色，坚持正确的办社方向，讲政治，讲大局，讲责任心是根本。这样才能在正确的方针指引下，充分发挥高校出版社的优势，办出特色。

二、找准优势是办特色出版社之前提

高校出版社与地方出版社相比，有其特有的优势，每所学校都有自己的优势。要将自身的优势充分发挥出来，扬长避短，首先要认清自己的优势，找准自己的优势。那么高校出版社究竟有哪些优势呢？笔者以为，高校出版社一般有以下几个方面的优势。

1. 学校的整体优势。我国高校大致可分为3类：综合性大学，多科性大学，单科性大学。综合性大学学科门类齐全，人才结构完整，具有整体综合优势，能较好地发挥群体的智慧，容易形成合力；多科性大学学科较多，其中数门学科优势明显，各具特色，人才规格多样化，具有多方面的优势；单科性院校学科门类专一，有其深、专的特点，人才规格专门化，在某一领域有群体专家，有独特的学术研究和成果。这三类院校，历史长的上百年，稍长的几十年，短的也有10多年，在国家的建设中发挥着各自独特的重要作用。在人才培养方面各有所长，一所学校的牌子本身就代表着一种优势。

2. 学校的学科优势。每所高校都设有多种专业，其中有些专业和学科在省内、国内乃至国际上有一定声誉或居领先地位。一般每所高校都有其重点学科，有某一专业或某一学科的优势，找准学校学科优势，对确定出版社的发展战略有其重要意义。

3. 学校的人才优势。一般说来，高校有较强的专业或学科，就相应地拥有一支在本领域学有专长、造诣颇高的教学科研人员队伍。这支队伍中的有些人员，一个人的名字甚至就是一块牌子、一种优势，他们都可能成为高校出版社的作者、顾问或智力支持者。

4. 出版社的人才优势。高校出版社的领导、编辑和经营管理人员中很大一部分来自教学科研第一线。他们当中有一部分人本身就是教学科研骨干，既懂教学，又能从事科研工作，在学术上有较高造诣。熟悉本校教学科研情况，了解师资队伍状况并且熟悉某一学科领域的教学和科研现状并能预测其发展趋势。他们在组织作者队伍，发挥学科优势，形成出版社办社特色方面有着得天独厚的优势。

5. 学校的信息源优势。无论是综合性大学、多科性大学还是单科性院校，学科建设和发展都同全国的政治、经济、文化等方面的发展有着密切的联系。全国各高校之间有着频繁的学术交流和人员往来，有的还同世界各国众多名牌院校和研究机构有着学术合作与交流的关系。这就为高校出版社提供了畅通的信息源，为高校出版社提供了选题开发的信息渠道。这是高校出版社的一种十分重要的优势和资源。

6. 学校的地域优势。位于政治、经济、文化中心城市或发达地区的高校有着获取信息便捷、人才资源相对集中、经济实力相对强盛等方面的地域优势，但就全国范围而言，这种地域优势可能是相对的，有些地区并不具备这种优势，不过仔细分析，各地仍然可能有其独特的地域优势。例如，有些历史文化名城和少数民族的地域历史文化研究，随着考古实践的深入，新资料的发现，很多历史文化遗产急需深层次的开掘。这就为这些地区的高校出版社提供了独一无二的地域文化优势。

三、准确定位是办特色出版社之关键

认清并找准了学校和出版社的优势，就要想方设法尽可能将自身的优势发挥出来。这就要给出版社定位，包括学科定位、市场定位、服务对象定位、选题定位。定位准确与否直接影响到能否将出版社办出特色来。因此，定位前一定要作充分的调查研究，多方论证、咨询。一旦定位，就要进行坚持不懈的努力，竭尽全力实现定位目标，经过长期努力，逐渐形成自己的办社优势和特色。下面结合我社的情况谈一些看法。

1. 学科定位：我社是上海外国语大学主办的一家外语专业出版社。上海外国语大学是国家教育部领导下的一所重点大学，有国家级重点学科一个，省级重点学科两个。除外语学科外，还设有国际经贸、新闻传播、对外汉语教学、国际经济法等学科和专业。根据学校在全国高校中的专业和学科的优势和地位，我社的学科定位为：为外语学科建设和发展服务，为普及和提高全民族外语水平服务。

2. 市场定位：面向全国高校教师和学生（包括成人高校、电视大学、自学考试和夜大学的学生），兼顾中小学校学生和一般社会读者。

3. 服务对象定位：全国各级各类学校的外语教师和科研工作者，他们既是作者又是读者；全国各级各类学校的学生和社会外语学习者。

4. 选题定位：各级各类外语教材、教参，外国语言文学研究的学术著作，外语教学工具书，外语读物等。

定位要适当，既不要太窄、太单一，也不要过于宽泛，缺乏重点。当然，定位并不是一成不变的，而应根据经济发展、社会各项事业的进步、学科的发展作适当的调整，不断充实和完善；但不要轻易作大的调整，更忌朝令夕改，否则，即使是成立了多年的出版社，恐怕也难以形成办社特色。

四、坚持不懈是办特色出版社的成功之路

定位亦即确定了出版社的发展方向、运作方法和手段。要达到既定目标，就要进行精心耕耘，作长期的、艰苦的不懈努力，充分发挥全社职工和作者的积极性、创造性。特色并不是在短时期内就能形成的，少则数年，多则10余年，有时更长才能形成一家出版社的优势和特色。在这期间一定要耐得住"寂寞"，千万不要"打一枪换一个地方"。今天市场上A类书好销，马上就去抓A类图书选题；明天B类图书好卖，马上又转向B类图书选题。事实上，今天的市场热点，等到你设计好选题，物色好作者，撰稿、编辑、排版、印刷、出版投入市场后，很可能已经变冷。再说，踏着别人的脚印走，永远也不会超过别人。只有根据自身的优势、确定的方向，不断开拓进取，踏踏实实地努力工作，一步一个脚印，每年有所积累，不断充实和完善这种积累，经过若干年或更长时间的努力，才会逐渐显示出优势和特色来。以我社为例，我社确定了办社方向和宗旨后，始终坚定不移地首先抓好各级各类外语教材选题的开发和出版。建社20年来，我们开发和出版的12个语种的主干教材，如《大学英语》、《新编英语教程》、《交际英语教程》、《财经英语》、《基础英语》、《新编日语》、《基础日语》、《新编俄语教程》、《德语教程》、《法语教程》、《西班牙语教程》、《阿拉伯语教程》等，都拥有大量读者，深受广大师生欢迎。我们还抓住各语种教材被全国各有关院校广泛采用的机会，大力开发配套教材和教学参考书，例如，

各语种的语法教材、口语教材、翻译教材、写作教材、听力教材、阅读教材，以及与这些语种相关的语言理论书籍，逐渐从质量、品种和数量规模上形成了外语教材的优势和特色。另一方面，我社组织教师和科研人员对这些教材进行分析和研究，探索合适的教学方法和手段。当他们在教学和科研中取得新的成果，我社又及时地予以出版，把他们的科研成果奉献给广大教师和读者，从而做到以教学带动科研，以科研促进教学。除外语教材、教参、学术著作外，我社还积极开发相关的教学工具书、读物等，形成了滚雪球态势，越滚越大，逐渐形成了外语图书的优势和特色。在20年的发展过程中，我社造就了一支有特色的编辑队伍、发行队伍和经营管理队伍，形成了一支有特色的作者队伍和明确的读者群体。总之，实践经验告诉我们：办特色高校出版社是实现"两个效益"最佳结合的有效途径。特色主要有两个方面，一是发挥优势，出版高质量、具有特色的图书；二是通过特色图书实现质量上、品种上、数量上的规模效应，以求扩大自己的图书市场。这就是说，要求出版社树立精品意识，出版高质量的图书；树立品牌意识，在读者中树立好的出版社形象；树立市场意识，以特色图书进入市场。也就是说，办特色出版社就是要多出好书，多出品牌书，多出精品书，多出标志性的图书。

以上仅就如何发挥优势、办特色出版社谈一些个人的看法，难免挂一漏万。不妥之处，欢迎批评指正。

★本文于1999年12月发表于《耕耘集——献给上海外语教育出版社建社20周年》文集中。

提高认识　明确任务　推动发展

按照中央的部署，教育部于2007年4月启动了19家高校出版社的转制试点工作，经过近两年的积极稳妥推进和各方面艰苦、细致的工作，取得了积极的效果和不少十分有益的经验。改制试点单位无论是在创新体制和建立新机制上，还是在社会效益和经济效益的提升以及政府政策的扶持等方面，都为出版社又好又快的发展奠定了更好的基础，同时又为日后的改制工作作出了非常有益的探索。随之，按照党的十七大的要求，教育部启动了第二批62家高校出版社的改制工作，并于2008年11月在北京召开了第二次高校出版社体制改革工作会议，全面部署和推动转制工作，为使改制工作健康顺利进行，提出了明确要求，指明了方向。

一、进一步提高认识，明确目标

高校出版社的转制工作是党中央在新形势下作出的关于文化体制改革重要战略部署的一部分；是洞察当今世界格局，尤其是经济全球化、科技一体化、信息网络化、文化多元化发展趋势所作出的重大战略决策；是为更好地参与国际竞争，应对挑战，抓住难得的发展机遇作出的重要决定；是高校出版社在新形势下，更好地坚持正确方向，服务于我国高等教育快速发展的需要，也是高校出版社通过改制，调整定位，创新体制、机制，理顺各种关系，深入贯彻和落实科学发展观，充分调动各方面积极性，尤其是出版社员工的创造性、积极性，进一步释放人的潜能，解放生产力的重要举措。改制为高校出版社更科学、稳步、健康、快速的发展，提供体制、机制、政策等诸多方面的保障，保证了出版社坚定不移地沿着正确的方向和轨道运行。

二、充分认识改制是手段，发展是目的

改制是保证出版社又好又快发展的一种手段，不是目的。改制使体制更科学、更合理、更合乎出版社发展的客观规律；改制进一步梳理各种关系，也理顺了出版社与学校和相关部门的关系，尤其是理顺和完善了出版社自身的运行体制和机制及其相互关系，建立起一种更新的、能有效促进和保障出版社可持续、健康发展的体制和机制；改制更有效地激发了员工的工作热情、工作的主动性和积极性，充分调动和发挥了他们的潜能；改制还能够通过提高认识、更新观念、理顺关系、协调职能部门，赢得政策扶持和各方面的理解和支持。在改制过程中各出版社可以总结、回顾本社的发展历程，总结成功的经验，查找所存在的各类问题，分析其成因，探索和寻求解决的办法和措施，尤其是办社的体制、模式和运行机制。通过体制的转变，机制的创新，有利于发挥员工的工作创造性、主动性、积极性，打造能征善战的高素质队伍，保证出版资源的开发和使用，尤其是使新兴媒体和技术的运用得到体制、机制等方面的保障。在科学发展观的指引下，通过改制，我国高校出版社能够更好地肩负起服务于高校的教学和学科建设、人才培养和社会各项事业发展的责任和使命。

三、进一步理清和调整各种关系

由于高校出版社创建时都是相当于系所院等一级建制的事业单位，学校对出版社的管理基本上是按照系所院的管理模式和方法实施的。尽管在加入世界贸易组织后，我国市场化程度越来越高，高校出版社也与时俱进实施了"事业单位、企业化管理"的运行模式和机制，甚至有的高校出版社企业化程度较高，但体制上仍然未能摆脱"事业单位"的框框，机制上仍然受到诸多的束缚，有的基本问题仍未解决，未能建立产权清晰、自主经营、自负盈亏的法人实体，用人制度、分配制度等也亟待理顺和解决。因此，应当通过改制，理顺各种关系，使出版社实现自主经营，主要干部学校任命、根据行业特点主要领导保持相对稳定，明确董事会责权和经营人员的责权等，并充分开发和利用校内外资源，使出版社的运行和管理合乎市场化要求，等等。总之，通过转制，建立一个有利于出版社做强做大、有利于出版社稳定、健康、可持续发展的体制、机制及经营管理模式。

四、着眼于发展,制订好中长期发展规划,扎扎实实做好今后的各项工作

转制后,出版社的体制更合理,机制更科学,运作更灵活,管理更高效。那么,未来的发展也应与时俱进,应有更高的目标,更好更快地发展,为社会创造出更多更好的精神和文化食粮,更好地服务于我国的经济建设和社会发展。因此,转制后,根据国家的中长期规划,尤其是"五年"规划和高等教育的发展规划,制订出版社的中长期规划就尤为重要。通过制订规划,确定发展目标,明确发展任务,出版社能够寻找到适合自己的发展模式。在改制过程中,要通过不断学习,提高认识,明确目标,以创新体制、机制,协调好各种关系,理顺管理,轻装上阵,更好地肩负起中国大学出版社的责任和使命,为我国高等教育事业的发展,经济建设和社会各项事业的进步作出应有的贡献。

★本文发表于《大学出版》2009年第二期。

贯彻《纲要》精神　服务教师发展

首届"外教社杯"全国大学英语教学大赛，由教育部高等学校外语专业教学指导委员会、教育部高等学校大学外语教学指导委员会和上海外语教育出版社共同主办，以中国日报·21世纪英语教育传媒、圣智学习出版公司、麦克米伦出版公司、纽约大学等为合作方，并得到了上海广播电视台·上海外语频道、新浪教育频道、《外国语》、《外语界》、《外语电化教学》、《解放军外国语学院学报》、《外语教学》、《外国语文》等诸多媒体和学术期刊的大力支持。全国教育界有关部门的领导和外语界德高望重的领导、专家、学者莅临外教社出席大赛的总决赛和颁奖典礼，令外教社倍感荣幸、深受鼓舞。在这里请允许我代表此次大赛主办方之一——上海外语教育出版社，向各位领导、嘉宾、评委和选手的到来表示热烈的欢迎和衷心的感谢！

《国家中长期教育改革和发展规划纲要（2010—2020年）》（以下简称《纲要》）在论及教育质量和师资队伍建设时指出，"提高质量是高等教育发展的核心任务，是建设高等教育强国的基本要求"；"教师要把教学作为首要任务，不断提高教育教学水平"；"教育大计，教师为本，有好的教师，才有好的教育"；要"努力造就一支师德高尚、业务精湛、结构合理、充满活力的高素质专业化教师队伍"；"要优化队伍结构，提高教师专业水平和教学能力"；要"提高教师应用信息技术水平，更新教学观念，改进教学方法，提高教学效果"。《纲要》对我国高等教育的发展和教育质量的提高指明了方向，提出了具体要求和实施意见或建议。

为贯彻《纲要》精神和探索具有中国特色的外语教学体系、理念、方法和手段，有效促进大学英语教学质量和水平的提高，外教社策划和组织了首届"外教社杯"全国大学英语教学大赛，并与教育部的两个指导委员会共同主办和组织实施了大赛的各项赛事。

举办全国性的针对一线教师的大规模大学英语教学比赛在我国是第一次，是一项开创性工作。大赛启动至今，全国有1 000多所高校数万名教师参与其中。各校评选出最优秀的教师参加了初赛的选拔，4月至6月间全国28个省、市、自治区分别举行了分赛区的复赛与决赛。教育部和各省、市、自治区教育主管部门，大学外语教学研究会、外文学会等有关学术团体和机构都对大赛给予了诸多支持、关心、指导和帮助，保证了大赛各项组织工作和赛事活动有条不紊地开展。选手们踊跃参与、积极准备、全力投入、充分发挥和展示，比较全面地反映了我国大学英语教学理念、成功的教学经验、科学的教学方法和有效的教学手段。

大赛的成功举办有效地促进了教学管理部门、教学单位领导和广大教师对教学的关注、对学生的关注，有力地促进了外语界对于具有中国特色外语教学体系、理论、方法和手段的探索，为不断更新我国大学英语教学理念、增强教学创新能力、全面提高我国大学英语教学质量、加强大学英语教师队伍建设，作出了积极努力和贡献。

在这里，我们要特别感谢国家教育部和各省、市、自治区教育主管部门，大学外语教学研究会、外文学会等团体和机构，对大赛的支持和悉心指导；感谢各分赛区主办方、承办方高效的领导和组织工作；感谢各合作方的大力支持和各媒体支持单位的关注与作出的努力；感谢所有参赛单位和选手的积极配合和参与；感谢所有为大赛顺利举办而作出贡献和努力的同志们和朋友们。正是你们积极热情、高效有序的工作使大赛举办得卓有成效，取得了超预期的良好反响和成果。同时，也祝贺所有的参赛选手，你们先进的教学理念、创新的课堂设计、精心的教学准备、对学生的关注和关爱、敬业的精神、职业的风采，给所有参赛人员和观众留下了深刻印象，祝贺你们成功的教学展示和取得的优异成绩。奖项是有限的，但精神是永存的。

上海外语教育出版社作为一家全国专业外语教育、学术出版机构，自建社以来一直将全心致力于中国外语教育事业的发展，全心服务于外语学科建设和学术繁荣，服务于教学、科研成果的反映与推广，服务于人才培养和文化建设，作为办社的宗旨与使命。投入巨大的人力、物力和财力举办全国大学英语教学大赛，充分体现了外教社履行其职责的信念和决心。码洋和经济指标对出版社来说很重要，但外教社更在乎其为促进我国改革开放事业发展、社会各项事业进步，尤其是外语学科建设与发展所承担的探索具有中国特色外语教学体系、理论、方法、手段和培养外语人才的职责与历史使命。

"国运兴衰，系于教育；教育质量，系于教师。"中国未来的发展，中华民族的伟大复兴，关键靠人才，根本在教育。教学始终是外语教育的最核心环节，教师是人才培养最关键的要素。举办大赛的目的就是要营造教师更积极努力地钻研教学，研究学生，探索先进的教学理念、方法与技巧的氛围，使他们以更大的热情投入教学，不断提高教学质量和水平。

外教社将在本次大赛的基础上，认真总结经验、吸取教训，认真分析和评判比赛的各个要素，努力为下一届大赛作好铺垫和准备。同时，将组织国内外专家就大赛选手的教学理念、方法和手段、课堂内容选择、课堂设计和组织、教师的教与学生的学、师生之间的互动、课堂教学效果、教师素养等诸方面进行分析、研讨，并对如何提升我国大学英语教学质量和水平提出意见或建议。外教社将积极推广先进的合乎中国国情的教学理念、教学方法和教学手段，尤其要大力推广传统课堂教学和以计算机信息技术为支撑的网络教学有效结合的理论与经验，以推动教学理念和手段不断创新与改进。

让我们共同努力，以更富有成效的工作推动我国大学外语教育事业更好、更快地发展！

★本文为作者在2010年首届"外教社杯"全国大学英语教学大赛颁奖典礼上的致辞，发表时作了修改补充。

★本文发表于《外语界》2010年第五期。

三十而立，百尺竿头，更进一步

　　30年，在历史的长河中，只是弹指一挥间。30年，对上海外语教育出版社（以下简称"外教社"）来说，却是一个开拓进取、奋力拼搏的历程，一个不断探索、不断实践、与时俱进的历程。2009年12月，外教社迎来了建社30周年。在这里，请允许我代表外教社的全体员工，向30年来对外教社的创业、成长、发展给予过关心、指导、支持和帮助的各级领导、同行、合作伙伴、社会各界和海内外广大读者表示衷心的感谢和深深的敬意。

　　1979年12月，由教育部主管、上海外国语大学主办的上海外语教育出版社正式成立。外教社诞生于改革开放初期那个百废待兴，出版资源还十分匮乏的年代。沐浴着改革开放的春风，伴随着中国政治、经济、文化、科技、教育和社会各项事业的快速发展，外教社在几代员工的不懈努力下，至今已发展成为我国最大、最权威的外语出版基地之一，已累计出版了近30个语种的图书和数字出版物6 000余种，总印数逾6亿册，600多个品种在省部级以上各类评比中获奖。目前外教社年出书近1 500种，重版率达70%，销售码洋节节攀升。外教社以6万元起步，2009年净资产达到5.5亿元，比建社初期增加了9 000多倍。在出版主业健康、稳步发展的基础上，外教社建立了中国外语教材与教法研究中心、外教社出版物研究所和出版发展研究所及外教社教育培训中心、外教社北美分社和7个异地图书发行有限公司，并与国外60多家知名出版机构建立了合作关系，合作伙伴遍布全球。彰显外教社特色的出版、科研、教育互动的高校出版社模式正初见成效，焕发出勃勃生机。建社以来，外教社先后荣获"全国良好出版社"、"先进高校出版社"和"上海市模范集体"等多项殊荣。

　　30年来，外教社始终坚持正确的办社方向，认真贯彻党和国家的出版方针，坚持出版为人民服务、为社会主义服务、为全党全国工作大局服务，坚持服务于高等教育的改革与发展、服务于外语教学科研与学科建设，切实承担起大学专业出版社的职责与使命，始终坚持把社会效益放在第一位，力求社会效益和经济效益的统一。外教社先后研发了《新世纪大学英语》等10多套成系列、规模化、立体化的大学公共英语教材、高职高专公共英语教材、英语专业本科生教材、研究生英语教材，出版了原创的高等学校俄语、阿拉伯语、西班牙语等十几个小语种本科生系列教材，其中10余套近千册教材被列入"十五"、"十一五"国家级规划教材，近10套被教育部评为国家精品教材和推荐使用教材；更出版了"现代语言学丛书"、"外国文学史丛书"、"翻译研究丛书"、"应用语言学丛书"、"教学法研究丛书"、"外国文学研究丛书"、"认知语言学丛书"、"跨文化交际研究丛书"、"21世纪语言学新发展丛书"、"改革开放30年中国外语教育发展丛书"、"新中国成立60周年外语教育发展研究丛书"、"学术阅读文库"、"博学文库"、《新牛津英汉双解大词典》、《汉俄大词典》、《MIT认知语言学百科全书》、《语言与语言学百科全书》、《牛津英国文学百科全书》等几十套（种）学术著作和工具书……一系列有分量、有影响的国家级立体化、大型外语教材与学术专著、工具书的出版，及时满足了我国外语教学改革和学科建设发展的需要，记录、传承、传播了中外语言、文化的最新研究成果，促进了外语学科建设、学术繁荣和人才培养。近几年来，外教社不断加大数字出版、网络出版的开发力度，努力处理好传统出版和新型媒体的关系，做好传统出版向数字出版转型的各项准备和有效铺垫，已取得较好的阶段性成效。

30年来，外教社打造了一支学有所长、业务娴熟、团结协作、开拓创新的编辑、营销、出版、经营管理队伍。外教社目前在编员工196人，大学以上学历178人，占员工总数的91%；硕士以上学历91人，占员工总数的46%；中级职称以上108人，占员工总数的55%。他们勤奋敬业、敢于拼搏、积极进取、奋发向上、充满朝气，这是外教社的核心竞争力之所在，是外教社发展之根本，是外教社未来之希望。我们为有这样一支高效、严谨、有为且充满活力的队伍而感到自豪。

30年来，外教社充分认识到加快发展并不等于盲目发展。坚持科学发展，不应片面追求数量、规模与速度，而应合理配置和使用出版资源、人力资源和管理资源。外教社在经营管理上，强调集体行为的重要性，强调整体策划、整体运作、整体效益；整合出版资源，稳定出版规模，狠抓图书质量，保证产品的高质量、鲜明特色、前瞻性和较好的市场适应性，把双效益优先作为工作的着力点。在营销工作中，外教社根据市场变化，不断增强营销力量，优化队伍，加大营销力度，坚守市场规则，坚持规范操作，求真务实的作风在行业内赢得了良好的声誉。在努力发展好出版主业的基础上，为更好更快推进出版社的健康、可持续发展，外教社积极实施出版、科研、教育互动发展战略，以出版为主业，努力做强、做大；以科研为先导，支撑出版的健康、科学发展；以教育为契机，为出版提供机会和资源。近年来外教社紧密结合出版，积极开展科研工作，完成了多个项目，有效地支持了出版的发展，现正承担着由上海市科委、经济信息委分别资助200万元和100万元的双语词典编纂系统开发和外语类计算机网络通用训练/考试平台及试题资源库建设的研究项目。同时，外教社积极推进教育培训中心的发展，配合教育部高等学校外语教学指导委员会并根据教学发展的需要，举办了几十期、数千人次的特色鲜明的各类教师研修班，传播了先进教学理念、教学方法、教学经验，交流了学术成果，促进了学术发展和学术繁荣，促进了师资队伍的培养和质量的提高，取得了积极的成果。

2008年以来，外教社按照党中央和国家部署，顺应全国经营性出版单位转企改制的要求，统一思想、加大力度，在较短的时间内完成了转企改制的各项工作，顺利改制成为上海外语教育出版社有限公司。转企改制为外教社的发展开辟了新的空间，为又好又快发展创造了条件，也标志着外教社的发展将进入一个全新阶段。2009年，在首次全国经营性出版单位等级评估中，外教社被新闻出版总署评为国家一级出版社，被授予"全国百佳图书出版单位"称号，并且在上海市新闻出版局组织的"上海市图书出版单位社会效益评估"中名列第一。

回顾30年的发展历程，我们深感荣耀。外教社有幸参与并见证了中国外语教育历史性的巨大变化与发展，参与并见证了中国出版与文化产业新时期的改革发展与繁荣，参与并见证了我国改革开放与中国特色社会主义建设的伟大历史进程。外教社从艰难起步到稳健发展的30年，是与改革开放阔步同行的30年，也是全面见证、参与和推动中国特色社会主义文化建设、促进文化繁荣的30年。在隆重庆祝外教社建社30周年之际，我们要特别感谢中宣部、教育部、新闻出版总署、上海市委宣传部、上海市新闻出版局、上海市教委和上海外国语大学历任领导的关心、指导和重视，他们为外教社的发展指明了方向，给予我们无微不至的关怀和全面及时的支持与帮助；我们要特别感谢外语界、学术界众多作者的大力支持和鼎力相助，他们是外教社无穷的智力源泉和出版资源；我们要特别感谢国内外出版、印刷、发行各界同仁的合作与帮助，他们为外教社的发展提供了宝贵的意见、支援和经验；我们要特别感谢上海外国语大学各职能部门和院系领导的一贯支持和帮助；我们要特别感谢为出版社的发展壮大作出了很多贡献的历任老领导和几代老员工们，他们将一生奉献给了外语教育出版事业，是他们为外教社的今天奠定了坚实的基础；我们更要感谢海内外各界和广大读者对外教社的厚爱与支持，他们的关爱推动和促进了外教社的成长与发展；我们还要感谢外教社全体在职员工，你们是未来的希望和开拓者。

历史必须珍惜，未来更须谋划。总结与回顾外教社的发展历程，是为了更好的发展。在当前出版文化体制和教育体制改革深入推进的时代背景下，我们也深刻而清醒地意识到所面临的迫切任务和严峻挑战。如何在新形势下让出版更好地服务于国家发展战略、服务于中华民族伟大复兴事业、服务于国家"走出去"战略的思想凝练、精神动力和智力支持；如何在数字化、网络化大潮前实现传统出版向数字出版的顺利转型与两者的优势互补；如何创新体制机制、建立规范的现代企业制度，努力经营好出版社，经营好出版物；如何客观、科学地把握发展节奏，理性地选择改革方式；如何坚持专业化发展，开创大学出版社独特的发展道路；如何恪守出版宗旨、拓展出版空间，促进学科建设、学术繁荣、人才培养等诸多问题与挑战都需要我们冷静思考、积极应对。

有来自社会各界的关心与支持，我们对未来充满信心。我们将以30年社庆为新的起点，深入学习贯彻科学发展观，振奋精神，勇于探索，勤于思考，大胆实践，既发扬艰苦拼搏、奋发向上、学习创新、一往无前的精神，又保持谦虚谨慎、脚踏实地的作风，努力把外教社建成"集出版、科研、教育为一体的国内一流、世界知名的大学出版社"，努力为我国外语教育事业、新闻出版事业作出更多、更大的贡献！

* 本文为作者在"上海外语教育出版社建社30周年社庆大会"上的讲话摘要。

* 本文发表于《外语界》2009年第六期。

左手迎接挑战，右手抓住机遇

我国的版权贸易（包括图书版权贸易）长时期引进多输出少，处于大逆差局面。我国图书版权贸易面临诸多挑战，其中既有长期困扰我们的一些老问题，也有新形势下我国图书版权贸易面临的新挑战：

一、2006年12月，中国出版业入世后的5年发行保护期已到，国外出版机构可在中国设立图书分销机构

分销的放开，加剧了出版业的竞争。随着图书分销的放开，市场的准入，境外出版机构可直接将产品出口到中国，甚至可以建立分销机构，而我国至今也已开放了大部分城市的分销。境外出版机构分销和直接出口比例增大，一旦建立起自己的销售网络体系，不但给国内图书的零售市场带来直接和正面冲击，而且随着从销售中获取利润的增加，境外出版社向国内出版社转让版权的意愿和版权合作的欲望会越来越小，版权贸易将举步维艰。

二、数字出版的潮流使传统出版的授权空间越来越小

特别是在STM（science, technology & medicine，即科学、技术、医学出版物）领域，数字出版发展非常快，不仅市场份额在不断扩大，利润贡献率也越来越高，所以很多国际著名的出版集团纷纷把战略侧重点放在数字出版方面，传统出版物的生存空间相对萎缩，这势必导致将来境外出版集团向国际市场输出产品时传统出版物的版权授权越来越

少，而数字产品、数据库直接销售的比例会相应增大。

三、版权贸易合作的方面条件越来越苛刻

首先是在授权时间方面，以图书版权贸易为例，越来越多的境外出版社规定新书必须在出版一段时间——如2到3年——以后才能授权海外市场出版，这2到3年时间内他们向有需求的海外市场只销售原版图书。其次是在授权的版本形式上，为了避免或减少对原版市场的潜在影响，境外出版社在图书的影印版授权方面限制越来越多，有的要求增加一定量的中文内容，有的要求对原书内容作一些删减，有的则干脆不授予影印版权，致使重印原文出版日益困难。再次，在合作的具体条件方面，境外出版社已不满足于获得8%或者10%的版税，而是希望从国内出版社的利润中获得更多的收益。由此，他们提出了printsell的模式，要求国内出版社向他们订购一定数量的图书，然后以一定的折扣批给国内出版社销售，把国内出版社变成他们的经销代理商。还有的境外出版机构为了最大限度地保障自己的利益，提出了MAR（minimum annual royalty，即年度最低版税保证）、MSG（minimum sales guarantee，即最低销售保证）或者MG（minimum guarantee，即最低保证）的要求。这3个模式本质上都是从销售量或版税方面保证境外出版机构每年的基本收益，而让所有的经营风险都由国内出版社承担。此外，国内有些出版社不守行规，相互倾轧，恶性竞争，竞相抬价，随意提高版税率、首印数及预付款，这些现象无疑让国外出版机构有了可乘之机，为他们提供了提高合作条件的机会。诸多因素的混合，致使版权合作的条件越提越高，越来越苛刻。

四、国外出版机构本土化战略

现在国际上许多知名出版机构都在我国内地设立了办事处，有的还不止在一个城市设立办事机构。这些驻华机构的功能或负责原版图书销售，或负责版权贸易，或两者兼备。这些机构中的工作人员绝大部分都是中国本土人才，其中相当部分以前都是国内出版社中的优秀分子。他们与以前的国内同行争夺图书馆、资料室、国际学校等图书市场的份额，更常常提出不少苛刻条件，使国内出版社必须付出更大的代价、承担更多的风险才能拿到所需的项目。如前面提到的MAR、MSG、MG等条件，往往都是源自本土人士。现在不少国际出版机构都纷纷把版权授权的决定权交给他们的驻华机构，本部职能则改为负责合同起草、合同管理以及版税结算等事务性工作。

五、国内图书的低定价，也客观上削弱了境外出版机构授让版权的热情

国内图书的定价一般是欧美市场图书定价的1/8—1/10，这样悬殊的定价，对一些发行量大的产品如教材、畅销文学作品而言，还可以靠大印数和大销量弥补，国外出版社也愿意授权；但是对那些发行量不大，却又有特定读者群的专业出版物来说，国外出版社转让版权的热情并不很高。我社曾与一家国外出版社洽谈，希望得到对方一些语言学图书的影印授权，邮件由版权经理最后转给了其负责亚洲业务的销售经理。在北京国际图书博览会谈判时，后者给我们算了一笔账，他们从我社销售5 000本影印版图书中获得的版税收益还没有他们打折后直接销售500本原版图书的多，所以在公司的会议上他一直反对影印版的授权，而该出版社也至今没有向中国内地授权影印图书。

以上论及的是我国图书版权贸易近年来面临的新的挑战，但新的国际国内形势同样给我国出版业的发展壮大，增加版权输出，扭转版权贸易逆差，提供了难得的机遇，其中既有国际市场对中国图书不断增长的需求，也得益于我国政府主管部门采取的一系列有力政策和措施。

一、国际社会对中国热情日益高涨，越来越多的外国人士渴望了解中国

尤其是随着中国申奥、入世和申博的成功以及2008年北京奥运会的临近，国外各界人士对中国的热情也空前高涨。具体到出版行业，一方面是更多的国外出版社渴望进入中国市场，希望通过与中国出版社合作，从中国巨大的图书市场中获取利益；另一方面，敏锐的国外出版商也觉察到了中国热的兴起给其国内市场带来了商机，他们希望把中国的图书——从汉语学习教材、中医中药类图书、民俗风情图书、中国旅游图书，到反映中国文学、中国企业成功之路、中国经济和社会的宏观状况的图书等等，介绍给其国内读者。这种相互依存的关系给我国各行各业——包括我国出版业——的发展提供了一个难得的机遇和良好的外部环境。

二、"中国图书对外推广计划"的实施为版权输出提供了强劲的政策支持

从2005年第五十七届法兰克福书展开始，中宣部、新闻出版总署等政府部门组织、协调并资助国内出版机构统一组团参加书展，取得了很好的效果。第五十八届法兰克福

书展,新闻出版总署和中宣部出版局的领导亲临现场,是"本届书展上最繁忙的人"。除领导重视和财政投入外,2005年7月下旬,国务院新闻办公室和新闻出版总署联合发布《"中国图书对外推广计划"实施办法》的通知。通知称,国务院新闻办公室将对购买或获赠国内出版机构版权的国外出版机构给予翻译费资助,我国政府以资助翻译费的方式,鼓励各出版机构翻译出版中国图书。截至今年1月,申请资助的国家和出版机构已由2005年的7个国家20家出版机构增加到包括美国、英国、法国、德国、荷兰、印度、俄罗斯、日本、韩国在内的19个国家49个出版机构。该计划实施以来,3年共资助出版403种图书。

三、国内出版社已熟悉国际版权贸易规则,版权贸易的经验越来越丰富

随着我国出版界与境外出版机构之间版权合作项目的增多,我国不仅涌现了一批版权贸易活跃的国内出版社,也培养了一批素质高、能力强、熟悉版权贸易游戏规则、能与国外版权经理人充分交流的版权从业人员。我们的对外版权合作可以更加积极主动,在更广的地域范围内,以更为多样的版权贸易合作形式与境外出版机构开展公平对等、互惠互利的合作。我们还可以在全球范围内寻找适合自己的出版资源,既可以通过版权授权和合作出版等形式开展版权贸易,也可以在境外设立分支机构,直接向境外作者约稿。目前国内有些出版社已开始了国际组稿的尝试,随着这方面步伐的加大,将来的版权贸易将演变成对作者资源的国际性争夺。

四、和境内外出版社共同策划国外读者需要的图书,从而实现中国图书顺利地走出去

为了实施中文图书版权的顺利输出,我们不能以国内读者的阅读习惯和心理为依据,而是要换位思考,需要调查海外目标读者群的需求、兴趣趋向、阅读习惯等因素,才能开发出符合他们需求的图书。这样的市场调查由国内出版社来操作委实有一定的难度,而通过与境外出版机构合作,不仅操作便利,得到的市场反馈也更为准确和可靠,有利于开发出适销对路的产品。重要的是,合作出版这种模式本身就是对实现图书走出去和版权输出的一种保证。汤姆森学习出版集团与上海世纪出版集团合作出版的"上海系列"图书,便是在这种模式下成功运作的。

正是因为这些新的机遇,2006年我国版权输出实现重大突破:据有关媒体报道,2006年9月的北京国际图书博览会期间,我国出版界输出版权1 096项,比上届多205项;

10月，在有"出版业奥林匹克"之称的法兰克福书展上，中国展团输出版权1 936项，引进1 254项，两者之比是1.5∶1。然而，正如张福海司长所言，"我们多年以来，版权贸易一直处于逆差状态，尽管这些年有所缩小，但还是逆差"，因此我们仍须保持清醒的头脑。

参考文献

［1］中国访谈：张福海司长畅谈法兰克福书展中国展团的收获与启示.中国网，2006-10-25.

［2］潘衍习.图书：向世界展示中华文化［N］.人民日报（海外版），2007-1-3.

［3］陈昕.文化企业的使命追求和经营之道［N］.文汇报，2007-1-28.

［4］数字2006：1.5∶1图书版权出口扭转颓势.央视国际www.cctv.com. 2007-1-10.

*本文发表于《编辑学刊》2007年第五期，作者：庄智象、刘华初。

以个性求出路 以人才求发展

——我国外语学术期刊的现状、挑战与对策

我国的外语期刊无论是学术性的,还是普及性的或学习辅导性的,几乎都是改革开放以来创办或复刊的。近30年来,这些外语期刊无论是在外语教育改革、学科建设、学术繁荣、人才培养,还是在普及外语教育、提高全民族的外语素质等方面,都作出了积极的贡献,为我国的改革开放、对外合作、经济发展和社会进步作出了不懈的努力。本文就我国外语期刊的现状、存在的问题和困难及其未来的发展作一探讨,以求教于广大同仁。

一、现状

外语期刊作为我国期刊界的一个重要组成部分,种类虽不多,但有很强的针对性,有明确的读者群体,且相对集中。据不完全统计,目前按规定正常编辑出版发行的外语期刊约44种,绝大多数期刊都由全国各高等院校主办,由教育部或有关部委,省市教委或教育厅主管。学术类期刊25种,除《中国俄语教学》外,绝大多数期刊刊载多语种的学术论文,通常以英语为主。其中,《中国翻译》与《上海翻译》属翻译学术类性质,《外语电化教学》为教育技术类性质,其余期刊都设有普通语言学、应用语言学、外国文学、翻译等方面的研究性或应用性学术论文栏目。在这25种学术期刊中属CSSCI来源期刊的11种。普及类的18种期刊中,英语类13种,除2种面向高校学生外(《大学英语》、《科技英语学习》),其余均面向中小学学生;其他语种5种,其中日语2种(《日语学习》、《日语知识》)、俄语1种(《中学俄语》)、德语1种(《德语学习》)、法语1种(《法语学习》)。

学术类外语期刊以季刊和双月刊为主,个别为月刊,普及类期刊以月刊为主。它们都有明确的办刊宗旨,比较固定的栏目,明确的读者群体,相对稳定的作者队伍和编辑队伍,为外语学科建设、学术繁荣、师资队伍建设、人才培养、学术成果的传播等作出了较大的贡献,成为高校外语教学和研究、学术繁荣、对外交流、推进外语学科发展的重要阵地,也是各高校和全国外语界的一个学术窗口。长期以来,为高校外语教学和科研水平的提高,为新型学科的建立和发展作出了积极努力和重要贡献,使我国外语教学和科研的发展及时跟上了世界的潮流。

二、问题与挑战

改革开放以来,我国的外语期刊为外语学科的建设、学术繁荣、人才培养,为普及外语教育和提高全民族外语水平做了大量的工作。"文革"期间,由于十年动乱,我国外语教学和研究与世界的发展脱节,对西方发达国家的学术研究状况知之甚少。"文革"结束后百废待兴,外语界的专家教授们,尤其是老一辈的专家学者,利用当时有限的条件,不懈努力,通过研读有关资料和"走出去、请进来"的方式,迅速而全面地了解西方国家的外语教学研究现状和科研成果,尽快缩短我国在这一领域的差距,同时根据我国的国情和特点,积极开展学术研究,涌现了一大批科研成果,因此通过专门学术期刊来反映和传播便成为当时的迫切需要。全国各高校和有关学术团体纷纷创办各类学术期刊和普及性的杂志。在这一过程中,高校尤其活跃,不少外语院校创办了自己的学报和学术性期刊,为引进和介绍世界先进的教学理论、方法、手段和优秀的教学材料以及优秀的学术成果作出了积极努力并取得了可喜成绩,得到外语界广大师生的一致好评,也得到政府有关部门的充分肯定。然而面对新的世纪、新的任务、新的需求和新的挑战,外语期刊必须与时俱进,开拓创新,为我国外语学科建设、学术繁荣再作贡献。纵观外语期刊,尤其是学术期刊,亟须解决下列问题与困难。

第一,同质化问题。全国44种外语期刊,有相当部分的期刊存在着不同程度的同质化现象。就刊名而言,不少期刊非常接近或类似。如果仔细阅读一下办刊宗旨即可发现,不少期刊具有许多共同之处,有的甚至基本相同;若再看一下征稿启事,感觉似曾相识;最后比较一下所设栏目,相同的更是不少,从而导致一篇稿件A刊可用,B刊可载,C刊亦可发表;一篇稿件被这家期刊退稿,另一家期刊则可刊之;一篇上乘之作或优秀论文几家刊物共争之。有时还发生一稿数刊的现象。究其原因,除了作者的学术道德和规范外，与期刊的同质化现象不无关系。

第二，开拓、创新不足。从全国范围看，几乎所有外语期刊的主办单位领导对其都重视不够，除少数赢利水平较好的普及性刊物外，一般未能将如何进一步办好刊物，发挥其应有的作用等事宜放到议事日程上。往往仅在检查其科研成果，或统计论文发表数量时，才给予一时的重视。一般情况下，无论是编辑部或主办单位领导，仅满足于日常工作的正常运行或维持。对于如何积极开拓，及时获取有关学术信息，组织课题，组织学术研讨会或学术活动，催化学术成果，则往往显得乏力，从而导致其刊载的论文学术时效性不强，学术含金量不高，对解决学科建设中出现的问题缺乏针对性。其办刊的方法、手段、运作程序等缺乏应有的活力和创新能力，未能很好地做到与时俱进，跟上时代发展的步伐。

第三，特色不鲜明，缺乏个性。由于不少期刊所设的栏目不乏雷同之处，常常让读者和作者难以区别他们的特点和个性。有时给人感觉它们所刊载的内容差不多，仅是刊名不同，主办单位不同而已。缺乏刊物或栏目的鲜明特色，或未能展示刊载论文的侧重点，久而久之就很难树立自己的品牌和办出刊物的特色，往往被其他地位更高、牌子更响、影响更大的高校学报或期刊所淹没，最终丧失在外语学术界应有的号召力。任何一种产品，往往越有特点和个性，在激烈的竞争中越能站住脚，越难以让其竞争对手取代，从而具有更强的竞争能力。

第四，编辑审稿力量不足。全国外语学刊的编辑部很少按教育部和有关部门所规定的季刊、双月刊和月刊的编审人员的数量配置，导致编审校力量捉襟见肘，仅能应付日常工作。有的编辑部甚至无专职人员，完全靠兼职人员在那里维持，很难有全面的短、中、长期相结合的奋斗目标，致使有的刊物虽办刊时间不短，但办刊水平和质量提升缓慢。有些刊物审稿把关不严，所刊载文章质量参差不齐；有的编校质量不高，差错屡见不鲜。更有甚者，让编译或翻译的文章也充作原创论文混了进来。这些现象的存在，与编审力量不足不无关系。

第五，缺乏标志性的、原创性的成果。全国近30种外语学术期刊，尤其是主要刊载语言学、应用语言学等方面论文的期刊，用很大篇幅刊载的论文经常是介绍西方某一种语言学理论或流派的学术观点或理论体系。引进、介绍、诠释西方语言学家的学术观点和学术体系是完全必要的，但目的是为我所用，与我国的外语教学实践相结合，融入自身的学术研究，以建立我国的学术研究体系和学术观点，产生自己的研究成果，从而促进和服务于我国外语学科的发展。

第六，学术规范执行力不强。尽管几乎所有的期刊编辑部都制定有审稿制度和审稿程序，但不少编辑部仍然实行内部审稿制度，实行匿名审稿制度的期刊属少数，即使匿名审稿，恐怕编辑部审稿人员的意见仍然可能左右稿件的命运。编辑的学术信息、学术水平、学术偏爱、学术素质都会直接影响稿件的取舍。有时甚至人际关系也会影响到稿件的命运。学术规范的执行力往往在上级领导、亲朋好友、学术权威的影响下大打折扣。

第七，学术讨论、争鸣、交流不够。近30种学术期刊中，每年刊载数千篇论文，绝大多数的论文都是单一的正面论述性的，形式和格式基本相同。不同学术观点的讨论、争鸣的文章甚少。这不利于开展学术交流、发表不同的见解、促进学术繁荣。

第八，宣传、广告、对外交往不够。就全国范围而言，学术性外语期刊的宣传广告应该说是十分薄弱的，几乎很少有自我宣传的文章和报道见之于媒体，广告的投入几乎是零。一年中亦很少召开专家学者、作者的学术研讨会，偶尔召开一两次专题工作研讨会，但均未形成制度。这样对学术信息、学术成果、专家学者的研究项目都不甚了解，亦难以催化科研成果，及时反映教学科研成果也就困难了。同时，与有关的学术团体的联系也不够主动和频繁，对读者的需求、读者的反应，很难做到及时准确呼应。至于与国外同行的交流更少之又少。这些都不利于提高期刊的学术地位，增强市场影响力和号召力。塑造品牌、打造名牌则更难了。

三、对策与出路

2006年是我国实施"十一五"发展纲要的第一年，按照科学的发展观，"十一五"期间，我国的经济、社会和各项事业会发展得更好、更快、更健康。整个高等教育按照重点提高办学质量和水平的要求，教学科研水平会上一个新的台阶。全国各高校根据各自的办学目标和特点，会在学科建设、学术繁荣、师资队伍、人才培养方面，下更多的功夫，同时会将着力点放在提升学科的内涵上。外语学科，亦不例外，同样必然会产生一大批优秀的教学科研成果，这正是外语学术期刊大显身手的时候。努力做好为外语教学科研服务的工作将大有作为。在"十一五"期间，笔者以为，外语学术期刊应着力于以下几个方面。

首先，明确任务，充实编辑队伍。如上所述，"十一五"之前我国高等院校的硬件和规模都得到了长足的发展。按照科学的发展观，"十一五"期间，高校主要是抓办学水平、质量的提高，也就是着力提升学科的内涵。获取整个外语学科的发展规划和信息，对办好外语学术期刊，提升水平至关重要。在了解和掌握学科发展趋势的基础上，做好办刊定位的调整工作，使刊物更贴近学科建设、学术研究，更贴近师资队伍建设、人才培养，真正使期刊成为学术的窗口和传播者，人才培养的摇篮，学术成果的催化者。各期刊亦应根据外语学科的整体发展目标，制订相应的"十一五"发展规划，同时根据发展目标积极充实编辑队伍。要办好期刊，人才、队伍是第一位的，因为思路、创新、办法、运作全得靠人，没有高素质的队伍，可能将一事无成。所谓有什么样的主编就有什么样的办刊思路，有什么样的编辑部就有什么样的期刊，就是这个道理。要打造品牌、名刊，首先要打造能够创造品牌、创造名刊的队伍。

其次，调整定位，办出特色。经过多则近30年，少则10余年的办刊实践和积累，各期刊都有着自己的经验和教训、强项和弱点、强势栏目和发展栏目。不断总结经验，开拓进取，与时俱进，对办好刊物十分重要。根据国家对外语学科建设的发展要求，根据各办刊单位的优势、特点及积累，及时调整定位，扬长避短，确定自己的发展目标、重点和特色，坚持数年，必出成效。一旦确定发展方向，制订了发展规划，无论是办刊宗旨、栏目，还是编辑队伍、作者队伍、学术信息、学术研讨会、课题跟踪、版式装帧、广告宣传等都要全力以赴、运作到位。长期坚持必然会形成鲜明的特色和个性，必然会在某一领域形成品牌，具有较强的权威性和市场号召力、影响力。

第三，完善体制和机制，充分调动编审人员的工作积极性、主动性和创造性。长期以来，期刊编辑人员的工作未能得到主办单位领导的足够重视。无论是编辑部人员编制、编辑人员业务进修、职称评定，还是办公条件、福利待遇，常常被边缘化，因而挫伤了编辑人员的工作积极性。要真正重视期刊工作，必须在组织上完善办刊的体制与机制。首先要充实编辑队伍，提高编审人员的素质，按照刊期的不同和办刊要求配备足够的编审人员，将那些既懂教学，又善搞科研，有相当开拓能力的业务骨干调到期刊编辑部工作，保证编辑部有一支高素质的人才队伍。其次应根据办刊要求、目标，建立和完善有益于期刊健康发展，能够充分调动编审人员工作积极性、主动性和创造性的办刊机制。在业务进修、职称评定、福利待遇方面应不低于相同层次的教学、科研人员，将办刊的水平优劣与编审人员的利益挂钩，做到责、权、利对等。

第四，完善审稿制度，真正做到以质取稿。为吸引更多的高质量的稿件，要做到稿件面前人人平等。杜绝人情稿、关系稿。有必要建立并完善一整套严格的编审校制度。例如除编辑部内审外，应有一支稳定的，相对独立的，有相当学术修养、热情和熟悉期刊工作的外聘专家队伍。可能的话，应尽可能采用匿名审稿制度，这样可避免许多不必要的人情、社会关系的纠缠，保证审稿公平、公正，保证学术研究的公正性和期刊的健康发展。

第五，继续发挥老专家的作用，积极扶植中青年作者队伍。在整个外语界，一大批老专家在改革开放初期，为我国外语学术研究作出了不懈的努力和重要的贡献。可以说他们将自己最宝贵的年华都贡献给了我国的外语教育事业。今天仍然有一批老专家依然生命不息，研究笔耕不止；但他们毕竟年事已高，各期刊除了继续发挥这些老专家的作用外，应将注意力和工作重点转移到中青年学者和研究人员上来。应该说中青年学者思想最活跃、精力最旺盛，且已有相当的积累，正是出成果的最佳年龄段。积极扶植、团结一大批中青年学者，催化他们的科研成果，是各期刊的一项十分重要的工作。物色、扶植中青年学者对各期刊来说，同建设好编辑队伍一样紧迫和重要。有了一支高水平、奋发进取的作者队伍，期刊才可能有源源不断的高质量的文章，才会有喷涌而出的新理念、新思路和新成果。重视和发展中青年作者队伍，为他们的成长和发展努力做好服务工作，是期刊编辑必须努力做好的一项必不可少的工作。

第六，加强学术交流、学术争鸣，尤其是要加强同境外的学术交流。改革开放的深入与发展，为外语期刊创造了增进境内外学术界交流的机遇和条件。外语学术期刊除了继续加强同国内学术界的交流外，尤其要加强同国际学术界的交流和合作，除参加有关的国际学术研讨会、专题讨论会等外，更应通过期刊的特有阵地组织海外稿源，刊载海外学者的研究成果，组织海外学者参与有关的笔谈、论坛等活动，以增进海内外的学术沟通和交流，提高外语学术研究水平，使外语期刊的研究水平基本达到国际标准，学术信息保持与世界同步。

以上仅就我国外语期刊的现状、存在的问题与困难、出路与对策，谈了个人的一些肤浅的看法，由于能查阅的资料有限，所涉及的方方面面难免挂一漏万，不妥之处还望有关专家同仁批评指正。

＊本文发表于《编辑学刊》2006年第四期。

试论外语学刊的地位、作用和提高

在邓小平同志南方谈话和党的十四大精神的鼓舞和指引下,我国的改革开放不断向深度和广度发展。随着社会主义市场经济的建立和完善,外语教学和科研如何适应社会主义市场经济发展的需要,满足社会对复合型外语人才的需求,更好地为改革开放服务,已成为广大外语教师和科研工作者共同关心的课题。改革开放15年来,我国高等外语院校和高等院校外语系为我国的各条战线培养了大批德才兼备的外语人才,为实现我国的现代化经济建设和精神文明建设作出了积极的贡献。

今天,面临高等外语教育如何适应社会主义市场经济需要的新形势,我国外语界的广大教师和科研工作者如何担负起自己的历史使命,进一步搞好外语教学和科研工作,争取在数年中上一个新台阶,这是摆在我们面前的一个严峻任务。在向新台阶迈进的过程中,担负着及时和准确反映外语教学科研成果、传播先进的外语教学理论和方法、繁荣外语学术研究、寻求解决外语教学和科研中存在问题的有效途径等任务的外语学刊,有着其特定的地位和作用。本文拟就我国高校外语学刊在教学和科研中的地位和作用、目前办刊中存在的问题和解决这些问题的对策,谈一些粗浅的看法,以求教于外语学刊界的广大同仁和外语界广大教师与科研工作者。

一、外语学刊在外语教学科研中的地位和作用

1. 宣传好党和政府的外语教育方针和政策

外语学刊在新形势下的任务是:传播社会主义外语教育思想和外语知识、积累文化、促进精神文明建设、提高民族的文化素质、发展科学技术和教育事业。具体地说,就是

要在我国当前建立和完善社会主义市场经济的过程中，努力宣传好党和政府有关外语教育的方针和政策，当好喉舌。在改革开放中，为了理顺各种关系，促进改革开放形势的发展，党和政府必然会根据形势和任务的需要制订与之相适应的外语教育的方针和政策，例如：改革外语院校的办学体制、改革招生方法、改革课程设置、改革学制、改建学科、改革毕业生分配方法等，以适应社会主义市场经济需要。如何在新形势下贯彻加强外语院校学生的思想教育工作等方针政策，作为党、政府和人民的喉舌，外语教学科研尖兵的外语学刊，及时准确地宣传好这些方针和政策是其职责所在。如何才能做好这一工作呢？这就需要我们外语学刊的每一个编辑部、每一位编辑人员都必须具有较高的政治思想觉悟，并以高度的责任心和自觉性，首先来积极关心和学好、领会好党和政府有关外语教育的方针和政策，这样才能及时准确地做好宣传工作。《外语界》曾在国家教委颁布，高等院校实施《大学外语教学大纲（高等学校理工科本科用）》、《大学外语教学大纲（高等学校文理科本科用）》、《高等学校英语专业基础阶段英语教学大纲》和《高等学校英语专业高年级教学大纲》，以及俄语、德语、法语、日语专业和非专业教学大纲的过程中，积极配合大纲的制订、颁布和实施展开宣传工作，集中一段时间开辟专栏，邀请大纲编写组的成员撰写进一步阐述大纲编写指导思想、编写原则和如何贯彻好大纲的文章，对广大外语教师更好地理解外语教育的方针大计和具体政策起到了较好的作用，为全面贯彻大纲，推动外语教学科研的发展作出了有益的贡献，亦得到了国家教委有关部门和广大外语教师的好评。

2. 及时准确反映外语教学科研成果

能否及时准确地反映外语教学科研成果，是检验外语学刊工作成效好坏的标志之一。因为我们只要稍稍留心一下就会发现，国内大部分外语学术刊物几乎都将反映外语教学科研成果作为办刊宗旨的一部分。那么如何才能及时准确地反映外语教学科研成果呢？笔者认为，作为外语学刊的一个编辑部或其中的一员，必须对国内的外语教学科研和国外第二语言或外语教学研究的状况和已经取得的成果有所了解，并有一定的鉴别能力，尤其对于与本学刊的主要或重点栏目有关的一些情况要做到胸中有数。对国内外语教学和科研的成果及时准确地反映，对国外先进的外语教学理论和教学科研成果准确及时地介绍和了解、分析、评论，必然对推动和促进外语教学科研的开展、繁荣外语学术之研究、提高外语教学和科研水平大有益处。要做到这一点，作为一名外语学刊的编辑，首先要对带有全局性的或普遍性的外语教学理论、方法和手段有一个比较全面和清楚的了解。要熟悉外语教学的历史、现状并能预测它的未来。要了解现阶段所普遍运用的教学理论和方法，尤其是对国家于外语方面的重点科研项目要做到胸中有数，例如，国家"八五"科研项目、国家教委"八五"科研重点项目、博士点科研项目、青年科研基金项目等中的有关部分。因为这些项目从某种意义上来说，在某一阶段代表着本学科国家层面的较高科研水平。及时反映这些科研成果无疑会大大推进外语教学和科研的发展。作为学刊编辑部或编辑人员都应随时掌握和跟踪了解这些重要项目。对某些与自身办刊宗旨有较紧密关系的项目，甚至在立项后就应该与项目承担人取得联系，一方面了解项目的进展情况，一方面又可将一些对解决当时的外语教学科研中存在的理论问题和实践问题有益的副产品在学刊上发表。一旦项目完成，编辑部就能将成果中最重要最精彩的部分在学刊上首先反映出来。

此外，外语学刊亦应注意在日常教学和科研活动中收集外语教学科研学术信息，及时反映日常教学和科研中取得的各种成果，尤其要重视在理论和实践的结合上有推广价值的成果，例如比较先进的教学理论、富有成效的教学经验、有借鉴和参考价值的调查报告和试验报告等。此外还应重视来稿中涉及的或参加有关学术会议了解到的各种信息和没有全面反映出来的科研成果，一旦获取有发表价值的科研成果的线索，就应进行跟踪和进一步了解，以便及时准确地将这些成果反映出来。这样做不但能及时准确地反映教学科研成果，而且对确定一段时间的组稿方向和办刊重点或某一个栏目的重点均不无裨益。

同时，作为外语学刊的编辑，应关心日常的教学科研工作，对所存在的问题也应有所了解，例如要随时掌握教学大纲的制订、颁布和实施，教材的编写和使用，教学方法和手段的运用，测试方法和手段的使用，教师学生的教、学态度等方面的情况和问题。对于这些方面所取得的成果和经验应该及时反映，以推动大纲的贯彻，推广教材和教学方法及手段的运用，以点带面，促进外语教学科研的发展，为不断提高教学质量和科研水平，取得更好、更大的成果摇旗呐喊。《外语界》曾在这方面进行过一些努力和尝试，收到了较好的效果和反响。

3. 开展学术探讨，交流教学经验

开展外语学术理论探讨、交流行之有效的教学方法和经验，是提高外语教学和科研水平的必由之路。随着我国对外交往的不断发展，通过国家派遣和校际交流到国外学习、进修的教师、学者越来越多，这样就促进了中外学术交流，活跃了学术空气，繁荣了学术研究。这些教师和学者回国后将在国外所学到的东西和所获得的科研成果，以及先进的教学理论和方法吸收消化后，运用到我国的外语教学科研中去，使我国的外语教学理

论和方法不断完善，取得了令世人瞩目的成绩。但是，在众多的外语教学理论流派和千姿百态的外语教学方法中，并不是所有的理论和方法都适合我国外语教学的现状和实践的。这就对我国外语学刊界提出了一个如何吸收、消化、有选择地采用国外的教学理论和方法，做到取其所长、避其所短、为我所用的问题。首先，对国外的各种外语教学理论流派和众多的教学方法要熟悉、了解。有针对性地、有选择地介绍和引进国外的外语教学理论和方法，若有可能，最好请作者作一些分析工作，指出其优劣之处，帮助读者正确认识国外的外语教学理论和方法，以便对各种优质的理论和方法做到兼收并蓄，防止凡是国外新的、怪的、没有听说过的理论和方法皆认为是好的，不加分析、批判，一股脑儿都介绍进来。过去我们在介绍、引进方面做了许多工作，这完全是必须的、应该的，也确实对推动我国外语教学理论和实践的发展起到了积极的作用，繁荣了学术交流；但是，笔者以为，在这方面，介绍、引进工作做得不错，但分析、评论方面的工作做得相对要差一些。《外语界》曾刊载过一些到国外参加学术会议，在国外留学、进修、做科研工作的和国外来华讲学专家的一些介绍、分析、评论国外近年来兴起的一些外语教学理论和方法的文章，一般均较受读者的欢迎，不少读者致函《外语界》，希望多组织和刊载这方面的稿件，以便掌握学术动态，开展学术交流。

　　同时，要注重国内外语教学理论和经验的介绍和交流，尤其是在新的教学大纲制订、颁布实施过程中有针对性地开展一些宣传工作，则可帮助广大教师和学生更好地领会大纲的精神，在实践中能更好地贯彻执行。根据新大纲的要求，新一代教材问世后，如何帮助广大教师正确掌握教材的编写原则、编写指导思想，如何在教学中使用好教材并采取相应的教学方法和手段，更显得至关重要。外语学刊根据当时的教学需要，及时刊载此类文章无疑对提高教学质量大有益处。一旦发现比较成功的教学经验，就及时帮助作者总结、归纳、分析、提高，并公诸于世，一般很受第一线教师的欢迎。例如《外语界》刊载过《大学英语》(文理科本科用)、《大学核心英语》(理工科用)、《新编英语教程》、《交际英语》等数套教材的编写原则、指导思想和使用教材中的一些好的经验和做法，受到了广大教师的一致欢迎，并有效地促进了教学质量的提高。

　　此外，还应注意不同学术观点的讨论和争鸣，这样可在讨论和争鸣中，活跃学术气氛，促进学术水平的提高并能较好地统一思想。例如，1989年初，《外语界》获悉在大学英语教学界存在着两种不同的教学指导思想：一种认为本科生应该首先打好外语基础，无论文理科专业还是工科专业，都应该学好普通英语（General English）；另一种观点认为本科生在大学里学了四五年英语，结果连外文的专业书籍和资料都看不懂，以后如何搞科研？因此该观点主张侧重学习专业英语（English for Academic Studies）。鉴于当时的情况，经编辑部研究决定并取得有关方面的同意，《外语界》在一段时间内辟出专栏展开学术讨论，本着三不主义的原则，让大学英语教师、学者畅所欲言，各抒己见，积极探索。经过一段时间的讨论和争鸣，交流了不同的学术观点，提高了学术水平，最终比较好地统一了思想，为搞好大学外语教学打下了良好的思想基础。

在当前建立和完善社会主义市场经济机制的形势下，更需外语学刊界为创办和完善适合社会主义市场经济需要的学科而作出不懈的努力，多多关心新型学科的发展，给予多方面的扶植，多刊载交流这方面的学术思想。

4. 提出存在的问题，探索和寻求解决问题的途径和方法

及时提出外语教学中存在的问题，探索和寻求解决问题的途径和方法是外语学刊的重要任务之一。在外语教学实践中，无论是大纲的实施、课程的设置、教材的推广、教学方法的应用和测试手段的使用，还是师资队伍的培养和学生学习方法的取舍，都会不同程度地产生这样那样的问题。外语学刊能否把握住某个时期的外语教学脉搏，及时揭示带有普遍性的矛盾和提出带有倾向性的问题，是能否办好刊物的关键之一。对于教学实践中存在的各种问题和作者来稿、来信中反映出来的外语教学理论问题和实践问题，学刊编辑部和编辑人员都应该保持一定的敏感性，并且要注意收集、分析和筛选各种外语学术信息，从中寻找有价值的信息。一旦发现带有共性的问题，就应注意寻求解决办法。若出现的问题确实对外语教学影响较大，就应予以高度重视。若是外语教学理论问题，则应将问题提交有关专家、教授，请他们从理论上给予阐述和探讨，并将他们的观点或看法在刊物上发表，以帮助读者和教师更好地认识和解决这些问题。若是教学实践中存在的问题，则应针对有关问题，寻找解决得比较好的并取得较成功的经验的有关院校或教师，请他们撰稿，介绍他们的做法，推广他们的经验。若没有现成的成功经验，则可将问题提交有关院校，请他们在教学实践中做一些试验，探索和寻求解决的途径，还可将问题整理归纳后在刊物上刊载，公开征稿。这样一年只要解决一两个问题，坚持数年，必然会有成效。坚持这样做，既解决了理论和实践问题，又活跃了学术气氛，同时，亦沟通了作者、编者和读者的联系。此外，对于个别读者来函提出或请教某些学者的问题，亦应给予充分的注意。例如《外语界》1987年曾刊载过一篇介绍国外关于语法流派的文章，刊出后，收到一些读者来函希望进一步了解这方面的情况，于是我们同作者协商，请作者就读者提出的问题撰文，结果作者撰写了《国外英语语法流派纵横谈》的文章。刊出后，深受读者的欢迎，开阔了读者的眼界，解答了他们存有的一些疑问，既解决了问题，又促进了学术交流，收到比较好的效果。总之，在这方面编辑人员应随时关注作者、读者和广大教师提出的各种问题,并及时地组织座谈会、学术讨论或笔谈,这对办好刊物,提高教学和科研水平不无帮助。上面笔者曾提及的关于文理工科学生应该着重打好外语基础还是着重学习专业英语的问题,对这一问题,《外语界》曾获悉很多教师和学生存有困惑。为此我们曾请中国科大研究生院的教师,专门约请了中科院的10多位学部委员和老科学家,请他们以身说法,就作为未来的科学家在本科学习阶段究竟应学习普通英语打好语言基础,还是学习专业英语的问题发表看法,文章刊出后对统一认识起到了积极的作用。

5. 培养高质量的教师和科研队伍

培养高质量的师资和科研队伍是外语学刊义不容辞的责任。我国高等院校的主要任务是以教学和科研为中心,也就是说高校的教师不但要搞好教学,同时也必须进行科学研究工作。因为在教学中必然会产生各种理论问题和实践问题,同时随着科学的发展、社会的进步,尤其是在当今社会知识、信息爆炸的时代,教师在教学中每天都可能碰到各种各样的新问题、新理论、新观点。这就需要高校教师不但要认真搞好教学,同时必须注意本专业的发展动向,并开展科学研究工作。通过科研既可解决教学中存在的问题,又可不断丰富自己的知识,提高自己的学术水平,促进教学质量的提高,做到教学、科研相长。如果只埋头搞教学不重视科研工作,那么教学水平就很难提高;如果脱离教学搞科研,往往又缺乏针对性,即使成果出来了恐怕也难以在教学中运用和推广。所以,高等学校的科研工作应该与教学工作紧密结合,科研项目源自于教学,又服务于教学,应当注重开展对教学中存在的理论问题和实践问题的研究。在这一过程中起着中介媒体作用的外语学刊应当扮演这样一个角色,即不但要善于发现在教学中存在的问题,而且要善于反映科研工作中所取得的好的成果。也就是说,在外语学刊的日常工作中要熟悉了解本校和有关院校教师的教学和科研情况(因为外语学刊有相当部分是外语院校的学报),并有针对性地不定期组织有关教师和科研人员就教学中存在的理论问题和实践问题开展学术讨论和专题研究。一旦科研成果问世,学刊编辑部就应及时给予反映,这样做对于培养一支高质量的师资和科研队伍极有帮助。学刊编辑部还可不定期地召开作者(主要是本校教师和科研人员)座谈会,沟通编辑部与他们的联系,尤其要重视对中青年作者的扶植和培养,向他们提供信息,听取他们的意见并了解他们所从事的科研领域、方向乃至进展情况,起到成果催化剂的作用。往往有这种情况,有些教师在进行一项科研项目时,由于一时教学工作繁忙,便搁下来了,如果编辑部不予关心或催促便可能一搁数年,若平时多给予关心、询问,有时就可能较快完成。所以这一工作对学刊编辑部来说十分重要，这样做不但学刊有了丰富的、有质量的、稳定的稿源，同时也培养了一批教学专家和学者、教授，建立了一支稳定的作者队伍。无怪乎有些外语院校的教师称外语学刊的编辑部为"教授的摇篮"。回顾改革开放15年来，我国的外语学刊界确实"摇"出了一大批学者、教授，繁荣了外语学术研究。当然这主要归功于这些教师自身的努力，但也不可否认学刊发表他们的文章，对他们来说是一种鼓舞、支持，鞭策他们多出成果，出好成果，反过来又促进了教学质量的提高。由此，不难看出外语学刊在培养外语师资队伍和科研人员方面起着非常重要的作用，办好外语学刊无疑对提高教师和科研人员素质不无帮助。

6. 指导和促进教学科研的发展

外语学刊同其他新闻媒体一样，她所发表的每一篇文章都不同程度地影响着读者，起着导向作用，指导和促进外语教学科研的发展。如前所述，学刊既揭示出外语教学中存在的矛盾和问题，给广大外语教师和科研人员提供了科研题目，又及时反映解决这些矛盾与问题的方法、途径和外语教学理论研究以及实践方面的成果，为广大教师和科研人员提供了参考资料，给他们以新的启迪，帮助他们开阔思路和眼界。三中全会以来，我国外语学刊界发表了大量介绍、引进、分析、评论国外外语教学理论流派和比较先进的教学经验的文章，同时又发表了数量可观的探讨具有中国特色的外语教学理论和方法的文章。这些文章的发表，指导和影响着我国外语教学理论研究和实践的发展，促进了我国外语教学和科研的提高，缩短了我国外语教学理论的研究和教学水平同国外的差距，使我国的外语教学理论的研究和实践有了长足的发展，从而培养出了大批又红又专的外语人才，为社会主义的现代化建设作出了贡献。

从笔者的日常编辑工作中也不难认识这一问题。每当新的一期刊物问世后，编辑部常会收到众多读者的来函，言明某一篇文章对其教学和科研颇有启发，他借鉴了某一理论或方法后教学质量提高显著等。例如《外语界》曾连续刊载过几组探讨如何摆正大学英语四级考试同日常教学关系的文章，不少读者来信说，这些文章对他们如何处理好考级与教学的关系颇有帮助，帮他们解决了困惑，坚持搞好日常教学，避免了考级对日常教学的大的冲击。又如，在大学英语教学中如何解决好做练习时教师同学生仅核对练习答案的问题，《外语界》发表了南京大学一教师如何创造性地、有效地指导学生做练习并上好练习课的文章，很受广大教师的欢迎。不少教师仿效这一方法，结果取得较佳的效果。这些都有助于说明学刊对指导和促进外语教学的开展起着举足轻重的作用。正确的导向会带来很好的正效应和社会效果；反之，则会产生很大的负效应和不好的社会效果。因此作为外语学刊的编辑部或编辑人员,把握正确的导向,选择准,编辑好好的文章,确实与促进外语教学和科研的发展息息相关。

二、目前办刊中存在的问题

1. 外语学刊界编辑队伍青黄不接,编辑人员年龄老化。据不完全统计,全国50多家外语学刊从事具体编辑工作的主编、副主编(或主任、副主任)的年龄大多超过55岁,有的已年过六旬,且很多编辑部严重缺编,有的季刊仅一两个人在那儿维持,有的双月刊也仅两三个人在那儿顶着。由于年龄老化和人员缺编,很多学刊编辑部疲于奔命,仅能维持现状,这种境况严重影响着外语学刊办刊质量的提高和学刊工作的开拓,对促进教学和科研学术水平的提高、繁荣学术研究十分不利。

2. 教学科研信息不灵。能否善于捕捉外语教学科研信息是能否办好外语学刊的关键。由于年龄老化和严重缺编,相当一部分的外语学刊的编辑部,除了完成日常的组稿、审稿、改稿、编辑、校对、发行和其他事务处理工作外,几乎无暇顾及编辑人员的进修和提高。由于经费等原因,编辑人员外出参加学术会议、研讨会的机会也很少,对于及时准确地获取外语教学科研信息极为不利。长此以往,必然影响刊物的学术水平和刊载文章的针对性。

3. 介绍和引进国外外语教学理论和方法与探讨本国的外语教学理论和方法比例失调。三中全会以后,我国先后复刊、创刊的外语学术性刊物大都把很大的注意力和精力放在国外的外语教学理论、方法和新型学科的介绍等方面。毫无疑问,对刚打开国门的中国外语界来说,集中一段时间介绍、引进、分析、评论国外的外语教学理论和方法,无疑对缩短我国外语教学界同国外的距离,活跃和繁荣学术研究是很有帮助的,但问题是我们不能总是停留在这一阶段上。过去我们在引进方面做了大量的工作,现在除了继续做好介绍引进工作外,恐怕应花更大的力气致力于总结、探索有中国特色的外语教学理论和方法。

4. 全国50多家外语学刊(尤其是外语学报)缺乏必要的分工。如果仔细阅读一下这些刊物的办刊宗旨和开辟的栏目,人们就不难发现大部分刊物雷同,缺乏各自的特色,于是便导致争作者、争稿源、争读者的现象,一篇稿件几乎同时适合于好几家刊物,导致外语学刊缺乏各自的办刊特色和侧重点,于繁荣学术极为不利,而且容易造成撞车和浪费现象。

三、几点建议

1. 要加强对外语学刊的领导。主管外语学刊编辑部的部门和领导应加强对刊物的政治上、业务上的领导，对于具体工作要经常给予关心和指导，使刊物能够真正起到宣传好党的外语教育方针和政策的导向作用，当好活跃、繁荣学术研究的尖兵。应重视编辑部的思想教育，及时向编辑人员传达国家有关出版方面的法规和政策，并组织他们进行必要的学习和讨论，以便提高他们的政治素质。业务上，应创造各种进修和参加各种学术活动的机会，帮助他们制订工作计划并检查执行情况，每年至少召开一次编委会检查上一年度的工作，制订下一年度的工作计划。学刊编辑人员在职称晋升、出国进修、生活待遇方面都应与第一线教师一视同仁，以调动他们的积极性，确实使他们能把精力集中在办好刊物上。

2. 建设一支素质优秀的编辑队伍。没有一支优秀的编辑队伍，办好学刊便无从谈起。从某种意义上说有一个什么样的编辑部，便会有一份什么样的刊物。可见编辑队伍对办好杂志是何等重要。鉴于目前全国大部分外语学刊编辑部队伍老化和严重缺编的情况，建议从专业课教师中选派政治过硬、业务优秀、责任心和事业心强的教师充实到编辑队伍中来，担任主编、副主编（主任或副主任）工作。还可挑选毕业的硕士生或博士生充实编辑部，年龄结构最好老中青三者都有，这样可以互相取长补短。既要有组织者、活动家、学术权威，又要有埋头苦干处理琐事的实干家。由这样的人员组成的编辑部往往工作得有声有色，成绩卓著。另外，缺员问题一定要解决。按照国家教委有关文件，季刊得有3至5人，双月刊5至7人。没有完整的队伍，办好刊物只是一句空话。

3. 加强对本国的外语教学理论和方法的研究。我国一百多年的外语教学历史应该说还是很有成绩的，有独特的理论和方法，有许多成功的经验，并且确实也培养出了大批一流的专家、学者、教授，令世人所关注。尤其是十一届三中全会以后，学术空气活跃，广大外语教师和科研工作者勇于理论探讨，善于实践，硕果累累，培养出了一大批又红又专的外语人才，为祖国的建设作出了贡献。这里有很多理论问题值得探讨，有很多经验值得总结。如何探索植根于中国土地的外语教学理论和方法，走出一条具有中国特色的外语教学路子来，这是我国外语学刊界必须承担的任务。除了继续做好介绍、引进、分析、评说国外的外语教学理论和方法外，更应重视探索我们自己的理论和方法，为创建中国的外语教学理论和方法作出不懈的努力。

4. 努力使各份学刊办出自己的特色。各学刊（尤其是学报）应根据所在学校、地区的情况，根据编辑部和实际情况确定自己的办刊重点。若有可能，全国各刊物可进行必要的分工。考虑到我国地域广阔、人员众多，两三份杂志为一组集中探讨和反映一个重点，各自又划分侧重点，这样所探讨的问题就可能有一定的深度并且比较集中，对作者、读者都有好处，可以将有限的人力、财力和物力用在刀刃上。这样坚持数年，各家刊物的特色也就显示出来了，也能较快地提高学术水平。这远比那种零敲碎打，蜻蜓点水式的探讨优越得多，也能防止争稿件和争读者的现象。

5. 竭尽全力为提高我国外语教学和科研水平而努力工作。外语学刊在外语教学科研工作中扮演着探讨、传播先进的外语教学理论和方法以及先进的科研手段，及时准确地反映教学和科研成果，活跃和繁荣学术研究，扶植和培养高质量的外语教学和科研队伍的重要角色。为了完成好这一使命，外语学刊的编辑人员应该具有奉献精神，不计较个人得失，心甘情愿地做好外语教学科研的铺路石，只要是对教学科研有益的工作就应千方百计地去做，尤其是在当今改革开放，建立与完善社会主义市场经济的过程中，外语学刊更应为高等外语教育适应形势的需要积极探索，善于实践，充分利用学刊的优势，寻找适合中国国情和具有中国特色的外语教育的课程设置、教材编写、教学理论和方法、测试手段等，为培养高质量的师资队伍和科研队伍而竭尽全力，为提高全民族的文化素质而努力奋斗。

*本文发表于《外语界》1994年第一期，作者：庄智象、张逸岗。

努力做好外语出版工作，服务于外语学科建设与发展

——从创办《外语界》说到外教社的发展

到2008年12月，我国实施改革开放伟大战略决策刚好满30周年。30年来，我国的政治、经济、文化、科技、教育、外交和社会各项事业快速发展。30年的发展，使当今中国政治文明，社会民主和谐；经济上，GDP从1978年的3 600亿增长到2007年底的25万亿，人民生活基本达到小康水平；文化建设迎来了大发展大繁荣的难得机遇；科技发展跨入世界先进国家行列；教育更是突飞猛进，全面普及九年制义务教育，高等教育从精英教育转向大众化教育，极大提高了人民的教育水平和人口素质；和平外交政策深入人心：成功加入世界贸易组织、成功申办和举办2008年北京奥运会和残奥会、成功申办上海世博会等一系列重大外交活动，塑造了中国在世界上的良好形象，为顺利实施和平崛起的外交战略奠定了坚实的基础；社会各项事业不断进步，使全国各民族更加团结，更加和睦，科学发展观正引领着13亿人民把我国经济和社会各项事业朝着全面、科学、协调、健康、可持续的方向快速推进。在纪念改革开放30周年到来之际，上海外语教育出版社（下称"外教社"）策划了"改革开放30年中国外语教育发展丛书"，组织和约请了教育部高等学校外语专业教学指导委员会、教育部高等学校大学外语教学指导委员会、教育部高等学校高职高专英语类专业教学指导委员会、中国教育学会外语教学专业委员会等有关外语学术团体和组织的领导、专家和学者，就改革开放30年外语教育、学术研究、学科建设、人才培养等方方面面的成就和发展进行回顾、总结，目的在于：在总结经验教训的基础上，

使未来30年能够走得更好，发展得更科学、更健康。外教社有关编辑要我就外语出版与学科建设、学术繁荣、科研成果反映与推广、人才培养等方面谈些感想和体会。这对我来说，自感不甚合适、犹豫再三，仍想推却，但拗不过编辑的执着，又怕却之不恭，只得勉为其难，从命执笔。好在不管怎么说，这改革开放30年，我们这一代人都目睹、见证、经历了国家日新月异、翻天覆地的巨大变化。回顾过去30年，无论是国家的政治、经济、教育、文化、科技、外交和社会各项事业的变化和发展，还是具体到外语教育的方方面面，都令人感慨万千。30载的历程，30载的奋斗，30年的伟绩，是那么的不平凡，那么多的艰辛、那么多的曲折，令人难忘。

一、《外语界》杂志的创办与发展

1977年2月，我们200名上海外国语学院外语培训班的学生，在历经了安徽凤阳"五七"干校边劳动边学习的四年多（1972年11月至1977年2月）"特殊"生活后，踏上了社会，走上了各自的工作岗位。我与近60位同学一起留校工作，我被安排在英语系任英语教师。此后五年半时间里我参加过一年的英语系教师进修班，半年的富布赖特教师培训班。1982年9月调到校内的上海外国语言教学资料中心编辑室工作，负责编辑出版《外国语言教学资料报导》期刊。那时该刊没有正式的刊号，只有内部准印证，编辑室共有5个人，主要从事外国语言教学资料的翻译、编辑以及有关外语学术信息的收集和出版工作。虽是内部刊物，但由于集中反映和提供了最新的学术信息与有关资料，亦颇受外语界专家学者的欢迎。1984年9月，学校领导决定将该期刊改版并公开出版，任命我为编辑部主任，并将编辑部划归学校科研处领导。接到任务后，编辑部的所有人员积极性颇高，心想一份崭新的外语期刊将在我们手中诞生，喜悦之情溢于言表，想干一番事业的心情可想而知；但是，创办一份公开发行的全国性的外语期刊，有大量的基础工作要做，一切都得从头做起。第一个要解决的问题是我们究竟要办一份什么样的期刊？办刊宗旨是什么？主要读者对象是谁？主要设置哪些栏目？具有哪些特点或特色？诸多问题有待我们去思考、探索并寻找答案。当时，学校给了我们5 000元人民币的开办费，其余一切由编辑部自己设法解决。于是我们就办刊中必须解决的问题列了一个清单，排列好顺序，在学校有关部门的指导和支持下逐一解决。首先，我们建立了编委会，由当时主管科研的副院长侯维瑞教授任主任，由学院各系主管科研的副主任及科研处长等20多人任编委。编委会第一次会议针对办刊宗旨、主要栏目设置、办刊特色、主要稿源等问题进行了细致而深入的讨论，并达成共识。鉴于当时科研处主管的《外国语》（学报）重点刊登外语研究、外国文学研究、语言学研究、翻译研究、词典学研究等学术文章,因而,我们这份刊物没有必要重复这些领域,应该独辟蹊径,扬己之长,办成一份主要反映外语教学科研成果、交流和介绍外语教学理论和经验、提供外语教学资料和学术信息的外语期刊,即要将此期刊办成一份情报性、知识性、资料性和学术性都具有显著特色的外语期刊。这么定位除上述原因之外,还考虑到当时全国已有50余份各级各类外语期刊,有相当部分是各外语院校的学报,办刊宗旨和栏目大同小异,还有一部分是外语学习类的期刊,恰恰缺少一份能集中反映全国外语界教学科研信息、学术成果的期刊,而80年代又恰恰是各种学术思潮、思想相当活跃的时期,尤其是国外的学术和理论观点被大量引进和介绍。应当说,在"文革"与外界隔离了10年之后,大量国外的外语教学理论、学术观点、流派被介绍进来是很有必要的,但引进毕竟是手段、是借鉴,最终仍需通过消化、吸收、创新,产生自己的原创成果。

办刊宗旨、主要栏目、特色初步确定之后,那么这份杂志的刊名该叫什么呢?有同志主张,保留原来的《外国语言教学资料报导》刊名,有的建议定名为《中国外语信息报导》、《中国外语教学资料报导》等等。我们总觉得这些刊名难以将办刊宗旨较准确地囊括进去,也很难反映出她的内涵,何况刊名太长不容易记,希望能用两三个字便能将内涵反映出来。当时,正好有一份杂志叫《小说界》,非常流行,于是当有人提议是否将刊名改为《外语界》时,大家一致欣然接受。这个刊名一可以清楚地反映办刊宗旨,二是刊名和《外国语》一样,也是3个字,叫得响,便于记忆,这样刊名便定下来了。接下来,全体人员快速行动起来,组织稿件,确定栏目,分工合作,编审校,紧锣密鼓,《外语界》期刊开张了。期刊刚起步,没有经验,我们虚心向兄弟编辑部学习,自己找印刷厂排版、印刷。经过3个月的努力,编辑部的基本工作制度、程序和管理条例等都制订完成,准备在1985年第一季度出版第一期。一切准备就绪,可是正式刊号一直没有批下来,怎么办?那时,已经是1985年1月份了,于是派人去北京,向有关部门寻求支持和帮助。当时,申请办刊的审批程序是:学校打报告给教育部,教育部批准后转给文化部出版局,文化部同意了才能回到上海市新闻出版局办理有关手续。当时,我对一起去北京跑刊号的同志说:"这次去北京一定要将刊号办下来。若办不下来,每天去教育部'上班',直到拿到刊号。"结果在北京磨了一个星期,最后感动了教育部高教司的领导,拿到了批文,获得了文化部出版局的批件,回到上海市新闻出版局办妥了"出生证"。当时的期刊申请比现在还容易些,放在今天恐怕不可能办成。谢天谢地,没有错失良机。

拿到刊号后,接下来就得考虑三五年的工作计划。要制订一个中、长期的办刊规划,就必须有学术信息,必须了解教学科研需求,了解外语界的教师和研究人员都在想些什么、做些什么，有什么重大项目、课题正在进行，何时可能结项或出成果。大至国家规划项目，小至学校、院系项目都应尽可能了解，尽可能全面获悉和掌握外语界的教学科研、学术等方面的动态和信息。我们又再次召开编委会议，编委们听了我们创刊号的准备情况和编辑部各项基础工作完成情况的汇报后，再次肯定和确认了办刊宗旨和主要栏目，并充分肯定编辑部所做的各项工作，希望将《外语界》杂志办成一份特色鲜明的反映外语界教学、科研、学术发展的专业性期刊，建议编辑部广泛组稿，继续完善各项基础建设。于是，按照编委会的决定，编辑部对工作进行了部署和安排，在全国范围内广泛组织稿源，组织作者队伍和通讯员队伍。

首先，我们编辑部几位同志分头到上海各高校去找作者，了解各校的教学科研状况。连续一个星期，我们几位年轻同志每天骑着自行车一个学校一个学校跑，早出晚归，几乎跑遍了上海所有高校，去结识当时上海滩外语界几乎所有的头面人物和知名教授、专家，并介绍《外语界》杂志。此后不少专家、教授一直与我们保持密切的联系和交往，有经常给编辑部撰稿或推荐稿件的，有提供学术信息的，有推荐作者的，有反馈读者意见的，也有提出工作建议的。与此同时，我们根据办刊的需要又组织了一支通讯员队伍，成员既有来自高校的，也有学术机构和各级管理部门的有关人员。大家对《外语界》杂志的工作非常支持。当时条件艰苦，经费短缺，我记得，那天召开通讯员工作会议，仅能以盒饭招待大家。但大家一心工作，其他事情很少考虑。回忆起来，如果没有这么多人的热情支持和帮助，《外语界》期刊恐怕难以支撑到今天，也难以在全国有这么大的影响。完成了在上海作者队伍和通讯员队伍的组建工作之后，我们又先后赴北京、成都、重庆、南京、广州等地高校拜访专家学者，了解信息，征询办刊意见和建议。值得一提的是那年我与《外国语》编辑部的朱纯老师一起去北京拜访许国璋先生、王佐良先生、吴景荣先生，教育部原高教一司副司长付克同志、基教司的张泰金同志等著名专家、学者。付克同志还专门写信介绍我们去拜访钱钟书先生。由于钱老时任社会科学院副院长，事务繁忙，我们很遗憾未能见到他。当我们向其他几位说明来意后，他们不但热情接待我们，而且对杂志的办刊宗旨和方向等给予了充分的肯定。时任北外《外语教学与研究》主编的许国璋先生说："上外创办《外语界》这份杂志，很英明，我们国家应该有一份反映我们自己教学经验、研究成果、探讨中国特色外语教学的期刊。"一圈跑下来后，尽管一路车船劳顿，旅途颠簸，日夜兼程，甚至拥挤时连站的地方都没有，但结识了诸多的专家、学者，获悉了大量的教学科研信息，听到了很多善言良策、鼓励和鞭策，使我们备受鼓舞，更加振奋了我们办好刊物的信心和决心。

许国璋先生在接见我们时，说了一段对我们很有影响的话。他说："中国的外语教育，专业院系学生不过五万,专业以外的外语教学,拥有学生达五百万,顾到五万而忽略了五百万,是抓了小头忘了大头。事实上,理工农医等科的外语教育近年来是非常活跃的。"[①]听了许老的话,我们作了一番调查,结果发现,大学外语教学确实是一个大头,而众多的外语期刊中确实很少有关注大学外语教学的。我们认识到,我们这份刊物如果既抓小头又抓大头,一定可以适应现实的需要;如果办得好,一定可以成为一份很有特色的刊物。机遇真的来了,《外语界》创刊不久,1985年2月教育部颁发了《大学英语教学大纲》(高等学校理工科本科用)。新大纲充分吸收了国外最新应用语言学的成果,结合我国大学外语的教学目标与要求,全面考虑我国大学英语教学当时的现状,并利用上海交通大学科技外语系自行设计和建立的英语语料库,第一次通过随机采样统计词频的手段制订了《大纲》的附表之一《词汇表》;第一次将原来的公共英语更名为"大学英语";第一次全面系统提出了大学英语听、说、读、写、译的要求;第一次详细地对语言知识和技能以附表的形式提出了具体要求。可以说,这份大纲开创了大学英语教学的先河,为大学英语教学开辟了新的天地。为帮助大学英语教师解读和领会这份新大纲的科学性、先进性、可操作性和前瞻性等方面的要点和特点以及制订大纲的依据和背景,帮助大学英语教师更好地理解大纲、贯彻大纲,使其发挥应有的作用,《外语界》编辑部特地邀请大纲的各位主要研订者,就上述内容进行了阐述,以论文形式在《外语界》上发表。这些文章发表后,大学外语教学研究会特地为每个会员单位订阅数本该期的刊物,并表示愿与《外语界》合作,成为《外语界》的协办者。当时《外语界》还没有邮发,每期刊物出版后,全部由编辑部自办发行,自行寄发。每期得寄发1.5万份以上。每次寄发期刊,光写信封就得花几天时间,常常得加班加点,有几次写到第二天凌晨。没有汽车送,还得自己靠三轮车拉到邮局,有时送晚了,还得看邮局脸色。总之创刊之初无论排版印刷、邮寄等都得找关系求人,困难重重。好在我们几个碰到困难不气馁,常常群策群力,克服了一个又一个困难,终于将刊物逐渐带上了专业的轨道。《外语界》期刊先后刊登了近百篇文章专门介绍、阐述教学大纲,包括《大学英语教学大纲(高等学校理工科本科用)》、《大学英语教学大纲(高等学校文理科本科用)》,以及后来的《高等学校英语专业基础阶段英语教学大纲》、《高年级英语教学大纲》,深受大学外语教师和外语专业教师欢迎。接着,配合新大纲而编写的各种新教材出版了,我们又组织编者撰文介绍、阐述新教材的编写理念和特点,请部分院校介绍使用新教材的经验、体会和成绩。后来,相继实行大学英语四、六级考试和英语专业四、八级考试,于是一批有关考试的文章又刊登在我们刊物上。之后,《大学英语课程教学要求》要求加强听说教学,实行新的教学模式,采用多媒体辅助教学,强调培养自主学习能力,建立动态评估与终结评估相结合的评估体系等等，我们都组织了专题文章——予以介绍，从而有效地传播了先进的教学理念，反映了教学效果，交流了教学经验和方法，繁荣了学术，培养了人才，有力地配合并促进了我国高等外语教育的发展。在此过程中，《外语界》的办刊特色也得以逐渐形成。现今的《外语界》已成为国内唯一的由外语专业教学和大学外语教学两大指导委员会、大学外语教学研究会以及大学英语四、六级考试委员会共同协办的学术刊物，在外语界中占有相当的地位。《外语界》的不少作者现在都已是外语界的精英、骨干、知名专家和教授。而且该刊一直备受教育部高教司外语处（文科处）的重视。记得有一年刚调到外语处工作的副处长王艳说，她到处里的第一项工作就是处里让她阅读《外语界》前几期杂志，从中可了解外语界近几年的发展动态。我从1985年《外语界》创刊至1993年1月调至上海外语教育出版社（除1987年7月至1988年7月赴美做访问学者外），一直从事该刊的组稿、审稿、改稿、定稿和行政领导工作，得到很好的锻炼，不但学习和掌握了编辑工作的基本要求和技能，了解和熟悉了外语界的教学科研现状与发展方向，而且结识了一大批外语界的教师、专家和学者，与他们建立了深厚的友谊，为以后我在外教社开展工作做好了厚实的铺垫。

二、外语学刊研究会的建立与作用

1978年8—9月教育部召开全国外语教育工作座谈会，会上形成的文件《加强外语教育的几点意见》在第七点中强调："有条件的外语院系要出版外语教学和研究的学术刊物，以活跃学术空气，推动科学研究工作。"在《意见》的鼓舞和指引下，各校复刊和创刊的外语刊物如雨后春笋般出现。至1989年为止，我国出版的各级各类外语期刊达50余种，其中绝大部分是由各高校主办的外语教学和研究方面的学术性期刊。由外语院校主办的外语期刊有：北京外国语学院的《外语教学与研究》，上海外国语学院的《外国语》、《外语界》《外语电化教学》，广州外国语学院的《现代外语》，西安外国语学院的《外语教学》，大连外国语学院的《外语与外语教学》，四川外国语学院的《四川外语学院学报》，北京第二外国语学院的《北京第二外国语学院学报》，洛阳解放军外国语学院的《教学研究》，南京国际关系学院的《外语研究》；综合性和师范类大学主办的期刊有：黑龙江大学的《外语学刊》，华东师范大学的《国外外语教学》、《中小学英语教学与研究》，福建师范大学的《福建外语》，山东师范大学的《山东外语教学》，北京师范大学的《中小学外语教学》等；由各专业学会主办的期刊有：中国俄语教学研究会的《中国俄语教学》，上海科技翻译协会的《上海科技翻译》，中国翻译家协会的《中国翻译》等。此外，还有各高校和协会主办的普及性、知识性外语期刊，如：《大学英语》、《科技英语学习》、《英语学习》、《英语自学》、《科技日语》、《日语学习与研究》、《日语学习》、《日语知识》、《德语学习》、《法语学习》、《俄语学习》、《中小学外语》（英语版）（俄语版）等。这些期刊以季刊和双月刊为主，个别为月刊，月刊以普及类和知识性的期刊为主。各家外语学刊都有明确的办刊宗旨，比较固定的栏目，明确的读者群，相对稳定的作者队伍和编辑队伍，为外语学科建设、学术繁荣、师资队伍建设、人才培养、学术成果的传播等作出了积极努力和重要贡献，使我国外语教学和科研的发展及时跟上世界潮流，成为高校外语教学和研究、学术繁荣、对外交流、推进外语学科发展的重要阵地，也是各高校和全国外语界的一个学术窗口。由于十年动乱，我国外语教学和研究与世界的发展脱节，对西方发达国家的学术状况了解甚少。"文革"结束，百废待兴，外语界的专家、学者、教授们，尤其是老一辈的专家学者，利用当时有限的条件，不懈努力，通过研读有关资料和"走出去、请进来"的方式，迅速而全面地了解西方国家的外语教学研究现状和科研成果，尽快缩短我国在这一领域的差距；同时，根据我国的国情和特点，积极开展学术研究，产生了一大批科研成果，通过专门学术期刊来反映和传播便成为当时的迫切需要。各类外语期刊为引进介绍世界先进的教学理论、方法、手段、优秀的教学材料和学术成果作出了可贵的努力并取得了可喜的成绩，得到了外语界广大师生的一致好评，也得到了政府有关部门的肯定。

　　但是，外语期刊在办刊中亦碰到了许多问题，诸如：同质化现象，而且比较严重；开拓创新不足、特色不鲜明、缺乏个性；编辑力量不足；缺乏标志性、原创性成果；学术规范执行不力；学术讨论、争鸣、交流不足；宣传、广告、对外交流不够等等。这一系列问题有待通过交流、沟通、探索、研讨达成共识，并采取有效措施予以解决，以使外语期刊能够沿着正确的轨道健康发展。当时，中国外语教学研究会及其下设的各外语语种教学研究分会相继建立，不少期刊编辑部不约而同地提出：我们是否也可以成立外语期刊研究会，组织和协调外语期刊的办刊工作，探讨和交流办刊经验，培训青年编辑人员，探索和研讨办刊中存在的问题，维护编辑人员的利益，与上级部门沟通，不断提高刊物质量和水平等。1988年秋，大连外国语学院召开《外语工作者百科知识词典》（张后尘主编）审稿会，广外、上外、黑大、洛外、西外等校外语学报的编辑部主任应邀出席。同仁聚会，自然又谈到建立外语期刊研究会这一话题。经协商，大家决定委托广外张达三、上外刘犁、洛外路式成会后赴京向教育部高教司和中国外语教学研究会反映我们成立研究会的愿望和初步设想。中国外语教学研究会正副会长季羡林和付克两位教授听了汇报后当即表示支持成立研究会，同意吸纳为该会下属的一个分会。教育部高教司外语处十分重视我们的愿望和请求，特指定董威利副处长协助并指导我们开展筹备工作。经几个月的准备，1989年春，筹备会议在上外无锡招待所举行。参加会议的有上外《外国语》的刘犁、北外《外语教学与研究》的陈国华、黑大《外语学刊》的钟国华、洛外《教学研究》的路式成、大外《外语与外语教学》的张后尘、西外《外语教学》的袁崇章和刘品廉、广外《现代外语》的张达三、上海交大《科技英语学习》的吴银庚、华东师大《中小学英语教学与研究》的章兼中，还有《外语界》的张逸岗和我。教育部外语处副处长董威利同志亲临会议进行指导并就有关事宜与会议代表沟通并作协调。会议就该群众性学术团体的名称、章程、领导机构、人员组成以及此后一段时间的主要任务与工作等进行了研讨和磋商。会议决定取名为：全国高校外语学刊研究会，因为除外语学报之外，全国还有几十种外语期刊，无论是学术性的，还是普及性或知识性的，大都由高校主办，故定为"高校外语学刊"比较恰当。会议通过了研究会的章程（草案）并准备提交全体会员代表大会讨论表决。会议组成了研究会筹建班子，由刘犁、张达三、张后尘、钟国华、路式成、袁崇章、庄智象等人组成，推选上外刘犁和庄智象负责。会后，我们将会议纪要和申请报告上报教育部高教司，不久教育部有关部门发文批准成立全国高校外语学刊研究会。1989年10月13日至10月16日，全国高校外语学刊研究会成立大会在上海外国语学院召开，参加会议的共有50余家外语期刊的主编和代表、教育部外语处的领导董威利同志和有关职能部门的领导近百人。可以说这是一次外语学刊界的盛会。上海外国语学院院长胡孟浩教授代表中国外语教学研究会和中国俄语教学研究会向大会致贺词，中国外语教学研究会会长季羡林教授、中国英语教学研究会会长许国璋教授等向大会发来了贺信。会议听取了筹委们所作的关于研究会筹备工作和研究会章程起草的报告，并就报告的内容及研究会成立的有关事宜进行了深入细致的研究讨论。代表们畅所欲言，各抒己见。经过认真的研究与讨论，与会代表一致通过了研究会章程，并投票选举产生了高等学校外语学刊研究会第一届理事会。刘犁当选为会长，张达三、路式成、钟国华、张后尘为副会长，庄智象任秘书长。会议期间，代表们交流了办刊经验、体会，探讨分析了存在的困难与问题，同时，还就今后的工作设想和计划等作了讨论和安排。会议开得非常成功，为我国外语学刊的科学、健康发展奠定了基础。此后，在常务理事会的领导下，研究会团结全体会员，认真贯彻党和政府的出版方针和政策，坚持正确的办刊方向和导向，积极探索外语学刊的办刊特色，总结和交流成功的经验，探讨和解决办刊中存在的各种问题与困难，及时反映外语教学科研成果，促进学科建设和繁荣，支持师资建设和人才培养，不断提高办刊质量和水平，为我国外语学科建设、学术繁荣、人才培养作出了积极的努力和贡献。1992年9月，第一届研究会会长刘犁老师从《外国语》退休，时任上海外国语学院常务副院长、主管科研工作的耿龙明教授接任会长，1998年耿龙明教授退休后由我接任会长至今，秘书长改由《外国语》的束定芳教授和《外语界》的张逸岗教授担任。研究会除了每年召开一次年会，交流办刊经验，探讨存在的问题和遇到的困难外，还利用学刊的优势，先后策划组织编纂了《外国语言研究论文索引》(第一辑(1949—1989)；第二辑(1990—1994)；第三辑(1995—1999)；第四辑(2000—2004)[②])，为外语学术研究提供了信息，为科研提供了资料，受到了外语界广大教师、研究人员和研究生的欢迎和好评。许国璋先生对这一工作高度评价，亲自为其作序，并称赞此项工作"是外语科研的幸事，也是足以自豪的创举"。《索引》出版后，不少读者致函研究会，希望根据索引选择出版有关专题论文精选。研究会采纳他们的建议，在上海外语教育出版社的支持下先后选编出版了《中国语用学论文精选》、《中国现代语法研究论文精选》、《中国翻译研究论文精选》、《语言的认知研究——认知语言学论文精选》等，还有词汇学、语言教学、语义学、语言学等方面的论文精选正在编撰中。已出版的论文精选为专业建设、研究生教学、学术发展提供了很好的资料，颇受读者好评，也为论文选编作出了比较好的示范。此外，在各会员单位的支持和努力下，研究会还举办了数次主编研讨会、青年编辑讲习班等。这些工作和项目的开展，培养了人才，锻炼了队伍，提升了编辑部的组织协调能力，提高了办刊能力和水平。

三、外语出版与外语学科建设、学术繁荣和人才培养

1993年1月，我被调至上海外语教育出版社任副总编辑。《外语界》编辑部因某种原因也随同我一起转到出版社。[③]从主要从事期刊编辑出版工作、主管一份期刊，到从事图书策划、编辑以及分管一方面的工作，既有很多共性又有不少差异。共性是，仍然是外语编辑出版工作，仍然服务于外语教学科研，服务于外语学科建设，服务于学术繁荣，服务于人才培养。差异是出版形式发生了变化，原来是期刊，策划、组织、协调、编辑学术论文的出版，文章多、周期短，筛选稿件、编审校、印、发一体化，全过程必须要努力做好，时间节点是刚性的，必须按时出刊，不然就会被邮局罚款或拒发，而图书出版往往周期长于期刊，有些大的项目很可能数年甚至十年磨一剑；编辑出版期刊在经济方面压力不大，不太关注市场营销，发行量多少没有具体指标和要求，出版成本由学校承担，编辑部只要保证期刊的质量和准时出版就算完成任务，而图书编辑出版不但要考虑学术水平、内容质量，还要考核销售量、利润指标，也就是通常所说的双效益，社会效益和经济效益都要求好，要做到高度统一往往就不是一件容易的事情；期刊编辑相对

比较单纯,图书编辑出版相对复杂得多,头绪亦多。到出版社工作后,我先后任副总编辑、副社长、常务副社长,1997年12月起任社长至今。先后分管或主管过中小学英语、大学英语、期刊的编辑出版工作,直至负责全社的编辑、出版、经营管理工作。尤其任社长的11年里,我深感责任重大,无论是产品研发、制作生产,还是市场推广营销、经营管理,头绪多、任务重、压力大,时时深感如履薄冰、如临深渊。图书质量、特色、前瞻性、竞争力、营销创新、市场满意度、经营管理的效率、效益等指标,时刻在我脑际环绕,唯恐稍有不慎而出差错,愧对领导和广大职工,真是一点都不敢懈怠。11年中,我社在学校党政和上级主管部门的领导和指导下,社会各界的支持和帮助下,全体员工齐心协力和艰苦奋斗下,实施了"四个一百"工程,优化图书结构,做大做强教材、学术著作、工具书,带动读物、教参、数字出版的快速发展;全面打造营销队伍,调整市场布局,控制和维护好终端市场;加强经营管理,以人为本,实施科学管理;全面重视和树立"产品是第一位的、营销是关键、管理是保障"的经营理念,全面实施品牌战略和出版、科研、教育互动战略,从而将产品单一的外教社发展成为我国最大最权威的外语教材、学术著作、工具书、教学参考书、外语读物和学术期刊及电子出版物的出版基地之一。2007年外教社出版图书1 300余种,其中新书400余种,数字出版物100余种,重版率70%以上。从1979年12月建社至今29年来累计出版24个语种的图书6 000余种,总印数逾5亿册。自1998年以来,图书销售每年增长5 000万元,利润增加1 000万元以上,实现了连续9年的快速增长。2007年销售码洋逾6亿元,利润逾亿元。据上海新闻出版局出版数据通报:外教社的总资产报酬率、净资产收益率、保值增值率、销售利润率、主营业务利润率、成本费用率、销售增长率等指标均处于上海出版行业领先地位。在出版主业稳固发展的基础上,外教社建立了教材与教法研究中心、外语出版物研究所、出版发展研究所、外教社教育培训中心和7个下属图书发行有限公司,还自筹资金建造了一栋现代化、智能化、多功能,使用面积17 000平方米的12层出版大楼,为出版社的更好更快发展奠定了扎实的基础。

1. 教材出版与学科建设

绝大多数的高校出版社,可以说99%的大学出版社,都是诞生在改革开放中并伴随着改革开放的步伐成长、发展和壮大起来的。"文革"10年中,高等教育遭受摧残,教学秩序被搞乱,教学设备惨遭破坏,师资队伍遭受重创。高考恢复后,教师队伍青黄不接、教学材料缺乏、教学设备落后、教学手段陈旧等一系列困难亟待解决。针对教科书缺乏、大量教材急需编写出版的问题,教育部与文化部出版局决定在一批有条件办出版社的高校创办大学出版社。上海外语教育出版社便是其中产物之一。教育部的思路是：当时大批教材，尤其是很多学科建设和发展急需的教材亟待出版，按当时社会出版社的编辑出版力量，无法完成这一任务。教育部有关部门便将这一任务交给了大学出版社来完成。据此，中国大学出版社所承担的职责、任务和使命中最重要的一项便是出版高等教育各学科所需要的教材。中国大学出版社诞生的背景及其所承担的任务和使命决定了中国大学出版社几乎都出版服务于高等教育的各级各类教材，而不同于当今西方的很多大学出版社。外教社从诞生之日起便将出版高等外语教育所需的各级各类教材作为义不容辞的责任，通过教材出版，提高和促进学科建设和发展，创新教学理论、方法和手段，支持教师发展，促进师资队伍建设，提升教学质量和水平。

1985年新修订的《大学英语教学大纲》（高等学校文理科本科用）经国家教委批准颁布后，外教社便积极投入力量，编辑出版按大纲要求编写的《大学英语》系列教材。该系列教材由复旦大学、北京大学、中国人民大学、华东师范大学、武汉大学、南京大学6所著名高校联合编写。整套系列教材分为《精读》（1—6册）、《泛读》（1—6册）、《听力》（1—6册）、《快速阅读》（1—6册）、《语法与练习》（1—4册）；同时，根据当时一部分高校的要求还编写《精读》预备级2册，《泛读》预备级2册。每一种教程都根据需要编有相应的教师用书。这一系列教材出版后，引发了很大的震动，因为此前没有一套非英语专业教材（大学英语此前一直称公共英语）有这么大的规模，并第一次提出听、说、读、写、译技能的各自要求。从某种意义上说，教材的规模甚至与英语专业教材没多少差别。难怪当时教材一出版便有不少学校大声疾呼，这一系列教材只有重点大学学生学得了，其他院校消化不了。1986年出版试用本的时候，由于时间紧，根本没有办法按常规的出版要求出版。为了赶时间，做到课前到书，只能采用打字后小胶印的办法解决，第一次仅印了6 000册。当时因改革开放不久，生产力尚未跟上，实行的仍然是计划经济，印刷力量严重不足。教材出版后，主要通过新华书店销售，但一年下来，销售业绩很糟糕，只销售了几千册。面对这样的状况，怎么办？得另辟蹊径，外教社发行部的同志们背着教材一个学校一个学校跑，挨家挨户做工作。1986年，根据教师们的要求，并在教育部高教司外语处的支持和指导下，外教社在甘肃兰州大学召开了第一次《大学英语》教学研讨会，请教材主编宣讲教材编写的理念、定位、结构、特色和如何使用等，并请有丰富经验的老教师进行示范课教学。这次研讨会产生了很好的影响和效果。此后，这一行之有效、颇受教师们欢迎、有利于提高教学质量和水平的教学研讨会，外教社坚持到今天，并在实践中不断提高和完善，为大学英语教学质量和水平的提高、教师发展、师资队伍建设作出了积极的努力和贡献。至今外教社已培训外语教师10余万人次。每年的教师培训工作列为外教社重要的日常工作，尤其是从2006年建立了外教社教育培训中心后，根据出版和教学的需要，将师资培训列为整个出版工作的一部分，作为实施出版、科研、教育互动的一个重要环节，无论是对信息的收集、教学理念的传播，还是对教材的有效使用、教师教学能力、学术水平和视野的开阔，都起到了积极的作用。

外教社始终将外语教材的编写出版视作整个出版工作十分重要的内容和组成部分，着力打造品牌，不断创新编写理念、编写原则、方法与手段，并积累了编写大型系列教材的经验和操作体系。我社出版的系列教材已成为我国大型系列外语教材的范例，被不少出版社和编写者仿效。外教社建社近30年，出版的一大批各级各类外语教材中，很多都是全国唯一的，如：从小学英语到研究生英语的一条龙教材，全国外国语小学、外国语中学英语系列教材，高校英语专业本科生系列教材，德语、法语、日语、俄语、阿拉伯语、西班牙语等本科生系列教材，英语专业研究生系列教材，全国翻译专业本科生系列教材，全国翻译专业硕士研究生系列教材等等。这些系列教材比较全面地涵盖了为达到人才培养目标和规格所需的语言知识、语言技能、文化知识和相关专业知识等诸多方面，并根据不同地区和不同院校的要求和特色，有的教材编写出版不止一种版本。大学英语教材就有：《大学英语》（第三版）系列教材、《大学英语》（全新版）系列教材、《新世纪大学英语》系列教材、《通用大学英语》、《大学英语》（创意系列）、《大学目标英语》系列教材等近20种；英语专业教材有：《新编英语教程》（修订本）、《交际英语教程》（核心课程）、《新世纪高等院校英语专业本科生系列教材》、《英语》（供师范院校英语专业用）。供高职、高专用的英语教材有：《新世纪高职高专英语系列教材》、《新标准高职高专英语系列教材》等。这些系列教材几乎全都是各个五年计划中的国家级规划教材，总数逾千册。在这些教材的策划、组织、协调和编写出版的过程中，外教社依据自身的专业背景和信息、作者资源优势，举全国外语界之力，有的新型学科还特邀海外作者参与编写，尽力实现或达到质量较高、特色鲜明、前瞻性强、体系完备等目标。策划和组织这些教材的编写出版，往往需要和迫使我们对教学文件深刻理解和解读，对社会的需求（尤其是今、明及未来，地区的和全局的需求）进行广泛的调查和分析，对师资队伍的状况以及教学方法和手段以至评估体系等进行全面的调研、考察和思考。由于前期的基础工作比较扎实，所以外教社出版的教材往往有比较长的生命周期。《大学英语》（第三版）、《新世纪大学英语》系列教材分别被教育部评为精品教材和推荐使用教材，已成为教材的市场领导者。有的教材通过不断修订，20多年仍保持着较强的竞争能力和优势，仍然占有相当可观的市场份额，经受了市场的考验和洗礼，并荣获"教育部高等学校优秀教材"特等奖、一等奖等诸多奖项，有的奖项可能是至今绝无仅有的。随着科学技术的不断进步，外教社坚持与时俱进,在全国率先开发了支撑教材发展的多媒体教学辅助光盘,使平面教材走向立体化、电子化、数字化、网络化。外教社开发的《大学英语》(修订本)精读(1—4册)多媒体教学辅助光盘获得了"教育部国家级优秀教学成果二等奖"(一等奖空缺)、"广东省优秀教学成果一等奖"的殊荣。可以说,通过教材出版,外教社开发了作者资源,组织起了一支强大的作者队伍,构建了学术信息渠道,了解和熟悉了外语教育的需求和规律,同时锻炼了编辑、出版、营销和经营管理队伍,更好地服务于学科建设,服务于人才培养,服务于我国外语教育事业的发展。

为配合外语系列教材的使用,使其真正实现或达到编写的预期,贯彻新的理念、新的方法和手段、实现教学效果、提升教学水平,外教社十分重视各类外语学习和教学参考书的开发出版,大力打造外教社读物丛书,满足从小学、中学、大学直至研究生各阶段、各层次读者对阅读材料的需求,提供形式多样、内容丰富的阅读材料,同时创新出版形式、方法和手段,经典名著、通俗文化、百科读物门类齐全,有声读物、注释读物、外汉对照等相互呼应,互为补充和促进。"外教社大学生英语文库"、"中学生英语文库"、"外教社新课标百科阅读丛书"、"英美文学名著导读详注本系列"、"外教社英语拓展阅读系列"、"外教社英美作家生平丛书"、"外教社法语分级注释读物"、"外教社德语分级注释读物"等10余套读物,颇受广大读者的认可和欢迎,取得了良好的社会反响和经济效益。

2. 学术出版与学术繁荣

大学出版社要为整个社会和高等教育的发展提供智力支持和精神动力。外教社历来重视学术著作的出版和文化积累工作,承担起外语专业出版社的职责和使命,即不但关心外语教育的普及工作,更应将着力点放在提高上,放在学术水平的提升、外语学术的繁荣上。因为全国570多家出版社几乎没有不出版外语图书的,但绝大多数出版社,尤其是各省市的教育出版社都只出版中小学的外语教材、读物和教参,或考试类的辅导读物等普及性的出版物,对外语学术出版物则少有涉及。因此出版学术性强的、读者群有限的、提升学术水平的、服务于学科建设和发展的图书应是外语专业出版社义不容辞的职责。只有当外语学科的学术成果得到及时的反映、出版、传播,促进了学科建设和学术繁荣,促进了人才的培养时,外语出版事业才有可能发展和繁荣。建社近30年来,外教社始终坚持全心致力于中国外语教育事业的发展,坚持学术出版服务于学术研究、服务于学科建设、服务于人才培养和改革开放的发展。至2007年底,外教社出版的1 300种常销图书中,学术著作逾400种,占了整个常销图书品种的近1/3,而且常销不衰,颇受外语研究者和工作者的欢迎和好评。可以说,这在全国大学出版社中是不多见的。外教社在20世纪80年代中期策划和组织编写的"现代语言学丛书"、"外国文学史研究丛书"、"美国文学译丛"给外语界留下了深刻的印象,对当时的语言学、外国文学、美国文化的研究发挥了十分重要的作用,对外语学科的建设、内涵的拓展以及研究生教育的发展都起到了很大的促进作用。有不少选题都是填补国内空白或是开创先河之作,因而先后都获得了很高的奖项。进入90年代后,外教社根据我国外语学科发展的需要,积极策划和出版了"当代语言学丛书"、"牛津应用语言学丛书"、"剑桥应用语言学丛书"、"迈向21世纪的语言学丛书"、"国外翻译研究丛书"、"外教社翻译研究丛书"、"外教社21世纪语言学新发展丛书"、"外教社当代语言学研究丛书"、"外教社认知语言学丛书"、"外语教学法丛书(英语版)"、"外教社跨文化交际研究丛书"、"剑桥文学指南丛书"、"外国文学简史丛书"、"外国现代作家研究丛书"、"中华文明书库"、"外教社博学文库"等。此外还出版了各类学术专著、论文集和学术参考书百余种。这些学术著作的出版反映了当今外语领域的最新研究成果,促进了学术交流和学术繁荣,促进了学科建设与发展,亦促进了人才培养。不少知名学者和教授都把外教社称作"教授的摇篮"。外教社策划、组织了这些学术著作的开发,参与或同作者一起探讨了撰写的方案,催化了成果的诞生。这些学术著作的出版给外教社带来了可观的社会效益,在外语界树立了良好的形象,为打造品牌奠定了很好的基础,集结了一大批优秀作者,赢得了读者良好的口碑,也为学科建设、学术繁荣作出了努力和贡献。同时亦给外教社创造了很好的经济效益:有的学术著作重印数次,销售达几万册。有一次,我社一位资深编辑在得知我们准备引进"牛津应用语言学丛书"时提出异议,认为肯定亏本。当时我说:"肯定有社会效益,而且有可观的经济效益。因为我国改革开放后许多教学理念、教学方法和手段等都借鉴这些著作的成果,这些书出版后应是外语教师必备的学习材料。"结果,这套书出版后半年内重印了5次,销售了15 000余套,效果出人意料的好。后来,上海市新闻出版局的一位领导来我社调研,也询问了我们出版学术著作的理念和风险控制等问题。我说:"出版学术著作,我们遵循了专业性、唯一性、学术性、创新性、前瞻性、积累性、填空性和规模性等原则。"听完汇报后,他说:"我理解了外教社为什么敢于出这么多的学术著作。"可以说,凡是外教社主动策划和组织编写或引进出版的学术著作几乎都有可观的社会效益和经济效益,都具有较好的文化、学术积累价值和较长的生命周期,这是我们出版社重要资产的一部分。此外,外教社还出版外语学术期刊,《外国语》、《外语界》、《中国比较文学》、《阿拉伯世界研究》、《国际观察》、《英语自学》以及《英美文学研究论丛》等在学术界和外语界亦颇有影响,大部分都成了核心期刊和中国社会科学论文索引(CSSCI)来源期刊,有力地支持和繁荣了学术研究。

3. 工具书出版与理念、手段创新

作为外语专业出版社，外教社一直重视工具书的出版，将其视作学科建设和学术繁荣的一个重要组成部分，亦作为服务于外语学科建设必不可少的内容，积极主动策划和组织专业性较强的工具书的开发，以支持学科的建设与发展。经过近10年的努力和运作及重点开发，形成了语言、专科、百科类辞书合理匹配、大中小型辞书各具特色、各语种辞书兼顾的格局。当然，在工具书出版方面，外教社并非一帆风顺，也有过挫折。由于建社之初和较长一段时间里，外教社将主要精力放在了外语教材和学术著作的出版上，对工具书的出版没有进行过战略规划，常常是作者提供什么书稿就出什么产品，没有形成长期、中期、短期的规划，对于市场的需求和容量等没有进行细致的调研和分析，以致相当一段时间里工具书的出版显得凌乱，缺乏整体布局和安排。尽管出了上百种语文和专科类的工具书，但由于缺乏针对性和市场适应性，未能收到预期的社会效益和经济效益。20世纪90年代初规划的西索汉外系列工具书近10种，由于汉语部分采用统一的版本，没有考虑到各语种的区别与特点，未作必要的增删，又加上一般汉外工具书的读者群仅是外汉工具书的1/10，出版后又未作必要的宣传推广，尽管花了不少人力、物力、财力，结果销售业绩欠佳，严重压库，造成了相当的损失。由于工具书的出版周期长，投入大，专业性强，编校要求高，出版工作者如没有受过专业训练或不具备严谨的工作态度和责任心，是很难编辑出版高质量工具书的。有的工具书可能是10年甚至20年磨一剑。20世纪90年代末开始，外教社为改变产品单一状况，提出实施"四个一百"工程的计划，其中一个就是要在几年当中出版100种工具书，力争改变工具书出版落后的状况。我们决定采取两条腿走路：一方面积极策划和组织工具书的编纂；另一方面直接从海外出版社引进高质量的、成熟的、有特色的、适合中国读者需求的工具书，以弥补市场的空缺。近10年中，外教社先后与朗文出版公司合作，引进出版了《朗文多功能分类词典》（英汉双解）、《朗文英语联想活用词典》、《朗文汉英中华文化图解词典》、《朗文英汉双解活用词典》（最新版）等特色鲜明的语言类工具书；与剑桥大学出版社合作，引进出版了《剑桥国际英语词典》、《剑桥国际英语成语词典》、《剑桥美国英语词典》、《剑桥国际英语短语动词词典》等品种；随后从牛津大学出版社引进出版了近40种百科分类词典，涵盖几十个学科和领域；接着从柯林斯出版公司引进了近20种各种语文类工具书和双语工具书；此后又从兰登书屋出版社等选择部分语文类和专业类的工具书合作出版。我们采取先引进重印出版，填补市场空缺，然后组织力量翻译、汉化，以英汉双解形式出版。有的工具书光翻译就得花三四年甚至更长的时间，但汉化后往往能取得比较好的效果，因为，一方面有出版社的知识含量投入，这些工具书更适合中国读者和市场的需要；另一

方面，版权为双方共同拥有，出版社就能较长时间拥有专有出版权，一旦双语版权转让，也能获得较好的效益。尤其在电子词典、网络词典盛行的今天，转让电子出版权有时比出版纸质辞典的效益更佳。《剑桥国际英语词典》（英汉双解）是外教社第一本转让电子版权收益良多的辞书。值得一提的是外教社与牛津大学出版社合作出版的《新牛津英语词典》的成功案例。该词典原先是上海远东出版社引进的，打算出版双语版，但该社运作了两年后，无法再运作下去，主要是缺乏可靠的高水平的翻译队伍和编辑队伍，该社社长希望外教社能接过此项目，因为如果合约到期不能出版，已支付的近百万预付款就会打水漂。鉴于该词典的质量和声望，外教社欣然同意接盘出版该词典。接过已签合同，发现该词典的重印权和衍生产品出版权都没有授让。于是，外教社同牛津大学出版社就重印权和衍生产品的出版权授让进行了谈判，并获得了上述两项出版权。当时是这么考虑的：翻译出版这么大规模的一本词典，没有三五年时间是无法完成的，其间市场是个空白，何不让单语版先填补空白？因为该词典是全球最全的、最可信赖的、最权威的英语工具书，重印出版必然会受到广大英语教师、研究人员和工作者的欢迎。此外，双语版出版后，还应根据不同的读者需求，出版不同类型和规模的辞书，以满足不同的市场需求。结果重印版出版后，很快就实现了2万册的销售业绩，并颇受广大英语教师的好评。这一期间，外教社为了维护电子版权转让的合法权益又与牛津大学出版社展开了长达两年多的艰苦谈判。谈判最艰苦的时期双方都不肯作任何让步，几乎到了快要谈崩的边缘。但我们不气馁，不放弃，顶住了压力，克服了困难。最终，外教社有理、有利、有节的谈判，使对方基本接受了外教社提出的条件，取得了双赢的谈判结果，保证了该词典的编辑出版工作顺利进行。2007年1月，经过全国百余位专家、学者、教授6年时间的翻译和编审校，《新牛津英汉双解大词典》终于问世了。为此，外教社和牛津大学出版社举行了隆重的出版新闻发布会，有关职能部门、高校教师、出版社领导、新闻媒体记者等近200人出席了新闻发布会。一夜之间，全球最大的、最可信赖的、最权威的英语工具书《新牛津英汉双解大词典》由外教社出版的信息传遍全上海，传遍全国甚至传到了海外。一年中就实现了销售2万册的业绩。此后，牛津大学出版社和外教社共同向有关电子公司授权转让电子和网络出版权，获得了相当可观的社会效益和经济效益，并对国际辞书出版产生了较大的影响。

近年来，外教社又根据我国教学科研的需要，积极引进出版国内空白但急需的、我们暂时又没有力量去组织编写的、甚至花几十年亦难以完成的项目，如《不列颠简明百科全书》为我国第一部引进的英文原版不列颠品牌百科全书。又如，近期出版的《语言与语言学百科全书》（第二版）14卷本由70多个国家近千名专家学者花了10余年时间在第一版基础上修订扩充而成，是当今世界最大、最全、最新、最权威的语言学百科全书。她的引进出版必然有利于促进我国的语言学教学与研究。数十年来，外教社对引进的工具书一贯坚持逐字逐句审读，凡发现不适合在中国出版的内容或有悖于我国现行政策的内容以及其他差错都一一与合作方协商作修改或修正，保证了引进出版物的政治质量和内容质量，颇受合作方的赞赏，亦为进一步合作奠定了良好的基础。

在引进出版工具书的同时，外教社十分重视自主开发工具书，先后出版了《新世纪英汉多功能词典》、《新世纪英语用法大词典》、《新世纪英汉国际经贸词典》、《新世纪英语新词语双解词典》、《汉英综合词典》、《外教社简明外汉—汉外系列词典》、《英语口语词典》、《英汉语言学词典》、《新世纪英英、英汉双解大词典》、《汉语熟语英译词典》、《英汉军事大词典》、《俄汉军事大词典》等，获得了良好的社会效益和经济效益，例如，新近出版的《外教社简明外汉—汉外系列词典》10余个品种，由于定位准确，质量较高，富有特色，不但国内市场销售业绩良好，而且颇受海外出版社青睐，已出版的意汉—汉意、英汉—汉英、德汉—汉德、希汉—汉希等词典均实现了版权授让，有的已分别以多种形式转让版权，效益颇佳。

为在现有基础上全力打造外教社工具书品牌，探索科学高效的编纂体系和手段，外教社积极加强与南京大学、广东外语外贸大学、厦门大学等高校合作，建立了辞书编纂研究和开发中心，建设具有中国特色的辞书语料库和网络编纂平台。三个中心各司其职，分别就"大型双语词典的编纂系统和语料库建设"、"中国学生学习词典的编纂和语料库建设"、"海外引进版权词典的编译"等开展研究和实施编纂、编译工作。我们坚信，只要坚持不懈地努力，不久的将来，外教社一定能够开发出更多更好、特色鲜明、质量上乘的语文和专业辞书，为辞书的编纂出版探索出一条新的路径。

4. 从平面出版走向立体化、电子化、数字化、网络化出版

外教社从1998年开始着手多媒体课件的开发，教育部社政司的领导不断鼓励外教社坚持多媒体课件和教学平台的开发，希望尽早获取电子出版权。当时，社里了解和熟悉多媒体课件开发的人员很少，只能边学边干。正好那年在上海召开全国高校外语多媒体课件开发的研讨会，从会上我们学到了许多东西，并了解了有哪几所高校已有这方面的研究成果和实践经验。鉴于外教社缺乏自主开发方面的专业人才，我们决定与其他高校合作研发软件。经过比较和筛选，我们认为华南理工大学是理想的合作伙伴，该校是工科院校，计算机方面人才济济，而且外语力量也很强，秦秀白、郭杰克教授都是外语界知名专家。于是，我们就将《大学英语》（修订本）作为双方的合作项目。经过3个月的努力，课件样课制作出来了。在审看样课时发现：许多功能无法实现，原因是编写软件不行。我问："用什么样的软件才能实现这些功能？"负责该项目的同志告诉我："只能从美国进口，一个软件人民币3万元。"我当时的想法是：省下3万元，结果搞出个二三流产品，还不如再追加投资，搞出个一流产品。要么不搞，要搞就搞出个一流的来。于是决定再出钱购买更好的软件。更换软件后，经过双方一年的艰苦努力，1999年底第一册多媒体教学光盘研制出来了。拿到各高校去演示，由于它的理念先进、功能齐全、语料丰富、形式多样、生动，颇受师生欢迎。结果很多高校都采用这一光盘进行多媒体辅助教学，有效地支持了教材的使用和开发，教学效果有较好的提升。此后，外教社不断听取用户反馈，不断完善产品，2002年在教育部组织的全国多媒体课件评审中，外教社的《大学英语》（修订本）多媒体课件荣获"优秀教学成果二等奖"（一等奖空缺）。此后在多媒体课件开发中，外教社积极邀请有关电脑公司参与投标，通过招投标筛选合作对象，取得了非常好的效果。

2002年起，教育部实施新一轮大学英语教学改革，在广泛调研的基础上，针对高校扩招后教学硬件、师资队伍、教学资源等出现的一些变化，颁布了《大学英语课程教学要求》，要求开展以计算机技术为基础的网络教学，以解决师资队伍缺乏、教学资源短缺的矛盾。教育部委托上海外语教育出版社、清华大学出版社、高等教育出版社和外语教学与研究出版社等研制大学英语网络教学系统，并宣布以后教育部不再推荐单一的平面教材。言外之意，以后的教材出版必须是立体化、电子化、数字化和网络化的。这对出版社的教材编写出版提出了新的、更高的要求。也就是说，以后的教材出版在策划选题的时候必须将多媒体、网络教学平台系统作整体考虑，而不能仅仅考虑纸质教材的出版。按照这一要求，外教社积极组织各方面的力量，竭尽全力投入到这一项目的开发研制中去，因为外教社背靠的上海外国语大学没有计算机院系，没有这一专业，无论在信息方面，还是在技术力量方面都无法与有这一学科的大学或有这一专业的出版社相比；但是，如何在教学理念、教学方法、手段及教学资源的整合方面，善于创新、扬长避短、充分发挥自己特色，外教社还是可以有所作为的。通过项目组的广泛调研、咨询、艰苦细致的工作，并与有开发教学软件经验的计算机公司合作，经过一年的努力，终于完成了项目的研制开发。2003年11月在教育部组织的专家评审会上，外教社的《新理念大学英语网络教学系统》受到了专家们一致的肯定和好评，以全票通过，并获准向全国各高校推荐使用。这一项目的完成和受到好评，极大地鼓舞和提升了外教社开发数字网络教学系统的士气和信心。从这一项目开始，凡新开发的大型教材项目都在选题策划时便将立体化、电子化、数字化、网络化作为教材开发不可或缺的组成部分。甚至对此前出版的大型教材项目,在准备修订时也一并提出这一要求。如此一来,大大促进和加快了外教社数字出版的发展步伐,不但使教材出版的内容形式更加丰富多彩,有力地促进了教材建设,提升了教学效果、质量和水平,也极大地锻炼了外教社的编辑队伍,提升了编辑在教材出版中的知识含量和积极作用。此后,外教社先后开发了《全国高等院校英语专业本科生系列教材》主干教材综合课程、听说课程及有关文化知识课程的助学和助教光盘,《大学英语》(第三版)、《新世纪大学英语系列教材》、《新标准高职高专系列教材》、《全国外国语学校系列教材》、《新世纪九年制义务教育英语教材》等10余种系列教材的有关课程的助学、助教光盘和网络教学平台,有的已完成,有的还在开发中。从2002年起步至今,外教社的数字出版业务取得了令人瞩目的发展业绩,形成了每年复制2 200万张光盘的规模。电子出版物销售额已达到全社销售额的20%,并且成为近几年增长最快的板块。《新理念大学英语网络教学系统》由教育部向全国高校推荐使用,我们已在这一平台上开发出多种教材的网络教学课程和资源库。口语考试系统和大学英语分级测试题库填补了该领域国内电子产品的空白,为有效地解决大规模口语测试和命题的人员力量不足、场地问题和客观评价提供了解决方案;南京大学—外教社合作开发的双语词典编纂系统,是我国首个数字化词典编纂查询系统;"世博100句"、"世博外语300句"被列入"十一五"国家重点电子出版物出版规划。

随着网络技术的发展和互联网用户的成熟,外教社坚持与时俱进,抓住机遇,适时推出了一系列网站,并按照"母网套子网"的网站群架构模式,以外教社网站为若干网站的门户网站,各个子网站依照"功能明确,定位准确,相互链接,相互补充"的原则进行搭建。经过近几年的建设和发展,该格局已初见雏形。主网站内容丰富,功能性强,各子网也日趋完善,聚集了人气。如目前已建成的"思飞小学英语网"是专注于小学英语教学和辅导的网站,为学生和教师的英语学习和教学输入提供了良好的平台。又如"外教社有声资源网"是专注于提供图书配套录音的网站,为读者提供语音资源和增值服务,读者购买图书后,通过输入验证码从网站下载音频录音,从而使图书变成"有声读物",这一有声资源网建立后深受读者欢迎。再如在建中的"外教社技术服务网站"和"外教社高等外语教育网站",也将在各自领域发挥重要的作用。从平面出版到立体化电子、数字、网络出版,为传统出版增加新的血液和动力,可以说数字、网络出版方兴未艾。

5. 版权贸易、合作出版是选题开发的有效补充

改革开放以来,我国同世界各国在政治、经济、文化、贸易、外交、教育、科技等领域的交往日益频繁和广泛,有力地促进了互相了解和理解,增进了相互之间的友谊,促进了整个世界的发展。国际社会更加协调,人类社会更为和谐,各国之间的合作日渐增多,出版业亦然。尤其是1992年加入《伯尔尼公约》和《世界版权公约》之后,我国的版权贸易陡增。进入新世纪后,版权贸易更是日趋兴旺,极大地丰富了出版内容,增强了文化、科技交流,推动了经济和社会的发展,为我国的改革开放和发展作出了积极的努力和贡献。外教社的快速发展历程,尤其是在选题开发、图书结构优化、品牌打造以及经营理念更新等方面,都与版权贸易紧密相连。经过近30年的努力,尤其是近10年的开拓进取,外教社的版权贸易得到长足发展,取得了比较好的成绩,在上海乃至全国出版界都颇有影响。目前,外教社与世界主要的教育图书出版社和出版集团,如培生教育出版集团、圣智学习出版集团(原汤姆森学习出版集团)、剑桥大学出版社、牛津大学出版社、麦克米伦出版有限公司、麦格劳—希尔教育出版集团等都保持着良好的合作关系。在版权贸易工作中,我们不断学习,不断提高对版权贸易的认识,不断提高操作能力和水平。

首先,我们将图书版权贸易视作促进不同文化背景人们沟通与交流、增强人们互相理解和尊重的重要途径。世界上200多个国家和地区的人们有着各自独有的风俗习惯、价值观念、宗教信仰和语言文字。通过图书版权贸易,我们可以将一个国家和民族的文学艺术作品介绍给另一个国家,将科技发达国家的新兴技术输入欠发达或不发达国家,有利于缩小国与国之间的差距,增进沟通与理解。这一点,我国改革开放30年的发展成果就是最好的佐证。

其次,图书版权贸易是文化交流、繁荣学术的一个重要途径。国外学术著作的引进为我国学者提供了可资借鉴的研究成果和资料。改革开放以来很多新学科的建立,科研成果的诞生,新产品的研发和成型,都与版权贸易有着十分密切的联系,例如我国的现代语言学学科建设,便是在介绍、借鉴西方语言学发展成果的基础上逐步形成自己的研究体系和特色的。外教社引进出版的数套语言学研究丛书、百科全书为这一学科的发展起到了推波助澜的作用。

第三,图书版权是自主选题开发的有效补充。出版社一方面可以依靠国内的学术力量和作者队伍,开发出合适的选题;另一方面在规划好自主开发的选题外,对于国内暂时难以开发成功的选题,或没有能力和积累做的选题,则可以到国外出版社去寻找。对于国内难于找到合适作者的选题,还可以与国外出版社联合开发、编写。版权贸易形式可以多样,但是其定位和作用只能是本社自主开发选题的有效补充,不能依赖引进,更不能沦为海外出版社的印刷厂或代理商。外教社始终坚持将版权贸易作为选题开发的有效补充,互通有无,将引进版权总数始终控制在15%左右。

第四，图书版权贸易是借鉴国外出版社的经营管理理念和经验的有效途径。版权贸易双方的合作并不随着合作图书的出版而告终。有越来越多的项目，都由合作双方共同参与产品的制作、市场的推广和市场营销活动。诸如，外方提供培训师，中方负责组织活动和安排会务；在合作编写的框架下，双方的合作则会涉及策划、挑选作者、共同讨论大纲和样稿，往往会涉及编辑、出版、营销等过程和部门。国外大的出版公司或出版集团，往往都有一套比较成熟的编辑、经营和管理的体系。与他们合作，常常可以在合作中学习他们的一些先进的理念和有效的管理方法与手段，可以帮助我们促进和提升管理效益和水平。

鉴于上述认识，外教社在版权贸易中，不断积极探索，在实践中总结了适合外教社社情的具有自己特色的操作原则和策略。例如（1）制订好选题规划，引进版权服务和服从于整体规划。产品研发和销售是出版工作中两个最重要的方面。在产品研发中，短、中、长期规划相结合尤为重要。要十分注重积累和长线产品的规划，只有能预测明天的市场者，才是强者和胜者。有了清晰的规划，在参加国际书展，与外商洽谈版权时，我们的目的性、针对性就更明确，互动性则更强，能够做到按需配置和索取。（2）准确定位：引进版权是自主选题开发的有效补充。主要考虑的项目是：①国内或本社没有的选题，属填补空白之作；②国内作者没有能力完成的选题，或者是有能力、但短期内难以完成、且要投入较大的人力、物力和财力的选题，可以先行引进；③在国外畅销的图书，同时也属于我社出版范围的，也要积极引进，外教社已引进出版的《语言与语言学百科全书》(第二版)14卷本、《不列颠简明百科全书》、"牛津应用语言学丛书"、"外教社跨文化交际丛书"、"国外翻译研究丛书"均属此类范围的选题，引进出版后，双效益显著。（3）引进图书要合乎需要和国情。一般而言，国外出版社投资开发图书时，着眼的是本国市场或整个国际市场。除双方共同开发的产品外，很少会就某一特定市场度身制作产品，而不同国家、不同地区的学习者语言环境可能迥然不同，不同学习者的学习习惯、学习动机也千差万别，因此我们在决定图书引进前，要做"功课"：看它是否适合本国读者，是否需要根据目标读者群的学习习惯和实际情况作些改编和本土化工作，从而分别确定是直接重印、加注释、翻译或改写出版。（4）引进图书一定要把好政治关，即要有较强的政治意识、大局意识、责任意识和阵地意识，守土有责。外教社牢牢把握这一基点，凡引进图书，必须逐字逐句审读，发现有悖于我国现行政策的内容，必须坚决修改，内容或表达方法的差别和语言的编校错误协商修改。双方沟通，合作顺利愉快。（5）尽可能鼓励和要求合作方参与产品宣传推广和市场营销活动。产品是第一位的，营销是关键。优质的图书也需要强有力的推广营销。除了依靠本社的营销队伍和销售网络外，我们还尽可能地鼓励老外参与推广营销活动，如共同召开新书发布会，共同举办讲座，共同策划实施产品营销等等，往往收到甚好的效果。

在策略方面我们的做法是：（1）建立稳定的战略合作伙伴，包括社与社之间的整体合作或产品板块方面的经常性的、稳定的合作关系；（2）合作伙伴中，大社与小社、综合性出版社与专业性出版社相结合，大社强社实行整体性、战略性合作，小社、特色出版社实行局部的特定产品的合作；（3）根据自己的规划和特色筛选产品，不跟风，开发有本社特色的、有个性的产品，不浮躁，坚持走自己的路；（4）大力引进成熟产品，同时要积极引进有潜在市场和成长性好的产品，发现千里马需要伯乐，发现具有潜在市场的图书需要出版人的眼光、智慧和胆识；（5）版权引进要与合作开发相结合，外教社负责市场调研，提出图书编写要求，海外出版社负责物色作者，按照要求编写样稿，经确认后，负责实施，合作开发充分发挥海外出版社的作者资源的优势和国内出版社熟悉市场的优势，可以说是版权引进的更高形式。输出版权亦应与海外出版社合作、换位，各司其职；（6）条件成熟时，要从以版权引进为主逐步向海外直接组稿过渡，大力开发海外出版资源；（7）充分发挥版权代理机构的作用，加强同他们的联系，让他们熟悉本社的出版业务范围和发展方向及重点，变单向为双向，出版社搜寻与代理机构提供信息和产品相结合；（8）要十分重视版权贸易队伍的培养和建设，懂得出版、熟悉法规、了解市场、善于交际、诚实守信、掌握外语、有开拓精神的版权贸易队伍是做好版权工作的关键。

近30年来，外教社的版权贸易大约走过了这么几个阶段。第一阶段，从建社至20世纪90年代初，主要是输出版权。原因有二：其一，当时中国未加入《伯尔尼公约》和《世界版权公约》，国外版权的使用一般相互不授权，亦不存在版权贸易，作品拿过来用了就用了，无需得到应允；其二，20世纪90年代初，也就是1992年以来，中国和外国的版权使用都须得到双方授让，必须授权，要不然就触犯法律。境外出版社（尤其是我国台湾、港澳地区和东南亚国家的出版社）发现我国改革开放后，在图书出版方面已有比较丰厚的积累，而且价格十分便宜，便纷纷向我国出版社购买版权。那一时期外教社每年要向外输出几十种图书的版权，这就形成了一段时间内大量的版权向海外输出。第二阶段，20世纪90年代中期到2004年，中国的出版社大量引进海外版权，尤其是从欧美等发达国家引进，主要是那一阶段所有的版权使用都必须得到授权，而且中国的出版业正处于一个快速发展期，这与当时中国的经济、科技、教育快速发展不无关系，于是便出现了大量引进版权的高潮。第三阶段，从2005年至今，是引进版权和输出版权互动期，中国的很多出版社一方面继续引进优质的作品，另一方面又积极转让或输出版权。这是国际交流的需要，中国要了解世界，世界也需要了解中国，任何交流必须是双向的，不然很难持久或继续发展。同时，中国政府的"中国图书对外推广计划"的实施，从导向上、政策上也起到十分有力的推动作用。版权输出的成果不断扩大，贸易逆差的情况有了很大的转变。

在版权贸易合作出版的形式上，外教社也走过了这么几个阶段。第一阶段，主要是授权影印出版，例如"牛津应用语言学丛书"、"剑桥应用语言学丛书"、"牛津英语百科分类词典系列"、"柯林斯系列工具书"、"外语教学法丛书（英语版）"及一部分读物、教参等，引进后审读完，作修改后影印出版，填补空白或应急之需。第二阶段，改编、注释、翻译后出版，如《外教社跨文化交际丛书》、《外教社人物传记丛书》、《新牛津英汉双解大词典》、《剑桥国际英语词典》（双语版）、《展望未来》、《看听说》、《新世纪大学英语视听说》等等，通过改编、加注释、翻译成双语版，注入外教社的知识和编辑含量，这样可以稳定版权的合作，又有更强的适应性。第三阶段，合作出版，共同组织编写。外教社出选题计划，提出需求和作品要求。海外出版社按要求物色作者，按中国的市场需求量身定做，如《大学英语创意系列教材》、《新课标小学英语阅读》、《外教社—朗文小学英语分级阅读》、《外教社—朗文小学英语分级听力》、《新课标百科丛书》等。这样的合作作品往往优于直接引进的产品，因为更具针对性和适应性。第四阶段，国外出版社和外教社共同策划，组织开发选题，例如《新世纪大学英语视听说》，双方各司其职，各自发挥自己的优势，中外专家联袂打造产品，取得了非常好的效果。总之，版权贸易是出版工作的一个重要组成部分，是中外出版社交流、沟通、合作的一个重要途径，是推动出版工作发展的重要方面。

四、结语

从事外语出版工作26年来，我学到了许多在课堂上和书本里学不到的东西，在实践中亦得到了锻炼和磨砺，增长了知识，提高了能力，结识了一大批外语界的著名专家、学者、教师，当然也遇到了各种困难和挫折。在上外领导的支持、关心和社会各界的帮助下，外教社克服了一个又一个困难，越过了一个又一个障碍，创造了令人瞩目的业绩，为中国外语教育事业的发展作出了积极的努力和贡献。我本人也先后获得了首届上海市出版人金奖、全国百佳出版工作者、上海市劳动模范、全国首届韬奋出版新人奖（2008年又恢复为韬奋奖）、国务院政府特殊津贴等荣誉，并入选2007年"首批全国新闻出版行业领军人才"。这些成绩的取得是对外教社工作的肯定和鼓励，在这里我要向所有支持、关心和帮助过外教社发展的社会各界人士，向上海外国语大学校、院、系各级领导以及外教社的同事们表示衷心的感谢和深深的敬意！

注释

① 这段话后来由许老自己写进了为《外国语言研究论文索引》第一辑（1949—1989）所作的序言中。

②《外国语言研究论文索引》由高校外语学刊研究会委托洛阳解放军外国语学院《教学研究》编辑部会同该院图书馆负责编辑，每5年编一辑，除第一辑外，其余各辑集中收入5年之内国内外语学刊发表文章的篇目，由上海外语教育出版社出版。

③ 我调任外教社副总编后，《外语界》编辑部主任由张逸岗同志接任，同时把在《外国语》工作14年后退休的刘犁老师返聘来《外语界》协同工作，16年来刘老师一直在《外语界》发挥余热。

* 本文于2008年12月发表于《外语教育名家谈（1978—2008）》文集中。

探索与思考

理念、策略与探索
——外语出版实务研究

- 21世纪卖的就是品牌——出版社品牌建设的若干思考
- 图书营销的现状、困境与出路
- 学术出版与学术走出去的若干问题
- 开发海外出版资源的原则和策略
- 抓住机遇、发挥优势，促进版权输出
- 版权贸易之我见
- 制订『十二五』规划应考虑什么
- 关于全国书市可持续发展的若干建议
- 信息与出版
- 策划、组织与监控
- 加快上海出版业发展的五点建议
- 图书出版业的喜与忧
- 出版工作者的良师益友

21 世纪卖的就是品牌

——出版社品牌建设的若干思考

一、品牌建设的意义

注重品牌建设,实施品牌战略,创新办社理念和思路,提升办社层次和水平,是出版社提升内涵、打造品牌、创造名牌、塑造良好企业形象的一项重要战略举措。品牌通常是指在人们心目中形成的具有较高价值和差异优势的产品(商品)或服务。出版社的品牌由各种出版物和多样化的服务构成,以提供各类优质的出版物和服务为主要功能。出版社通过提供优质出版物和优质服务满足社会各界的需要,服务于改革开放的发展,服务于人们不断增长的物质需求、文化需求和精神需求,服务于社会发展和人类的进步。

进入21世纪后,尤其是我国加入世界贸易组织后,出版界越来越意识到品牌的重要性。如果说,20世纪的竞争是卖产品的话,那么21世纪的竞争主要是卖品牌了。所谓"一流的企业出标准,二流的企业卖牌子,三流的企业卖产品,四流的企业卖劳力",也充分说明了品牌的价值和意义。随着改革开放的深入发展,中国的出版界越来越意识到实施精品战略、打造品牌的重要性和迫切性。因为,出版物(图书)是一种特殊的商品,除意识形态导向外,它另外还有特殊的一面:差异性。可以说没有一种出版物是一模一样的,它们从内容、版式、装帧到定价都不同。这就给出版物的广告宣传、营销服务、品牌打造等带来了许多困难。出版社不可能对每一种产品都花同样人力、物力、财力去做广告宣传和营销推广。有鉴于此,出版社的品牌建设就是打造出版社的牌子,无论是办社宗旨、理念、产品研发、制作、市场营销,还是经营管理,都要紧紧围绕着打造出版社的牌子进行。

良好的企业形象塑造、良好的信誉积累，对出版社的品牌战略至关重要，意义十分重大。

二、坚持正确的办社宗旨和准确定位是最重要的品牌建设

出版社只有始终坚持正确的办社方向和宗旨，坚持正确的定位，才能在建设品牌、打造名牌、创立品牌上有所作为，才能科学、健康、稳定、可持续、快速发展，才能承担起应有的社会责任，才会有良好的社会效益。良好的社会效益将产生好的社会影响和声誉。在一定的条件下良好的社会效益将会转换成相应的经济效益。社会效益、经济效益通常可以互相影响，互相促进，处理得好往往可以达到统一。只有定位准确，出版社才能在正确办社方向的指引下，发挥优势、扬长避短，做到有所为有所不为；只有定位准确，才能不动摇、不折腾、坚持不懈、扎实工作，遇到困难和挫折不畏惧，才能在某一领域有所建树，才能在建设品牌、打造品牌、创立品牌方面不断开拓进取。名牌出版社几乎都有自己十分准确的定位和鲜明的特色。无论是国内的商务印书馆、中华书局还是海外的牛津、剑桥、培生出版集团，都有自己准确的定位和独特的出版范围、结构、产品，都是经过几十年、上百年的打造，几代人或几十代人的努力才有今日的地位和品牌效应。任何的急功近利、投机取巧，都不会有好的结果。有的出版社创办了几十年，由于定位不准确，读者仍不清楚、不明确该社的标志性出版物或个性化营销服务理念；有的甚至连本社职工也不甚知晓自己社里的支柱性产品、品牌标识是什么，营销和服务理念是由哪些部分构成的。

上海外语教育出版社（以下简称"外教社"）从建社之初，便致力于中国外语教育事业的发展，全心全意服务于外语学科建设和学术繁荣，服务于教学、科研成果的反映和推广，服务于人才培养和文化建设，矢志不渝坚持自己的定位。在坚持正确导向的前提下，坚定不移地走专业化、特色化的道路，不动摇、不折腾，按照国家赋予的出版任务，坚持专业分工，始终将出版各级各类外语教材、学术著作、辞书、学术期刊、电子出版物、教学参考书作为自己义不容辞的职责和使命。经过30年的不懈奋斗，外教社已发展成为我国最大最权威的外语出版基地之一，累计出版了23个语种的图书和近7 000种电子出版物，总印数逾5亿册，销售总额逾50亿元人民币，逾600种图书和电子出版物获省部级和国家级奖项，赢得了很好的社会效益和经济效益。外教社先后荣获"先进高校出版社"、"上海市模范集体"、"良好出版社"等称号，连续数年在上海市新闻出版局组织的社会效益考核中名列前茅。近10余年的稳定、健康、快速发展，更是为外教社的品牌建设和塑造打下了坚实的基础，也使它的有形无形资产快速增值。

三、精品战略、营销和服务、科学管理是品牌建设的基础

从某种意义上说,出版社的品牌建设主要表现在其出版物,尤其是支柱性产品、标志性产品上。可以这么说,产品建设在品牌建设中排第一位;营销和优质服务是落实品牌建设的关键;而科学的管理、高效有序的运作则是实施品牌战略的保障。

1. 产品在品牌建设中排第一位

没有优质产品、支柱性产品、特色鲜明的产品,打造品牌、创立名牌是一句空话。一旦定位确定之后,就要坚持不懈地按照发展方向和目标不断开拓进取,坚定不移地做自己能做的事、应该做的事、值得做的事、做得好的事,千万不要跟风,不要眼馋,不要手痒,更不要为眼前的蝇头小利所驱使。千万不要因为有一两万册的销售数,盲目做与自己品牌建设毫无关系,甚至有损品牌的产品。10多年来外教社在产品打造方面,始终坚持高质量、特色鲜明、成规模、成体系、具有较好的前瞻性和市场适应性的原则和策略,有力地促进了品牌的建设。

(1)坚持高质量和专业水准。在产品的策划、设计和开发与制作方面,外教社始终坚持专业特色,坚持专业标准。无论是教材、学术著作、辞书、教参还是数字产品等,都力图反映该学科或领域的最新理念和最新研究成果。从选题的理念、定位到具体内容,包括政治导向、学术水平、文字质量、表述方式等诸方面,力求达到一流的水平。尤其是在作者选择方面,在可能的范围内,尽全力物色最合适的作者。作者选对了,项目往往成功了一半。出版社的编辑人员或项目负责人常常与作者一起讨论写作大纲,将出版社所了解的信息、掌握的学术动态、市场上现行的同类书的情况,甚至日后该学科的走向等与作者沟通和交流,并进行深入细致的研讨。在此基础上撰写出样稿,并广泛听取意见和建议后再作分析与调整,而后再具体实施该项目。这些步骤,可从过程和目标上保证产品的质量和水准。多年来外教社的大型系列教材,如《大学英语》、《新世纪大学英语》、《新世纪英语专业本科生系列教材》等10余套国家级规划教材;成套的学术著作,如"当代语言学丛书"、"外教社翻译研究丛书"、"外教社外国作家研究丛书"等10余套语言学、文学、教学法、跨文化交际系列丛书;大型的工具书,如《牛津英汉双解大词典》、《语言与语言学百科全书》(14卷本)、外教社"外汉·汉外"系列辞书等几十种;成规模的教参、前瞻性的数字出版物,如新理念大学英语网络教学系统等等:都达到了比较高的质量和水平,受到了读者的欢迎并得到很好的市场反响。对出版社来说,一种产品

就是一个形象代言人，一本书就是一个牌子，一个封面就是一张广告。

（2）准确定位，特色鲜明。产品的市场和服务对象定位与出版社办社的定位紧密相关。出版社的定位指引并指导产品的定位，决定着产品的开发和品牌的打造；反之，产品的准确定位又烘托出出版社的定位，支持并稳固出版社的定位。当然，无论是出版社的定位还是产品的定位都离不开自己所承担的职责和使命，都紧紧围绕市场和社会的需求以及所追求的价值和目标。有比较明确的产品定位并且能坚定不移地持之以恒，才能在品牌建设上有所作为，形成特色。凡做得比较成功的企业，其产品都有比较鲜明的个性和特色，有其独到之处。消费者和用户往往将公司牌子和产品紧密联系在一起。可以说产品的品牌效应和公司的牌子常常是相互依存、相互促进的。

外教社自建社以来一直将出版能满足高等外语教育所需的各级各类教材、学术著作、辞书、教学参考书、电子出版物作为品牌建设的重要内容和产品，如：大学英语数套系列教材，英语专业数套系列教材，日、德、法、俄、西、韩、意等10余个语种的专业系列教材；"现代语言学丛书"、"外国文学史丛书"、"美国文化丛书"、"国外翻译研究丛书"、"外教社翻译研究丛书"、"外教社跨文化交际研究丛书"、"外教社外语教学法研究丛书"、"牛津文学指南"、"牛津应用语言学丛书"等学术著作；外汉、汉外及各语种的语言学习辞书、专业辞书，如《英汉多功能词典》、《牛津英汉双解大词典》、《英语用法大词典》、《外教社外汉·汉外系列词典》、《汉俄大词典》等。这些产品大都是在经过大量的调查、研究、需求分析和科学论证的基础上，针对特定的群体和读者层次度身定做的，特点鲜明，广受读者欢迎和好评，满足了外语教学、学科建设和学术繁荣的需要。也因此在读者的心目中树立了外教社的良好形象，确立了品牌地位，有力地促进了外教社的品牌建设。

（3）成规模、成体系的规划和开发。产品设计、开发和打造能否达到比较好的效果，是否有一个符合科学发展观要求的规划至关重要。图书出版、产品开发、品牌塑造都应有近、中、长期规划和目标，一旦方向明确、目标确定，就要坚定不移、坚持不懈地为之奋斗。即使遇到一些困难和挫折也不能动摇。产品的开发就如同建造大楼或耕种土地一样，规划完善后，就有计划、有目的地一幢一幢建造，或一片片、一块块耕种，要避免无序开发。成块或成片开发，逐渐形成规模和体系，就能比较好地满足市场的需要，同时可形成规模效应，增强竞争能力。这道理如同一根筷子和一捆筷子。单个产品，势单力薄，往往难有较强的号召力和影响力，即使产品很有特色、品质优异，也可能马上被竞争对手的成规模开发打压或挤出市场，所存的市场空间也被竞争对手占领。

科学规划、成规模的开发，不仅可以科学、合理、有效地开发和使用出版资源，同时也能较好地配置人力、物力和财力及市场等各种资源。一块块、一片片、成规模地开发也有利于产生较大的群体效应和市场冲击力，较容易满足市场的需求，更好地服务于读者。坚持成块成片开发，能在某一领域或板块形成自己的体系，甚至形成具有良好的社会效益和经济效益的产业链。外教社10多年来坚持在开发某一领域的图书时，尽可能成规模设计和打造，取得了良好的社会效益和经济效益，也有益于品牌的建设和打造，形成了较强的市场影响力和号召力。

（4）较好的前瞻性。产品开发和打造是否有较好的前瞻性与品牌建设息息相关。支柱性、标志性产品的生命力和生命周期直接影响品牌建设。只有具有较强生命力和较长生命周期的产品才能有效地支持和促进品牌建设。那些昙花一现的图书或产品很难让读者留下深刻的记忆，也很难在市场立足。产品开发或打造要有较强的市场前瞻性，也就是说，开发的产品不但要满足今天的市场需求，也要能预测将来的市场变化和需求，所以要探索和研究潜在的市场。有些出版者往往十分关注现在市场的需求，但对未来市场的需求变化关注不够，以致一旦有一种图书或产品畅销，就一哄而起，你争我夺，将市场搞得一片混乱。结果产生劣币驱逐良币的现象，常常将原创者打得七零八落，颗粒无收。久而久之形成了一种非常不好的风气，谁都不愿意花力气去创新，导致整个出版业创新能力不足。每年出版新书20万余种，2008年年出新书已达27万余种，可真正有社会效益和经济效益，能够多次重印，有五六年甚至更长生命力和生命周期的图书又有多少呢！这不能不说是个悲哀，又怎么谈得上建设品牌、创立名牌呢！长期以来，外教社坚持自己的专、精、特的发展方向，具有前瞻性地探索和研究未来我国外语教育的发展方向、学科建设的特点、人才培养的需求、社会变化的趋势，结合自己的职责和使命，开发和打造了一大批具有强劲生命力、较长生命周期的各级各类出版物。有的教材出版20多年，经过不断修订完善，经久不衰，每年仍然有上亿的销售码洋；有的学术著作出版20多年，每年仍然重印；有的已成为这一领域标志性产品，甚至成为某一类产品的标准。这些具有前瞻性的产品，都是外教社花费多年时间精心打造而成的。

（5）较好的市场适应性。凡品牌产品都具有较好、较强的市场适应性，也就是说，不但能满足市场的需要，而且能在某种程度上引领或引导市场。只有能满足和引导市场的产品才能产生良好的市场效应、良好的市场影响力和号召力。要开发和打造出这样的产品，出版者必须了解市场、熟悉市场、掌握市场的变化，甚至能了解和观察市场的走向。这样才能使所策划、设计、开发和打造的产品有较强的市场适应性。外教社在开发产品的过程中，始终坚持凡开发的产品必须有明确的市场定位，坚决杜绝模糊的概念，一定得搞清楚为何设计、给谁用、何时用、怎么用，尽可能避免模糊、笼统的"广大读者"的字眼。

2. 营销和服务是落实品牌建设的关键

有了优质的产品，能否使其创造应有的社会效益和经济效益，营销和服务是关键。好的产品的诞生，仅仅完成了品牌建设的第一步。广告宣传、营销推广是品牌建设中接力跑的关键一棒，甚至需比产品打造付出更多的辛劳和汗水。

（1）首先要打造一支高素质的营销队伍。能否搞好营销，人才是关键。从某种意义上说，有什么样的营销队伍，便有什么样的营销方案；有什么样的营销方案，便有什么样的市场前景。近10年来，外教社十分注重营销队伍的建设，花大力气打造一支高素质的，能征善战，吃苦耐劳，具有进取心和开拓精神，掌握专业又有较强策划、组织和协调能力，善于应对市场变化的营销队伍，从而为市场营销和开拓，保证产品能实现应有的市场影响力、号召力和占有份额，以及品牌建设中的营销和服务奠定了基础。

（2）营销人员必须喜欢书、懂书。营销人员要熟悉和了解图书产品，首先要喜欢书，对书有兴趣、有感情。这样，营销人员才能将营销推广精神文化产品作为一项非常有意义的工作，才能保持旺盛的工作热情和开拓进取精神。

（3）营销人员要发扬风沙精神和蚂蟥精神。所谓风沙精神，就是要无孔不入。也就是说，要善于观察和捕捉市场信息和机遇，寻找和发现商机，一旦捕捉到，就应全面覆盖并力求市场份额最大化。所谓蚂蟥精神，就是要坚韧不拔、不放弃，直至取得成果。要具备这两种精神，营销推广人员必须吃苦耐劳，不畏挫折和失败，而且要能忍受委屈和误解，要有良好的心理素质。

（4）要努力做好每一项营销推广活动。要将优质图书产品投向市场，被广大读者所接受，就要改变"酒香不怕巷子深"的观念。针对产品定位、读者群，有效地开展贴近读者、贴近教学科研、贴近市场的营销推广活动。针对销售渠道的产品推介活动，要让销售渠道的代理商了解产品的服务对象、特点及品性等；针对读者尤其是教师的产品营销，就要推广教学理念、教学目标、教学方法和手段等，以帮助教师搞清楚教学目标、教学对象、教什么、怎么教等问题；针对大众读者的营销活动，就要让读者了解产品的内容、特性、意义等。要有效地架起产品通向读者的桥梁。每一项成功的营销活动都是一种架桥工程，是品牌建设无形资产的叠加，不断让读者在心中加深对产品的印象和对出版社的深刻了解。

（5）要全心全意为读者做好服务。无论是产品开发，还是营销推广，都必须始终将读者的需要放在首位。出版社的每一个营销活动，每一场研讨会、座谈会或新闻发布会、展销会、阅读竞赛、教学大赛，都是出版社品牌建设的重要形式。从某种意义上说，每一项活动都是出版社的形象代言，甚至出版社每一个员工的言行都是品牌宣传广告。

3. 高效有序的管理是品牌建设的保障

出版社的每一项工作，都必须有科学的符合现实需要的规章制度来保障。也就是说要有与此相适应的体制和机制保证各项工作高效有序地运行，保证绝大多数人有较旺盛的工作热情和较高的积极性。10余年来，外教社根据自己的特点和现实需要，不断探索和实践高效有序的运行和管理模式。

（1）实施专业化运作，整体策划、整体运作。全国有许多家出版社出版外语图书，要在如此激烈的竞争中生存和发展，所面临的挑战和困难可想而知。外教社作为高校的外语专业出版社，坚持走专、精、特的道路，充分发挥专业出版社的优势和特色，尤其是发挥学科优势、学术优势、人才优势和专业特色，做深、做精整个学科和专业，深入各个分支和领域，充分发挥所具有的优势与特长，建设好品牌，打造好名牌。那种游击战式的运作方法，很难取得整体性效果和效益。若是出版社初创时期，为充分发挥各位编辑人员的积极性和创造性，采取各自为战的方法，让其充分发挥潜能，可能会起到一定的积极作用；但达到一定规模后，则不能再搞游击战了，必须有自己的根据地，得逐渐向运动战、阵地战迈进。要充分发挥整体的专业优势，每进军一个领域、一个板块，就要产生整体效应和效益，取得市场的一定份额和认可度。近10年来，外教社始终坚持编辑、出版、营销、管理专业化分工，充分发挥专业人才、专业团队的优势，策划、编辑、出版、营销、推广和管理都要求达到专业化水准，非在此岗位上的人很难企及。这样整个团队才有较强的竞争力。

（2）创造和谐的企业文化和工作环境。积极倡导和谐的人际关系，无论是编辑与作者交流、交往，还是营销人员与读者、用户沟通，销售人员与销售渠道接触和交往，外教社都将员工的言行视作出版社的形象，事关出版社的名誉和声望。做好了，产生积极的正面效应，为品牌建设添砖加瓦；做坏了，产生负面效应，则有损于出版社的形象和品牌建设。

（3）科学、公正的考核机制。和谐社会的前提是民主、正义、公正，社会主义的核心价值体系是以人为本。科学、先进、合理、公正的机制应该能充分调动人的积极性和创造性，尽可能保障人的潜能的释放和发挥，最大可能地解放生产力，让全体员工全身心投入出版社的各项事业的进步和发展，也为品牌建设奠定良好的基础。

四、结语

品牌建设、名牌打造，离不开产品尤其是支柱性、标志性产品在市场上的影响力和号召力及占有的市场份额。营销、推广、服务、管理的理念和行为不但推动和保障品牌建设，而且直接参与和影响品牌建设。不仅经营和管理的重大决策影响和直接关系品牌建设，每一项学术研讨、营销推广活动，甚至每一位员工的言行都与品牌建设息息相关。可以这么说，出版社的品牌建设是由出版社的每一项任务、每一项工作、每一个活动、每一个员工的行为构成和塑造的。建设好品牌就是要做好出版社的每一项工作，脚踏实地完成好每一项任务。

*本文发表于《编辑学刊》2009年第六期，标题略有改动。

图书营销的现状、困境与出路

大规模的转企改制完成后，出版社由原来的事业单位转变成企业，在实行企业化管理的同时，追求社会效益和经济效益的有机统一。这一转变无疑对出版单位提出了新的更高的经营要求，压力之大不难想象。尤其是在传统出版业不景气、数字出版又找不到合适的商业营运模式的状况下，图书出版前景堪忧。本文就图书营销的现状、困境与出路作一些探讨，试图找到一个有效的解决方案。

一、产品问题

对一个企业或出版单位而言，产品是第一位的。若无优质产品，无论营销还是管理，都无从谈起，更谈不上有双效益。然而当今的图书产品问题多多，其主要表现在以下几个方面。

1. 量多质次

据有关媒体报道：我国已成为世界出版大国，图书出版就品种而言名列世界前茅，每年出版图书品种已达32万余种之多，并且上升势头不减。然而这32万余种图书当中又有多少是有较好的文化积累价值的呢？又有多少是有较长生命周期的呢？司空见惯的是，相当一部分产品是一锤子买卖，往往是出得快死得快，更谈不上有多少社会效益和经济效益。这种只求数量不求质量、滥用出版资源的现象，是目前我国出版界的一大顽疾。

2. 重形式轻内容

当今出版业，炫技现象严重，脱离内容，过度包装，追求形式怪异，结果导致成本急剧上涨，而市场并不认可，库存陡增，退货加速增量。据称有的出版社的库存已大于其年度的销售册数和码洋。

3. 定位摇摆不定，缺乏个性

有不少出版社和编辑在开发选题时，往往过度关注现实市场的图书表现。一旦发现畅销品种，便一哄而上，快速跟进，组织策划相类似的图书品种。殊不知：A社能畅销的，B社未必能畅销；今日畅销的品种，明日未必畅销；在A地受欢迎的品种，在B地未必受欢迎。一个缺乏定力的出版社，是很难在激烈的竞争中取得主动权的。

4. 产品开发与品牌建设脱节

一个出版单位的社会知名度和市场号召力，往往是产品和品牌效应的叠加。产品反映了品牌出版社的社会责任，又促进和培育出版社品牌；而品牌又是出版社产品营销、管理、服务等诸方面的集中体现。两者密切相关，相互影响，相互促进。而今日有一些出版单位却缺乏品牌意识，只顾眼前利益，没有战略眼光。

以上种种，说明对整体市场还缺乏准确的判断与把握。一般来说，今日市场的各种产品的表现比较容易掌握，而今后市场的走向和发展趋势、市场的需求往往难以判断和把握。显性的事物一般能看得比较清楚，要能看清隐性的事物就比较困难，更何况市场在变化。要了解和把握未来的市场需求和发展趋势，就必须做大量的调查研究，将有关的信息尽可能搜索完整，在此基础上进行科学理性的分析，才能对产品在未来市场中的需求适应性作出准确的判断。然而，就目前的状况而言，愿意这么花力气打造产品的出版单位还不多。

二、营销问题

即使有了过硬的产品、叫得响的品牌，若无有效的营销方案、政策和措施，恐仍难有理想的市场表现和业绩。"酒香不怕巷子深"已很难在今日市场袭用。就企业而言，生产、营销、管理，产品生产是第一位的，营销是关键，管理是保障。营销工作做得如何，直接关系到企业的生存与发展。没有一流的营销，产品到不了消费者手中，无法接受用户的检验。营销工作做好了，往往就会将市场对产品的反响、要求等信息传导和反馈回来，使企业不断提升完善产品的品质，不断开发和打造出能满足市场需要、引领市场的产品，使企业始终充满活力和强劲的竞争能力。然而诸多出版单位的领导，尤其是那些历史较久的出版单位的领导，往往比较关注和重视产品的研发，而对营销工作关注、重视和投入不够。目前，图书市场营销中主要有以下几个问题。

1. 销售渠道制约出版社的发展

长期以来，我国出版物的销售主要是通过各级各类新华书店、外文书店、大学书店及民营书店等实现的。计划经济时期，出版社负责产品的研发，新华书店等包销。计划经济向市场经济转型时，新华书店已不再实行总经销，而改为出版社向各级各类书城、批销中心、书店等供货。如此，尽管出版社有了一些经营的主动权，但是各类销售渠道或网点的体制、机制、销售能力、管理水平，以及职工的市场意识、服务意识，工作的主动性、积极性等都从不同程度上制约了出版社产品的销售。何况，书店基本上不做营销，有些有配送中心的省市，更是信息滞后，供货、补货都不及时。从某种意义上说，出版社的发展在很大程度上已受制于销售渠道。

2. 实体书店萎缩

近几年，随着城市化进程的加快，城市改造的推进，不少图书销售网点不是外迁就是关闭，或由于配售中心资源重新配置等原因，网点收缩或撤并，致使图书销售网点减少。在某一地区或某一学校校区书店林立的现象已成明日黄花。据有关部门统计，近几年全国已关闭各类书店上万家。仅上海每年实体书店关门或歇业的就有30家左右。

3. 地方壁垒、市场封锁似有加剧

进入21世纪以来，各地纷纷组建出版集团。不少省市或中央国家级的出版集团为做大规模，将与出版有关的实体或产业都并入其门下，将原来独立建制的新华书店、外文书店，划为集团的一个下属企业。于是有的集团便向发行集团下达销售本版图书的任务或指标，导致省外的书进不去。有的甚至规定，同类的品种必须销售本版书，这样就阻碍了文化交流。这种只顾眼前利益的"举措"，最终将不利于文化的发展。

4. 中盘疲软，渠道杂乱

建立中盘或配售中心，目的是使图书销售的信息更便捷，服务更到位，资源配置更优化。然而，数年运作下来，似乎离原设计的效果和目标相去甚远。中盘与下属销售网

点的信息沟通不畅，尤其是对下属各网点服务对象的需求不甚了解，未掌握季节性动销波动，再加上机制不科学、不合理，中盘无论是配送还是补货，很难做到适销对路，反馈更不能准确、及时。

5. 图书定价混乱

定价是图书营销的关键环节，也是图书出版经营管理中很重要的一个组成部分。长期以来，我国出版界一直沿用印张定价机制（其中适当考虑制作的程序和复杂程度），这种定价机制的最大弊端是图书价格难以清晰反映图书的内容价值和市场需求，忽视了内容创造和编辑创造性劳动的价值，结果成了单纯地卖纸张。媒体和读者的普遍看法是"图书太贵"，而出版社和书店的声音是"图书太便宜"。当前价格虚高、偏离价值、定价混乱、价格混战的现象亦是屡见不鲜。高定价，低折扣，1 200元的一套书卖120元，2万元的百科全书卖2 000元。这种一折甩卖并称仍有利润的做法，极大地损坏了出版业的声誉，损害了读者对图书业的信任感。

6. 行业规范缺失，管理无能

经销包退，随意操作，进货无依据，退货无条件，拖欠货款不商量，坏账随便讲；产品的刻意模仿、跟风、抄袭，加剧了出版单位之间的恶性竞争；尤其是对盗版侵权行为似乎难以遏制，行业规范的约束力更是形同虚设。出版业要健康发展，政府的监管必须加强，行业自律和约束力必须强化。不然，健康发展仅是一句空话。

7. 物流落后，服务缺失，成本陡增

图书物流系统的优劣、快慢及服务的好坏直接关系到出版社的社会效益和经济效益，直接关系到出版社的社会形象。目前普遍的问题是，物流覆盖率低，送达不及时，服务不到位、不细致，以及粗放型操作，能源价格、劳动力成本不断上涨导致物流成本上扬，这些已成为出版社发展的瓶颈。

这几年书店、网店的退货绝对数量陡增，退回的书相当部分无法再发出去，20%—30%的退货率，已是司空见惯，浪费惊人。出版社库存积压严重。

三、对策与出路

面对出版业的激烈竞争、新兴媒体的强劲挑战、世界金融危机产生的种种负面效应，

作为有社会责任感的出版人，应该充分利用转企改制的难得机遇，为出版社的健康发展作出积极的努力。笔者以为可从以下几方面寻找出路。

1. 全力打造定位准确的标志性、支柱性产品

每个出版社都有这样的产品，有的是创建时国家有关部门划定的，有的是在日后的发展和不断调整完善中形成的。这样的产品多多益善。所谓定位准确，就是产品要能满足市场需要、引领市场发展、合乎本社出版范围和品牌建设的需要。所谓标志性，就是所研发的产品，能够不断擦亮本社牌子，能成为品牌或名牌，能够提升出版社品牌声誉。所谓支柱性，就是能够支撑出版社未来发展的产品线或产品群，它们能成为出版社大厦强有力的支撑，也就是说要举全社之力，研发和打造质量一流、特色鲜明、前瞻性强、满足市场需求的图书。无论是传统媒体，还是新兴媒体，优质的内容始终是第一位的。

2. 充分重视和认识营销的地位和重要性，全力抓好营销工作

出版质量上乘，有前瞻性、有较好市场适应性的图书，仅仅迈出了创造双效益的第一步。营销推广是整个出版经营中关键性的一环，在产品研发、市场营销、经营管理这三者中扮演着至关重要的角色，是企业产生利润的关键，是获取市场信息、检验产品效应的重要渠道，也是完善产品和研发新产品的主要信息来源之一。有效的宣传推广、营销，售前售后优质的服务无不展示着出版社的良好企业形象，处处呈现出出版社强烈的社会责任感。据此，正确认识营销的作用、充分重视营销推广、全力抓好每一项营销工作，对于促进和提升出版社各项工作尤其重要。没有营销推广，便无所谓发行。

3. 要尽可能掌握全面准确的信息

首先，要了解和掌握本社产品的信息。对本社产品的结构、规模、服务对象和针对性、市场的适应性等要做到心中有数。了解和熟悉整个产品中，年销售码洋超亿元、数千万元、几百万元、几十万元和数万元各个层次的板块和产品模块，尤其对各板块的年销售册数要十分清楚。其次，要了解和掌握市场需求信息——市场在某一具体领域的容量、潜在市场的发展前景、需求变化的预测等，同时了解和掌握销售网点的布局——各省市大书城、新华书店和民营书店、校园书店等的信息和销售状况；特别要关注新型的和有发展潜力的销售形式和网点，如网络书店、大型超市中的图书销售等。第三，要十分关注市场上同类产品的销售信息——产品的规模、产品的特色、产品的优缺点、产品的营销策略和营销手段等。第四，要及时了解和掌握用户的有关信息，如用户对产品的使用情况、

用户对产品的满意度、用户对产品的建议和意见、用户对产品消费的潜力、用户对产品的忠诚度等。这些信息掌握得越全面，市场推广和产品开发就越能运作自如。第五，要尽可能全面了解和掌握各类渠道的销售信息，按层次、地域分类做好信息收集和分析工作，如大型书城、新华书店、外文书店系统的各级各类书店、超市、校园书店、订货会，尤其是近几年出现的馆配采购方式等等。努力将各网点的销售信息、产品动销情况收集完备，并在此基础上，加强筛选和分析。

4. 要花大力气打造一支能征善战的高素质的营销队伍

做任何事情，人的因素第一。要做好图书营销工作，就要有一支责任心强、业务熟悉、有沟通交际能力的高素质队伍。有了这样一支队伍，没有营销方案就会制订营销方案；没有市场，便会打下一片市场。有什么样的队伍就有什么样的营销方案、营销策略、营销机制，就会有什么样的市场表现和市场业绩。一切的一切，关键在人，在队伍。

5. 要制订针对性强的有效的营销方案

有不少出版单位，不管出版什么产品，品种多少，规模多大，常常沿袭以往经验批发给相关的书店或网点，结果往往不太理想。每一种图书都是针对某一个领域、某一个市场群体而设计出版的。产品出版后，也应该根据原确定的读者群体，根据他们的社会层次、认知特点、接触的媒体、活动的范围等策划相应的营销方案。这就如同军事战役一样，要有的放矢。所谓"凡事预则立，不预则废"，说的即是此理。

6. 要善于充分利用品牌和强势产品带动和促进销售

任何一家出版单位，经过若干年或更长时间的积累和发展，都会有自己独特的长处或优势。作产品宣传推广或营销时，必须充分考虑到产品和品牌优势，相互促进、相互拉动、相互影响。通过强势产品增强出版社品牌在读者中的认可度；而出版社品牌的影响力和号召力，又能推动、影响和促进产品的销售

7. 要充分发挥团队力量，攻坚克难

出版社的图书销售经理，或业务员往往按地区分配任务，分工明确，职责清晰，可以做到各司其职。这样做优点是责任明确，任务落实到人；但是，弊端亦是十分明显的。首先，这样的营销运作多数情况下是单打独斗，市场信息、判断、行为单一，容易导致信息缺失、判断失误；其二，一旦遇到困难或难题，往往势单力薄,缺乏解决的办法和措施；

其三，难于承担和运作大型的宣传、推广、营销活动。推广营销力度有限，影响力和号召力有限。在当今的市场背景下，更应该发挥团队的力量、集体的智慧，将个人负责和团队运作有机地结合起来。要发挥"风沙精神"无孔不入，"蚂蟥精神"咬住不放，运作到位，这样才能取得优异的成果。

8. 努力开辟与新兴媒体的合作

传统图书销售网点，除新华书店网络系统、外文书店网点、大学校园书店外，又诞生了大量的民营书店或网点。据不完全统计，全国有实体书店16万个，它们仍然是图书发行业的主力军；但是近年来，实体书店普遍生存困难，也有不少书店纷纷退出市场。因此，除了继续与传统图书销售网点合作外，有必要，也必须探索与新兴媒体的合作，共同研发产品，共同开发市场。尤其是要积极探索与网络书店的合作，或建立自己有专业特色的网络销售平台，以取得有益的经验或成果，并不断向前推进，作为传统销售的补充。

9. 科学、有效地配置产品资源，防止资源无序、过度开发和浪费

2010年全国共出版图书32.8万种，较2009年增长8.8%，其中新版图书18.9万种，较2009年增长12.8%，重版重印图书13.9万种，较2009年增长4.5%。新书快速增长，且越出越多，有人戏称现在出版是"穷人经济"，即要靠不断增加新品种的数量来维持原有的销售码洋。成本越来越高，而产出则越来越差。这里有一个资源如何有效、合理配置的问题。产品多了而营销力量不足是很多出版社共同遇到的难题。要解决这一问题，就必须科学、客观地评估自己的营销力量、资源等，将产品开发与营销力量、资源作科学配置，这样才能使产品的研发达到预期的效益。此外，可以考虑将有些游离在板块或模块外的产品与有专人在做宣传、推广和营销的强势产品有机捆绑在一起。相对集中地开发和使用资源，能产生较好的市场效应和效益。

结语

综上所述，新闻出版业的转企改制，为图书出版业的健康、稳定、可持续发展，在体制上理清了关系，在机制等方面奠定了科学发展的基础和保障。当然，随着经济全球化、政治多极化、科技一体化、信息网络化、文化多元化的发展，图书出版业同样面临着诸多的挑战与困难。图书出版工作者唯有以科学发展观为指引，勇敢地直面困难与挑战，承担起出版人的责任，认认真真策划编辑出版好每一个图书项目，踏踏实实做好每

一项宣传、推广工作，才能让中国出版的航船，驶入一个更广阔的天地。

参考文献

［1］郑爽.互联网吞噬传统书店：中国上万家民营书店倒闭［N］.第一财经时报，2011-7-26.

［2］新闻出版总署出版产业发展司.2010年新闻出版产业分析报告（摘要）［R］.中国新闻出版报，2011-7-22.

［3］阎晓宏.实体书店总量略有增加，总署会积极扶持［N］.中国新闻出版报，2011-7-12.

［4］庄智象.制订"十二五规划"应考虑什么［J］.编辑学刊，2010（6）：12—15.

［5］庄智象.二十一世纪卖的就是品牌——出版社品牌建设的若干思考［J］.编辑学刊，2009（6）：10—6.

［6］庄智象.坚持特色、打造品牌［J］.编辑学刊，2003（5）：44—49.

★本文发表于《编辑学刊》2011年第六期。

学术出版与学术走出去的若干问题

在中央文化体制改革和文化大发展、大繁荣的方针指引下,全国近600家出版单位通过转企改制,进一步理顺了出版体制,激活了机制,调动了广大从业人员的积极性与创造性,有效地解放了生产力。科学研究事业快速发展,文化建设事业硕果累累,新闻出版事业繁荣兴旺。记录、传承、传播空前活跃,图书出版品种总量屡创新高,出版形态日趋多样化,传播手段和渠道精彩纷呈。学术出版日益受到重视,成为新闻出版业的一个重要组成部分,正逐渐成为一个重要产业。我国科技人员每年发表的科研论文总数已居世界第二位,成绩卓越,令人鼓舞,催人奋进,前程似锦。同时,中国学术出版走出去、走向世界的进程也得到极大促进,同世界各国学术界的交流与合作也得到加强,并在交流与合作中提高了中国学术出版的水平,取得了令世人瞩目的成绩。然而,在出版业繁荣、兴旺的背后,也隐藏着一些值得警惕和担忧的问题。

一、图书出版数量与质量的问题

据2013年7月9日国家新闻出版广电总局公布的《2012年新闻出版产业分析报告》显示:2012年中国图书出版总量已经达到41.4万种,约占全世界当年出版的200余万种图书的1/5,全球每5本书中,有一本是中国出版的,总量已居世界第一位,超过了美、英、俄三国当年的图书出版品种的总和。这41.4万种图书中,不乏名目繁多、花样百出、各种各样的教辅图书,不乏跟风出版、同质化、质量不高的图书,还有出版社将书号"协作"、"合作"给非国有出版工作室和文化公司的图书。"这些非国有出版工作室和文化公司所出图书的80%以上仍然是教辅"。①当然,还有不少得到各种资助出版的学术著作等等。然而真正有文化、科技、学术含量的图书又有多少呢？又有多少学术著作承载着先进或一流的科技和文化建设成果呢？又有多少学术著作可以走出去，走向世界与同行进行交流与合作呢？上海师范大学学报编辑部的孙珏发现："在中国期刊网上，大部分发表在学报上的论文，甚至几年都没有一次点击率和下载率，高投入低产出，如此惊人的资源浪费造就大量学术垃圾。"[2]图书中学术著作的被引用率和影响因子又如何呢？虽然没有具体的统计和分析数据，但情况亦是不容乐观的，被引用率和影响因子恐怕也是较落后的。真正领先的成果不多，真正值得记录、传承、传播的科研和文化建设的成果亦是数量有限。

导致图书出版品种数量大增、质量下滑的主要原因有几点。首先，科技、文化、教育投入加大。近几年，我国党和政府日益重视科技文化和教育工作，不断加大资金投入。国家自然科学基金2013年度财政拨款170亿元，2013年度总资助计划额度约238.47亿元。国家社会科学基金2012年资助金额12亿元，"十二五"末将达到20亿元，其中15%—20%左右的资金进入出版领域。国家出版基金2012年资助金额3亿元，"十二五"末将达到10亿元，其资助对象大部分是学术出版。[3]各种基金、资助项目的启动和支持，催化和造就了一大批科研成果、文化建设和出版项目，促进了科技的进步、文化的繁荣、出版的发展，更推动了创新驱动、转型发展的进程，同时，也为图书出版，尤其是学术出版提供了丰富的资源。大量的学术著作问世，繁荣了学术出版，但其中难免鱼龙混杂，跟风、同质出版的品种亦不在少数。其次，书号控制放松，各种非国有工作室、文化公司积极性大增。由于近几年书号控制不像以往那么严格，国家一级出版社不控制书号，二级出版社基本不控制，其余出版社只要申请，都能得到满足，一改以往按编辑和编辑力量限定书号的规则。如此一来，极大地刺激了出版社多出书、快出书的积极性，某种程度上放松了对选题的审查和数量控制，降低了出书的要求和门槛，将一些按以往标准出不了的图书，全放了出来，导致这几年图书出版品种每年陡增。再加上出版社与非国有图书工作室、文化公司协作或合作出版的图书数量剧增，更起到了推波助澜的作用。有相当数量的出版社以各种名目和形式将书号转让出去，有的甚至将出让书号当作主业来经营，导致出版规模、出版数量每年大幅度增加。这也是近几年图书出版数量大增，质量每况愈下的重要原因之一。就目前全国出版社的编辑力量，若按三审三校严格执行，根本承担不了这么大数量的出版任务。第三，高校、科研院（所）考核评估体系使然。几乎所有高校、科研院（所）对教师和科研人员都有一套考核评估体系。其中规定，除了要完成所承担的教学任务外，教师都要承担一定的科研任务，承接各种科研项目，并要求发表若干篇学术论文，或出版学术专著。于是大大刺激了学术成果的问世，有不少学校还专门设立了学术专著出版资助基金，用于资助学术著作的出版。其中有的成果和项目含金量不高，按常规恐达不到出版标准，但由于有出版资助，每本可资助2万元、3万元不等，不少出版社就降低了出版的门槛。有的出版社还成立相关的编辑室，专门处理此类资助出版的成果和学术著作。一时学术著作出版乱象丛生、鱼龙混杂、良莠不齐，数量大增、质量下滑也就不足为怪了。这也导致有的高校评职晋级不再看重学术专著的出版，而是看发表在CSSCI学术期刊上的论文。我们的学术出版在国内声誉不佳、没有一流的科研成果的含金量、没有一流的文化建设成果，有的学术著作连学术规范都达不到，有的甚至是学术垃圾。没有一流的科研成果、没有学术规范的作品，甚至连国内的同行都不屑一顾的作品，又怎么会有学术声誉呢？没有名牌的产品，学术出版怎么走出去，怎么走向世界呢？

二、需求调查与需求分析问题

中国学术走出去、走向世界，归根结底就是中国文化走出去，是话语权的伸张，是软实力的提升。④要弄清楚，走向谁？走向哪里？用什么走出去？以哪种方式和形式走出去？通过哪种渠道走出去？等等。这些都是学术走出去、走向世界的前提。这需要我们搞清楚学术走出去的受众群体的特点，今日市场的需求与特点，未来市场的发展、变化与特点，整体市场与个别市场的需求与特点。只有将市场需求调查清楚了，才能作出分析和判断，才能有针对性地去开展工作。同时，还应该对我们现有的资源心中有数。例如，我们有哪些内容，有什么样的作、译者群体，有哪些媒介，有哪些营销渠道等。调查与分析做好了，我们就能作出准确的判断和抉择。用什么样的内容去满足受众、去引导受众，既要满足市场的需要，又要引领市场的发展。尤其是在中国文化和学术走出去这个问题上，既要弄清楚别人要什么，因地制宜、有的放矢，又不能一味地迎合，甚至全盘西化。⑤更不能以偏概全，甚至以某些落后、腐朽的，猎奇、低俗的东西去博得境外读者的眼球。要防止产生某些负面影响和后果，这方面我们是有教训的。我们不能一味地去迎合西方读者的口味，对我们要走出去的内容，也应该有所选择，用什么内容去满足读者和市场需求，以什么形态去传播，以何种方式去表达、去影响、去感染，都值得我们斟酌。

我们不但要通过需求调查和分析去满足海外市场，更应该注意积极引导读者和市场。然而，我们以往无论是在中国图书推广计划的实施过程中，还是在中国文化、中国学术走出去、走向世界的进程中，通常都将已出版的图书，包括学术著作等，直接翻译成目标群体国的文字，这样往往起不到很好的效果。因为这些已出版的作品，在选题设计时，主要是针对中国本土市场的，没有考虑到海外市场读者的需求与特点，尤其是没有充分考虑到海外读者的知识背景、认知的过程与特点。而英美国家的出版社，尤其是那些跨国出版集团，将市场需求调查和分析做得非常细致，市场细分非常到位，定位非常准确：针对本土市场的，针对国际市场的，在设计产品时就将目标市场定位清楚，有时就是针对国别市场的也将需求和特点弄得清清楚楚。这就是为什么英美国家的文化产品很容易进入国际市场的原因。这与产品的设计者、开发者做了充分的市场调查和分析不无关系，也是很值得我国出版工作者好好学习和借鉴的。

三、度身制作与直接翻译问题

中国图书海外推广计划实施以来，我国出版界和学术界以各种方式翻译出版了一大批作品。有的出版社直接将作品翻译成目标读者群的语言，向海外推广。有的与海外出版社合作，将产品翻译成所需的文字，由双方合作出版，在海外推广、营销。

尽管我国政府和出版界十分努力，翻译出版了不少作品，取得了一定的成效，产生了一定的影响，但总体上效果不甚理想，产生的影响也不如预期。究其原因有二。其一，我们在选择作品进行翻译时，没有对受众群体做过充分的市场调研与分析。不知道人家需要什么，不了解他们对于中国文化和学术的认知基础、认知过程与特点。所选择的产品往往是根据中国读者和市场需求设计和制作的，现在仅仅以另一种语言呈现。就像一件衣服是按东方人的身材裁制的，现在仅换一种面料让西方人去穿，恐怕很难合身，因为不是度身制作的，其效果不佳也就不难理解了。其二，翻译很难，汉译外更难。2013年8月29日的《光明日报》刊载了该报记者李苑的一篇题为《认真阅读与艰难的翻译》的文章，叙述了著名作家张炜的作品在与加拿大皇家科林斯出版集团有限公司合伙人Eric签约时，Eric和他的搭档的手都在发抖。因为张炜曾说过："美文不可译。"这让Eric深感重任在肩。如果只是简单地把张炜作品的美感用英文表达出来，那是对他作品的亵渎[⑥]，因为要将一个作品翻译好，需要跨越太多语言与文化的障碍。张炜认为："到目前为止，文学翻译仍然是一个大问题。翻译就是把你的语言艺术转化为另一种语言艺术，比想象的难多了。具备这样的创造性，又深谙文学语言的翻译家，我认为全世界范围不超过200人。"[⑦]汉译外，较之外译汉更难。外译汉，因为汉语是母语，只要能准确理解原文，通常汉语表达正确把握要大一些；而汉译外，就难多了，无论是英语、法语、德语还是俄语，毕竟不是母语，有的译文往往似是而非，意思表达不准确，或过于模糊，过于简单，不符合人家的表达习惯或不符合话语体系。真要将翻译做好，解决文化、学术走出去的问题，就要有像《平凡的世界》这样的经典作品。由于翻译问题，三年五载不能"成行"，出版人就应该有"板凳要坐十年冷"的决心，让经典体面地、有尊严地走出国门。[8]有些重要的作品、经典的作品应该由中国的翻译家和海外的汉学家携手合作，成效会更显著。当然，如果版权转让后由海外出版社自己寻找译者会更好。我们在购买海外出版社的版权时，从来没有要求人家将作品译为汉语，因为在中国出版，我们也不会满意他们的译文的。其间，道理是一样的。

我们在选定一批作品通过翻译走出去、走向世界时，最好对这些作品进行必要的梳理整合，甚至以改写或重写的方式，选择合适的内容、适当的表达顺序和方式、易为双方接受的方式，讲好中国的故事，传递好中国的声音。

四、科研成果和学术出版的关系问题

"学术出版是本国学人与世界学人的对话，是推动世界学术交流的桥梁与纽带。学术出版是一个国家思想创新、科技创新、文化传承的最直接的体现，学术出版的实力和水准是一个国家经济与文化发展水平的重要标志，集中反映了一个国家的文化软实力和文化影响力。"[9]做好学术出版工作，加快我国学术出版走出去、走向世界具有十分重要的意义。出版工作的任务是记录、传承、传播。学术出版来源于科学，来源于科学的发展和进步，来源于科学研究成果的诞生，来源于文化建设的成果，来源于人类的创新能力。从某种意义上说，学术出版是以科研成果和重大文化建设工程为基础的，有一流的学术出版必定有一流的科研和文化建设成果，但有一流的科研、文化建设成果，未必有一流的学术出版。如果学术出版人不去发现、不去组织、不去催化、不努力开拓、不作为，恐亦难有一流的学术出版成果。

要让中国学术出版走出去、走向世界，学术出版人除了要有文化人的担当和文化人的头脑外，还应勇敢地承担起国家的使命和出版人的职责，既要开拓创新，勇往直前，又要对走出去的文化、学术产品多一份严谨，进行必要的筛选，不能一股脑儿往外端。应该针对不同的读者群，有选择地满足其需求并作必要的引导。更不能不顾一切地去迎合某种需求。一种学术图书可能是一个学人的思考或研究成果，但也可能被放大成一个群体的观点，或被解释成一个国家的思潮。选择什么样的学术成果走出去是一项十分严肃、高要求的工作，要将代表中国学术主流的成果向外推介。只有将先进的、一流的科研文化成果不失时机地推介出去，才能架起与世界学人沟通的桥梁，才能进行有效的交流与合作，促进中国学术的健康发展，塑造中国学术出版人的形象和奠定中国学术的地位。中国学术走出去、走向世界，最终仍然是为了服务于实现中华民族伟大复兴的中国梦。

科研成果的诞生往往和学术出版密不可分，因为学术出版是以成果诞生为前提的，没有高水平的成果，学术出版亦成了无源之水，无本之木。而且并不是所有的学术成果、科研成果都必须出版的。有些十分尖端的科研和学术成果、核心技术的产生往往是花费了巨大的人力、物力和财力，穷几十年的功夫才获得的，在其申请并获得专利之前，应该有一个冷冻或保密期，不能为了走出去而走出去，而将科技情报不经意地抖搂出去，将巨大利益付之东流。曾有媒体披露：我们有的创造发明，尖端核心技术问世后，西方国家原本出高价购买，我们有的新闻报道和学术期刊，不加筛选，全面报道，结果，泄露了核心技术的秘方。这样的教训不可谓少。

中国学术出版走出去，走向世界，目的是通过交流合作不断提升我国的科研和学术水平，更好地服务于我国的经济、社会、文化、教育和科技的发展，而并不是为了走出去而急于走出去。

五、版权转让与合作出版的问题

出版走出去，通常采取的是版权转让或版权合作的方式。通常我们要将作品翻译成目标语后，才能实施版权转让。而我们从海外引进版权时，从没要求人家将作品翻译成汉语，而是获得授权后，由我们自己组织或物色译者来完成作品的翻译，即使有的作品已有汉译本，我们通常仍须重新审校，因为我们发现汉译本往往有很多地方不通顺或表达不确切、不符合现代汉语或当前我们所使用的话语体系。外教社曾经与我国台湾省的一家出版社合作出版一本英汉双解词典，获得授权后，我们对整部词典重新进行了审订。其中很多术语、词语、句式，与内地所流行或使用的不同，有的甚至差别较大。为满足内地读者的需要，只得从头至尾重新修订、审校一遍。海外出版社出版的非汉语母语者的翻译作品这类问题就更多了。

可想而知，中国出版社将作品翻译成外文后，再将版权转让给海外出版社，为何会市场表现不佳。其一，作品翻译质量难以保证。如前所述，汉译外，准确理解不难，而准确表达甚难，外语非母语者往往功力不够。我们很多经典和重要的作品的翻译，往往有一支由中外翻译家合作组成的队伍来承担，不然很难达到尽善尽美的境地。其二，原作不是为海外读者度身制作的，而是为满足国内的读者需要设计的。无论是内容、叙述顺序、表达方式、知识背景、语言体系，都是针对国内读者的需要和喜好所设计的。直接翻译，需求不同，很难有好的市场效果。汉语图书直接出口，真正能用汉语阅读学术著作的群体非常小，也很难产生效果和影响。

笔者从事出版工作30余年，与国外很多出版社都有交往和合作，以为按目前的出版状况，比较有效的方式是与海外出版社合作出版。由海外出版社做市场需求调研、分析，了解市场需求，确定所需主题、所需内容、出版形态、出版方式，等等。再与中国出版社共同策划、组织选题、制作详细的撰写方案或编写方式。有选择地提供相关内容，满足西方市场的需要，并注意引导读者，引领市场的发展。产品出版以后，应借助合作方的销售渠道、市场号召力和影响力，将产品推广和营销出去。若有条件的话，可以与合作方共同建立专门的编辑、营销机构，专门从事中国学术出版。中国图书在海外的出版工作实施专业化运作，可能会有更好的效果和效益。反观海外的很多产品进入中国市场，起始阶段无不与中国的品牌或名牌公司合作，尤其是借助了中国公司的销售渠道，获得效益和成功的。我们不妨试一下，借力行之。

结语

我国的学术出版和学术走出去经过几十年的努力，尤其是近10年的不懈奋斗，取得了令人瞩目的可喜成绩，有效地促进了学术交流、学术繁荣和学术出版水平的提高，积极推动了学术走出去的进程，为我国的改革开放、经济和社会各项事业的发展和进步做出了积极的贡献，增强了我国参与国际事务、国际合作、国际交流和国际竞争的能力。然而，面对新的形势、新的任务和新的要求，无论是学术交流、学术繁荣、学术出版，还是学术规范的建立与遵守、学术声誉的提升、学术品牌的打造乃至学术走出国门、走向世界，都必须加强与国际学术出版界的沟通与交流，从而更好地服务于我国学术研究水平的提高，优秀学术成果的创造，这一切任重而道远。

注释

① 杨牧之.37万种与专业分工［N］.中国新闻出版报，2013-7-15.
② 孙珏.学报编辑的"固守"与"转型"［J］.编辑学刊，2013（5）：25.
③ 邬书林.打牢中华民族伟大复兴的知识根基［N］.文汇报，2013-8-16.
④⑤ 陈佳冉.中国出版走出去要有头脑和抱负［N］.光明日报，2013-9-3.
⑥⑦⑧ 李苑.认真的阅读与艰难的翻译［N］.光明日报，2013-8-29.
⑨ 邬书林.打牢中华民族伟大复兴的知识根基［N］.文汇报，2013-8-16.

★本文发表于《编辑学刊》2014年第一期。

开发海外出版资源的原则和策略

改革开放以来,我国各行各业与国外同行的交往、合作日渐增多,出版业亦然。尤其是1992年加入《伯尔尼公约》和《世界版权保护公约》后,我国版权贸易陡增。据国家版权局统计,从1999年至2000年,我国与海外的图书版权贸易数量超过30 900种,其中引进25 700余种,输出5 100余种。[①]2000年至今,我国图书版权贸易更是日趋兴旺,极大地丰富了出版内容,增强了科技文化的交流,推动了经济和社会的发展,为中国的改革开放和发展作出了贡献。

上海外语教育出版社(简称"外教社")的发展历程,尤其在选题的开发、结构的优化、品牌的打造及经营理念的更新等方面,都与版权贸易紧密相连。在社领导和具体从业人员的共同努力下,外教社的版权贸易工作取得了较好的成绩,在上海乃至全国出版界都有一定的影响。目前外教社与世界主要的外语教育图书出版社或出版集团,如培生教育出版集团、剑桥大学出版社、牛津大学出版社、麦克米伦出版有限公司、汤姆森学习出版集团、麦格劳—希尔出版公司等都保持着良好的合作关系。在此,我们谨结合我社的版权贸易工作实践,谈一些粗浅的认识,以求教于专家与同行。

一、图书版权贸易工作的必要性和重要性

1. 图书版权贸易是促进不同文化背景人们的沟通和交流,增强人们相互理解和尊重的重要途径。世界上200多个国家和地区的人们有着自己独有的风俗习惯、价值观念、宗教信仰和语言文字。通过图书版权贸易,我们可以将一个国家和民族的文学艺术作品介绍给另一国家,将科技发达国家的新兴技术输入欠发达或不发达国家,这样有利于缩

小国与国之间的差距,加深沟通和理解。

2. 图书版权贸易是文化交流、繁荣学术的一个重要途径。国外学术著作的引进为我国学者提供了可资借鉴的研究成果和资料。改革开放以来的很多新型学科的建立、科研成果的诞生、新产品的研发和成型,都与版权贸易有着十分密切的联系。例如我国的语言学学科建设,便是在介绍、借鉴西方语言学发展成果的基础上,逐步形成自己的研究体系和特色的。

3. 图书版权贸易是自主选题开发的有效补充。出版社一方面可以依靠国内的学术力量和作者队伍,开发出合适的选题;另一方面在确定好本社选题规划的前提下,对于国内暂时难以开发成功的选题,可以从国外出版社已有产品中寻找引进;对于国内难以找到合适作者的选题,还可以与国外出版社联合开发、编写。版权贸易的形式可以多样,但是其定位只能是本社自主开发选题的有效补充,不能依赖引进。

4. 图书版权贸易是借鉴国外出版社经营管理理念和经验的有效途径。图书版权贸易中,双方的合作并不随合作图书的出版而告结束。有越来越多的合作双方,共同参与图书的市场推广和营销活动:外方可提供培训师,中方则负责安排活动和组织会务。在合作编写的框架下,双方的合作则会涉及编辑、出版、营销等过程和部门。国外大的出版公司和出版集团都有一套比较成熟的编辑、经营和管理体制,与他们的合作,可以帮助我们提高和改进本社的经营管理工作。

二、图书版权贸易工作的基本原则

在图书版权贸易工作中,我们不能盲目地实行拿来主义,要有自己明智的判断和坚定的原则。

1. 制订好选题规划,引进版权服从和服务于整体规划。产品研发和销售是出版工作中两个最重要的方面。在产品研发中,短期规划和中、长期规划相结合尤为重要。要注重积累和长远产品的规划,只有能预测明天的市场者,才是强者和胜者。选题有了规划,在参加国际书展时,在与国外出版商洽谈时,我们的目的性、针对性就很清晰,主动性更强,能够做到按需配置和索取。

2. 正确定位:版权引进是出版社自主开发选题的有效补充。出版行业属于意识形态领域,有着十分重要的导向作用。外教社在引进国外图书时,一般要考虑以下几点:(1)国内或本社内没有的选题,属于填补空白之作;(2)国内作者有能力完成的选题,但是短期内难以完成,而且要投入较大的人力、物力和财力,据此可以先行引进,同时自主开发，以引进带动开发；（3）在国外畅销的图书，同时也属我社出版范围的，也要积极引进，20世纪90年代外教社在国内率先引进了"牛津应用语言学系列丛书"，当时就是了解了国内学术研究的迫切需要以及图书市场空白这两个方面，因此该系列图书引进后，双效显著。

3. 引进图书要合乎需要和国情。一般而言，国外出版社投资开发图书时，着眼的是本国的市场乃至整个国际市场，除双方共同开发的产品外，很少会专为某一特定市场度身制作产品。而不同国家、不同地区的学习者的语言环境可能迥然相异，不同学习者的学习习惯、学习动机也千差万别，因此我们在决定图书引进之前，要做些细致而深入的研究和评估，看它是否适合本国读者，是否需要根据目标读者群的学习习惯和实际情况作些改编和本土化工作。以一本英语辞典的引进为例，根据目标读者群，我们可以决定是直接影印，或是翻译出版。本土化的目的是为了让产品更适合本国读者需要，同时也带来另一好处——通过在产品中注入本社的知识产权，形成中外双方共同拥有产品版权的现实。

4. 引进图书要把好政治关、内容关和质量关。由于社会制度、价值观念、文化、历史、传统等诸多因素的影响，不同国家的人民对同一事件的看法不尽一致，有时这种不一致还根深蒂固。作为人民群众精神食粮的生产者，我们要时刻保持警觉，要有较强的政治意识、大局意识、责任意识和阵地意识。

5. 尽可能鼓励和要求合作方参与产品宣传推广和市场营销活动。图书出版了并不意味着双方合作项目的完成，它只代表图书生产（包括编辑印制）阶段的结束，而随后的市场营销对图书的销售至关重要。面对竞争日益激烈的图书市场，优质的图书也需要强有力的营销。除了依靠自己的营销队伍和销售网络外，我们还要尽可能地鼓励国外合作方参与推广营销活动，如共同召开新书发布会，共同举办讲座，共同策划产品营销，等等。

三、图书版权贸易工作的基本策略

图书版权贸易需要有原则、有计划、有目的地开展。方向决定以后，如何实施有效操作往往显得十分重要，细节决定成败。外教社一般遵循以下基本做法。

1. 建立稳定的战略合作伙伴关系。要在激烈的市场竞争中让自己的产品脱颖而出，外教社除了依靠自身力量，不断提高产品质量和打造图书品牌外，还积极走出去，与国际知名的教育出版公司和出版社建立稳定的战略合作伙伴关系，实现强强联合，目前已与十几家国外出版社有经常性的、稳定的合作关系。这种合作，既可以是全方位的、整个外语教育类产品的全面战略合作，也可以是局部的、某一领域图书产品的部分合作，目的都是为了最大限度地发挥各自优势，向读者奉献高质量的图书，提升合作双方在读者心中的地位，为塑造一流的出版品牌服务。

2. 挑选合作伙伴时，要大社与小社、综合出版社与专业出版社相结合。大社、强社实行整体性、战略性合作；小社、特色出版社实行局部的、特定产品的合作。外教社的合作伙伴，既有国际一流的知名出版集团和出版社，也有一些规模不大、出书品种不多、专业性很强的出版社。我社出版的29本国内第一套原版引进的"国外翻译研究丛书"中有近1/3是从一家出版社引进的，而该出版社仅出版或者代销翻译理论类图书，年出书品种也不过10来种。这些规模很小的专业出版社能够生存下来，本身说明它有固定的读者群，与它们开展合作可以满足国内该部分特定读者的需求。

3. 根据自己的特色筛选产品，切勿跟风。近几年来，国内出版业跟风出版的现象十分严重，这是一种浮躁和缺乏创新的表现。如果各出版社根据自己的特点开发出有个性的产品，图书市场就会千姿百态，丰富多彩，能更好满足不同读者群的需要。

4. 要引进成熟产品，同时也要引进有潜在市场和成长性好的产品。版权引进犹如股票买卖，我们既要引进国外已经畅销的绩优股图书，同时也要注重发掘有市场潜力的蓝筹股图书。发现千里马需要伯乐，发现具有潜在市场的图书需要出版人的眼光、智慧和经验。

5. 版权引进要和合作开发相结合。合作开发是指合作双方从选题一开始就共同参与、投入，专为某一特定市场某一特定读者群量身定做。国内出版社负责市场调查，提出图书编写要求；国外出版社负责组织作者，按照要求编写样稿。样稿出来后，交由国内出版社听取读者反馈意见，然后再根据反馈意见修改样稿，如此反复，直到最后定稿。通过这种方式编写出来的图书，比原版引进的图书适应性、针对性更强，也更受读者欢迎。合作开发充分发挥了国外出版社的作者资源优势和国内出版社熟悉市场的优势，可以说是版权引进的更高形式。

6. 条件成熟时，要从以版权引进为主逐步向海外直接组稿过渡。国际知名出版社或出版集团的一个优势就是它的作者来自全世界。由于受到语言文字的限制，我国以出版中文图书为主的出版社作者群主要还是来自国内，但是外语类出版社可以在这方面有所作为，打破地域限制，邀请海内外的专家写书、编书。外教社三四年以前就开始作了尝试，不仅邀请国外作者撰写单一品种的图书，而且有的项目直接向海外作者征稿，把选题会议开到了国外。这些作者当中既有旅居海外的华裔，也有外国学者。随着经验的积累和选题的增多，我们将在海外组稿方面迈出更大的步伐。

7. 充分发挥版权代理机构的作用。目前我国活跃着许多政府主办、私营和外资性质的版权代理机构，他们中聚集着许多熟悉图书出版的优秀人才，如果熟悉国内版权代理机构网络，无疑对出版社的图书引进工作具有极大的帮助，可以少走弯路，事半功倍。所以，除了直接谈判外，我们要重视加强同版权代理机构的联系，让它们熟悉本社的业务范围甚至发展方向，为本社寻找合适图书。

8. 要重视培养本社的版权工作人员队伍。一支高素质的版权队伍在一定程度上能左右出版社的版权工作成效和局面。一名优秀的版权经理，首先应该熟悉出版业务，了解出版的各个环节；其次，应该了解相关的法律法规；第三，应该了解图书市场，不仅能对国内图书市场如数家珍，还应熟悉国外出版社的出版范围；第四，善于交际，待人坦诚，诚实守信；最后，应该懂至少一门外语，了解其他国家的风俗习惯和礼仪文化。

四、当前图书版权贸易工作面临的问题及出路

目前我国各出版社都非常重视图书版权贸易，但总体而言，我国图书版权贸易还存在一些亟待解决的问题。

1. 版权贸易失衡，逆差过大。根据国家版权局的有关统计，1996年以前，引进与输出之比在4∶1之内，1996年以后，引进与输出之比维持在10∶1的状态。[①]图书版权贸易出现逆差，在一个国家特定的发展历史过程中，是很正常的现象，但10∶1的比例是否过大了？这其中有经济、科技、语言文字等诸多方面的因素，与出版人和政府是否重视输出也是有关的，个中原因值得每一个出版人深思，并为改变这一现状而努力奋斗。在政策扶持方面，为推动中国图书"走出去"，鼓励中华文化更好地走向世界，国务院新闻办公室和新闻出版总署联合推出了"中国图书对外推广计划"，以资助翻译费的形式，鼓励各国出版机构翻译出版中国的图书。相信随着这一计划的实施，以及通过全国出版业同仁的共同努力，越来越多的中国图书会走向海外，进入英美主流市场。最近上海文艺出版总社的"话说中国系列丛书"以及长江文艺出版社的《狼图腾》图书版权分别授予了美国《读者文摘》有限公司和英国企鹅集团，就是两个成功的案例。

2. 国内出版社之间竞争加剧，有时还出现相互抬价、相互拆台的恶性局面。国内出版人版权意识的增强，客观上造成了国内出版社之间——尤其是出版范围雷同的出版社之间，争夺国外出版社图书的局面。这种竞争，不仅显现在各种书展现场，也隐现在版权谈判的具体过程中。不是所有的境外出版社都会遵守行业惯例或者职业规范——只在给予优先选择权的出版社放弃选择后才与新的出版社洽谈，有的国外出版社在洽谈一本

图书版权时，有可能会同时与两三家对该图书感兴趣的国内出版社接洽，并用这家的条件去压另外一家或者两家。我社就曾遇到过。在这种局面中，最终获益的只是境外出版社。

3. 无视自身特点，盲目跟风。如前所述，近几年在国内出版界跟风出版的现象十分严重。其实一家出版社很畅销的图书，换了另外一家出版社来操作，并不一定能够畅销，这与出版社的专业化程度、策划力量、编辑水平、销售网络、营销力度等都密切相关。出版社只有找准定位，建立起自己的作者队伍、销售网络和读者群，才能创出特色，在自己的领域做专做强，做精做深。

4. 境外出版社版权合作条件越来越苛刻，要价越来越高。也许是觉察到了我国出版社之间版权上的相互竞争，近来国外出版社提出的合作条件有越来越高、越来越苛刻的趋势。这不但体现在版税率和首印数的要求不断提高，预付款不按惯例计算，而且近一两年来还出现了一些新变化，值得我们关注。一些国外出版社提出的MAR、MSG或MG要求就是其中之一。MAR（minimum annual royalty）即"年度最低版税"，MSG（minimum sales guarantee）意为"最低销售保证"，而MG（minimum guarantee）根据上下文既可指"最低版税保证"，也可指"最低销售保证"。仔细分析三者，其实它们都是或从版税额、或从图书销量方面对被授权方提出了一个最低保证要求。根据这一模式，如果年终版税额或图书年终销量没有达到最低保证，则按MAR或MSG、MG支付；如果超过的话，则被授权方除了支付规定的MAR、MSG或者MG外，还需要支付超出的部分。很显然，这种新模式让授权方的利益得到了充分保障，而所有的风险都由被授权方承担。这显然有悖于互惠互利、风险共担的贸易原则。

我国图书版权贸易目前面临的问题还很多，有些问题并不是凭一家之力能够解决的，而要集合全国出版社的整体力量。为此，我们给出以下建议。

1. 建立一个全国性的版权贸易行业组织，传递信息、规范行为和协调关系。这个组织可以由全国各出版社的版权经理和分管社领导构成，一方面可以在组织内部沟通一些与版权活动相关的信息和业界动态，另一方面可以协调各成员之间的贸易行为，避免相互恶性竞争。对外，该组织可以代表中国出版界，与国外同行加强沟通和交流，促进人员往来。在遇到对我国出版社不公正的版权现象时，可以代表中国出版界与境外出版社交涉谈判。在英国和美国，都有出版者行业协会，如英国的The Publishers Association，美国的AAP（the Association of American Publishers）。我国出版工作者协会，可以单独下设一负责版权贸易事务的机构，或者是另外成立一个全国性的版权贸易行业组织。

2. 在国外设立机构，专门负责版权贸易相关工作，其中包括版权引进和版权输出等。此项工作可以由政府推动，也可以由行业组织实施；可以是一家所设，也可以代表整个行业或国家，或按专业设立相关机构。通过这类机构，加强与所在国家或地区出版社的版权联系。这种方法最有效，沟通也最直接，无论是信息反馈，还是直接谈判，都有助于版权贸易的开展和发展。

图书版权贸易工作千头万绪，新情况、新问题不断涌现，需要我们去面对。只要我们能把握正确的版权贸易原则，在具体的版权谈判时注意一些策略和技巧，相信图书版权贸易工作能很好地服务于出版社的自主选题开发和整体工作。每一个出版社的图书版权贸易工作做好了，不仅有引进，而且有输出，整个出版行业也会更加兴旺繁荣。让我们的图书出版更好地为有中国特色的社会主义现代化建设服务，为广大人民群众服务。

注释

① 辛广伟.1990—2000：十年来中国图书版权贸易状况分析(1)[J].出版经济,2001(1)：9—11

★本文发表于《编辑学刊》2006年第二期，

作者：庄智象、刘华初。

抓住机遇、发挥优势，促进版权输出

人类跨入21世纪后，世界各国之间的政治、经济、外交、贸易、文化、教育、军事等各个领域的交流和交往日益频繁，极大地增进了各国人民之间的相互了解和理解，促进了国与国之间的合作，增进了人民之间的友谊。我国成功加入世界贸易组织，北京申办奥运会成功，上海申办世博会如愿以偿；2006年我国进出口贸易大幅度攀升，达到1.76万亿美元，GDP总量达到20.94万亿元人民币，超过英国，名列世界第四，人均收入达到1 750美元，提前达到小康目标；科技水平不断提高，载人航天飞船的成功发射和回收，高新技术的快速发展，缩小了与世界先进国家的差距。改革开放近30年，尤其是近10年来，我国经济、科技、文化、贸易、教育和社会各项事业的快速发展，取得了令人瞩目的成绩。中国的和平崛起和大力构建和谐社会更是令世界关注。中国的发展离不开世界，中国的更好更大发展需要我们更全面地了解世界，融入世界的发展潮流；世界的发展也需要中国，了解中国，走近中国。与中国的交流、交往，关注中国的政治、经济、科技、文化、教育和社会各项事业的发展和进程，已成为一股潮流，不可逆转。中国巨大的市场和发展潜力更是吸引着世界各国、各行各业以各种形式加强同中国的合作，以谋取更大更好的发展机遇，谋取更多的利益。

面对这样的发展态势与机遇，我国出版界尤其是大学出版社如何承担起责任，让世界更好地了解中国，如何让中国文化走向世界，如何在实施中国图书对外推广计划中有所作为，如何有针对性地、创造性地开拓海外图书市场，如何为扭转版权贸易的巨大逆差作出积极的努力和贡献，这些都值得认真思考。10多年来我国图书版权贸易一直处于1∶10左右的大逆差局面，即使有一些图书版权输出，也主要是输出到我国的台湾、香港，或是东南亚等华人文化国家或地区，输出到欧美市场的则少得可怜。当然，最近几年，由于中央政府有关部门的重视并出台相关政策，积极推动中国文化走向世界，全力推动和促进"中国图书对外推广计划"，全国500多家出版社充分发挥主动性和创造性，开拓进取，图书版权贸易逆差有所改变，但客观地说仍没有根本的好转或改变，仍须作更大的努力并制订好战略计划，经过数年，甚至数十年的不懈努力和奋斗，才能改变逆差或出现顺差。

上海外语教育出版社（下称"外教社"）作为我国最大的外语图书出版基地之一，建社以来一直全心致力于中国外语教育事业的发展，为提高我国外语教育和研究水平，促进外语学科的发展，繁荣学术，反映和推广科研成果，普及外语教育作出了积极的努力和贡献。建社以来，外教社出版了大量的各级各类外语教材、学术著作、工具书、读物、教学参考书、学术期刊、电子出版物等，为我国的改革开放，中外文化、学术交流等作出了努力和贡献。在此期间，外教社充分发挥自身的优势和特点，积极开展版权贸易活动，以自己独特的学术眼光和市场判断力，引进和输出了相当数量的各语种的教材、学术著作、工具书、读物等，促进了文化交流，丰富了出版内容，获得了很好的社会效益和经济效益。在版权贸易活动中外教社始终坚持图书版权贸易是选题开发的有效补充，绝不将出版社的生存和发展依赖于图书版权的引进，始终将图书版权引进的比例控制在图书选题的10%到20%之间，防止将出版社办成境外出版社的印刷厂或代理机构。外教社根据出版社的发展规划，有计划、有目的、有比例地积极而有节奏地引进国外优秀图书，同时积极努力策划和组织面向海外市场的图书。外教社图书版权贸易大致走过了以下几个阶段。

第一阶段

建社初期（1979年建社）到20世纪80年代末。当时中国还没有加入世界版权公约组织，出版社可以未经许可影印、翻译或出版境外出版社的图书。由于那一阶段中国改革开放刚刚起步，国门刚开启，我国的对外开放需要一大批外语人才，全国高等外语院校和高校中的外语院系所培养的外语人才满足不了当时旺盛的社会需求，于是各级各类外语学校、培训班如雨后春笋般层出不穷，各显神通。面对这么多的学校，这么大的需求，外教社针对社会和市场需求，也利用了上述"引进便利"，及时从境外的出版物中选择了一批外语教材、读物，影印出版，满足了当时外语教学的需要，缓解了教材缺乏的矛盾。通过影印教材出版，引进了先进的外语教学理念、方法和手段，开阔了中国外语教师和教材编写者的视野，为我国新一代外语教材的编写奠定了基础。

第二阶段

20世纪90年代头5年，我国出版社经过改革开放后10多年的创业和发展，已策划和积累了相当一部分的出版资源，其中一部分优秀选题已打下了加快发展的基础。这5年中，外教社有几十种图书版权向境外输出，主要是教材、学术著作和工具书。但是此期间的输出地区主要是我国台湾、香港地区，因为从90年代初开始，两岸三地交流交往日益频繁，台湾的很多出版商从大陆购买了相当数量的版权和书稿。他们发现，大陆的出版资源丰富，版权使用费便宜，远比在台湾、香港组稿划得来，且文化、语言相同。因此可以说，那时我们的版权输出主要是大陆和台湾之间的版权贸易。

第三阶段

20世纪90年代中期至今，引进版权和输出并重，逐渐加大输出版权，重视开发开拓海外市场。90年代中期，我国出版业可以说是处在一个上升和繁荣期，改革开放的深入发展，经济、文化、社会各项事业的进步与发展，人民对精神文化生活的需求不断提升，对图书出版提出了新的要求。为适应和满足这一需求，我国出版界除了积极策划和组织选题外，还大力开发海外出版资源，通过各种渠道，加强同海外出版社的合作，引进了大量版权，满足了文化、教育、科技等各方面的发展需要。在此期间，外教社与许多世界著名出版集团、出版公司、出版社，合作、引进出版了相当数量的优秀外语教材、高水平的学术著作、高质量有特色的辞书、读物、教学参考书等。有的支撑了新学科的发展、新专业的开设；有的填补了学术领域研究材料的空白，反映了国际学术界最新研究成果；有的满足了学习者的各种阅读需求，丰富了出版资源，促进了外语学科发展和学术繁荣，为外语学科的发展和普及外语教育作出了积极的努力和贡献。

进入21世纪后，我国同海外的图书版权贸易不断扩大和增长，但是，引进和输出的巨大逆差没有根本改变。为此，国家有关部门对此十分重视，中宣部、国务院新闻办、新闻出版总署都从战略高度制订了相关计划和政策，鼓励中国的出版界和出版人重视这一问题并采取积极措施，开拓进取，改变逆差。国家有关部门出台"中国图书对外推广计划"，并将其定位在"国家战略"、"提高中国竞争的软实力"、"构建和谐世界"等高度，并制订相应的鼓励政策，从政策层面给予支持和引导。按照国家有关部门的要求，外教社根据自身的办社特点和优势，积极策划、组织、编辑出版针对海外市场需求的图书，尤其是针对欧美主流文化市场的图书。

首先，外教社认真学习和领会上级领导的指示和有关文件的精神，转变观念，真正从思想上重视这一"国家战略"，将中国文化走向世界图书的策划、编辑、出版、发行作为出版社十分重要的任务，努力为"中国图书对外推广计划"的实施作出应有的贡献。

其次，客观、科学地分析外教社的特点和优势，扬长避短。外教社是一个多语种出版社，具有丰富的外语出版资源和作、译者资源，熟悉有关国家的文化和国情，且与之有着广泛交流和频繁交往，更与国外出版社有着良好的合作，熟悉和了解国外出版社的办社模式、运作机制和办社特色。根据这些有利条件，我们制订好近、中、长期图书出版计划，避免应景之作，既抓紧抓好，又不盲目跟风，扎扎实实做好市场调研，做好需求分析，采取各种有效措施，积极推进对外图书的策划、编辑和出版。

第三，积极整合资源，满足内需外需两个市场。外教社很多出版物都以外语出版，或英语、德语、法语、日语，或汉英、汉德、汉法、汉日等双语对照出版。在国内有一大批学习外语的读者，他们从中既可学习语言知识，掌握语言技能，提高语言能力，同时又可学习、了解中国优秀的文化和知识，汲取精神养料，提高素养，陶冶情操，培养爱国主义。诚然，为中国读者学习外语、学习中国文化而编写的图书，与面向海外市场的图书因读者群不同，应有所不同，但资源开发和利用，可以同时考虑两个市场的需求，根据不同的需求有所侧重。这样市场空间可能会更大，更有利于"中国图书对外推广计划"的实施。有鉴于此，外教社2006年作了初步尝试，将一部分读物和工具书作了整合，已获得初步良好效果。2006年外教社出版的《中国文化历史故事》、《中国文化寓言故事》、《外教社意汉—汉意词典》等图书版权首次输入欧美市场。

第四，积极发展同海外出版社的合作，充分发挥对方熟悉海外市场的优势，共同开发资源，借船出海。目前我国绝大多数出版社的产品是面向国内读者的，国内出版社了解和熟悉国内市场的需求，但对于海外市场，不同国家、不同民族、不同文化、不同市场的需求、爱好和特点不太熟悉。我们认为，在不了解海外市场需求的情况下如果闭门造车，效果势必不佳。若能与海外出版社合作，让其做好市场调研和需求分析，提出选题要求，根据海外市场需求和特点，双方合作，共同策划、制作，从内容到形式，专门度身制作，海外出版社负责产品宣传、推广、市场营销和销售，双方发挥各自的优势，一定会比直接输出版权有更好的市场和更好的效益。

以上将外教社图书版权贸易的一些情况作了简要的概括，并对实施"中国图书对外推广计划"的贯彻提出一些肤浅的想法和建议，不妥之处，望给予批评指正。

* 本文于2007年10月发表于《坚持与时俱进，开创出版工作新局面：外教社出版工作文集》中，作者：庄智象、刘华初。

版权贸易之我见

随着改革开放的深入和发展，我国同世界各国的交流和合作日益频繁，经济全球一体化的发展趋势和互联网的日益普及带来了全球前所未有的经济、政治、文化、金融、教育、科技的大发展和大合作。作为经济、政治、文化、教育等信息载体的出版业在这一过程中扮演着十分重要的角色，有力地促进了各国之间的交流和合作。世界范围的版权贸易的发展更是对促进各国之间的经济、政治、文化、金融、教育、科技的交流、合作和发展起着推波助澜的作用。我国自1992年加入世界伯尔尼公约后，努力推进知识产权和版权的保护，同时积极开展版权贸易活动，促进我国出版界的对外交流和合作，使我国的出版业不断发展和趋向成熟。我国的版权贸易活动，20世纪80年代末和90年代初主要以输出版权为主，90年代中期以后主要以引进版权为主。尤其是近年来，不少出版社纷纷加大引进版权力度，丰富了我国的出版业，加强了同世界各国的交流和沟通。本文就版权贸易活动中的有关问题谈一些个人的看法，以求教于出版界的领导与同行。

一、寻找与本社出版物相匹配的出版社或公司作为版权贸易伙伴和合作伙伴

在与海外出版社的版权贸易活动中，经过一段时间的接触交流或几个项目的合作，若双方的出版物比较接近或属同一学科，或在某一领域有广泛的合作前景，则应尽可能将眼光看得远一些，尽可能着眼于发展，着眼于未来，尽可能建立长期的合作伙伴关系。这种长期合作使得双方彼此比较了解，双方互相信任，互相支持，这样在版权贸易或合作出版中，可省去很多麻烦，少费很多口舌，操作起来亦较简便和容易。同时，可获得

比较稳定和比较可靠的出版信息和版权贸易渠道,以及合作编写、出版的内容,尤其能对未来的选题开发和计划能做到胸中有数。若能与10多家海外出版社建立长期、稳定的合作关系,则能较清楚地了解各自的优势和特点,比较容易做到扬长避短,优势互补,有针对性地、有计划地开展版权贸易活动。这样能获得较佳的社会效益和经济效益。切勿打一枪换一个地方,今天与李家合作,明年与张家合作,不愿做艰苦细致的工作,急功近利,希望一蹴而就,结果抓一个丢一个,事倍功半。我社坚持不懈,经过五六年的努力,已与麦格劳-希尔出版公司、剑桥大学出版社、牛津大学出版社、麦克米伦、朗文、兰登书屋、哈珀柯林斯、彼特科林、美国世界贸易出版社、克莱特出版社(集团)建立了长期版权贸易和合作出版联系。有些领域的选题,若双方觉得合适的话,可实行独家委托制,有些选题可共同策划,各自发挥优势,可获得比较好的社会效益和经济效益。

二、寻找成熟的产品和有潜在市场的产品,减少盲目性和随意性

在版权贸易活动中,要想取得理想的效果,从业人员必须对图书市场有比较清楚的了解,尤其要能预测未来市场的发展趋势。版权贸易中的引进版权从某种意义上来说,是一种借鸡生蛋的办法,是弥补独创选题的不足或者说因我国目前缺乏这方面的积累或没有这方面现有专家而采取的一种补差手段,是由我国出版业的特殊性质和地位决定的。出版业在我国是一种很特殊的行业,它不仅是行业的一种经济活动,更重要的是担负着党和政府的喉舌作用、宣传导向作用和意识形态方面的影响作用,因此它不可能仅仅是国外出版机构在我国的代理出版机构或销售点。所谓寻找成熟的产品或有潜在市场的产品,就是说,对于国外出版机构或公司的产品应进行认真的考察,作全面的了解,取其精华或精品,为我所用。选择有利于我国经济、科技、文化、教育等领域的交流和沟通,有利于我国国民素质的提高,并有比较大的市场和读者群的选题进行合作。同时对一些新兴学科,暂时还没有现存市场的产品亦要认真考察和分析,积极主动,有步骤地引进。真正有眼光的从业人员往往是眼光盯着未来或有潜在市场的产品。能够展望和预测潜在市场,就可能掌握选题开发和引进的主动权。因为成熟的产品、已有市场的产品往往容易被人们所认识,但往往容易产生一哄而起的现象,一旦形成了这一倾向,那很可能会导致该产品走向灾难或走向末路。故保持清醒的头脑,客观、理智地分析,着眼于未来的战略眼光十分重要。引进版权切忌盲目或随意,更不能搞恶性竞争,互相抬价,损害整个行业和民族的利益。

三、认真分析和筛选引进版权的选题，形成自己的特色，切勿一哄而起，同一类产品多次引进、重复引进

在引进版权的活动中，出版社应该根据自身的出版范围、特色、优势和发行力量及本版图书在市场上占有的份额等综合因素，来确定引进图书选题项目。根据本社图书的布局和近中期出书规划，以引进版权的方式弥补独创选题的不足并做强做大某些板块，使其特色更明显，更具竞争能力。本社曾根据自身的出书结构、品种和优势等特点，有计划、有针对性地引进了一部分国外同类出版社的学术著作、工具书和读物，弥补了自身原创的不足，填补了市场上的空白，满足了学术需求和教师的教学和科研要求，取得了良好的社会效益和经济效益。切勿因为某一时期图书市场上某几种图书畅销，便你争我夺，甚至不惜代价，搞恶性竞争，哄抬价格，牺牲行业的整体利益，搞重复引进，结果待到你引进时，很可能市场已经饱和或此项目已成明日黄花。此类教训甚多，值得记取。

四、对外合作应坚持大社小社相结合，大社应注意整体合作，小社应注意特色产品合作

国外大的出版社或出版集团整体实力很强，年出书品种颇多，图书选题积累丰厚，在出版界影响很大，知名度颇高，其地位亦举足轻重。有鉴于此，国内很多出版社往往十分愿意同这些大出版社进行合作和开展版权贸易活动，这是理所当然，无可非议的。但是在合作活动中，我们往往会发现：国内众多的出版社会不约而同地竞相表示同某一家出版社、出版集团的合作愿望，有时甚至互相哄抬价格。有的出版社不顾自己的出书范围和特色，一厢情愿，结果往往效果很差。究其原因，多家出版社同时表示对一套书或一种书有兴趣，甚至竞价引进，往往就把对方的胃口吊起来了，结果对方提出让各方报价，往往导致版税率上升，条件苛刻。各社根据自身的定位、出书优势和特色，除了与大社、大集团开展版权贸易和合作外，还应十分注意与一些小社、小公司的合作，尤其注意它们的某些有特色的产品。因为既然这些小社、小公司能够在出版界强手林立中生存，便有其独特的办社模式和产品。注意与此类社的合作，同样可以获得较佳的社会效益和经济效益，而且往往条件较宽松，容易谈成功。本社比较注意与大社、大集团的合作，但也重视与小社、小公司的合作，尤其是个别产品的合作出版。实践证明，两者结合往往比单一合作效果更佳。

五、购进成熟产品与共同策划、共同编写相结合

在版权贸易活动中，很多出版社十分关注合作对象的新产品和成熟的产品，一旦发现上乘之作或精品之作便积极引进，弥补了本社的某些缺陷或填补了某一领域的市场空白，常可获得较理想的社会效益和经济效益。但是如果仅仅把眼光盯着现有的产品或成熟的产品，往往很难有前瞻性的考虑，很难就本社的图书结构进行优化，使板块做强做大，因为这样的版权贸易活动，只能做到人家有的我才有，人家没有的，我也不会有，很难在选题开发方面有所突破或有所创新。再者，一旦实力更强的出版社介入，则往往很难保证该产品的专有出版权仍然在自己手里。一旦实力更强的出版社所开出的条件更优惠，原有出版权的易主就显得易如反掌，此类事例已不胜枚举。如果在版权贸易活动中能够反客为主，根据我国的图书市场需求，根据本社的作者队伍、专家队伍优势，积极开拓进取，积极主动提出选题设想，设计选题和项目，根据我国的国情准确定位，邀请国外出版社、出版机构或专家共同设计或编写，往往能够比简单引进现有产品或成熟产品的版权更有利。一则双方可优势互补，对方有较好的设备和信息或人才资源，我方则有熟悉国情的专家，双方合作可发挥各自所长，扬长避短，发挥最佳作用；二则，此选题的版权为双方共有，一旦占领市场，或产生双效益，竞争对手很难取而代之。本社曾就外语教材和教参等的编写工作与国内出版机构和专家合作设计和开发，取得了比较好的效果，颇有利于本社积极主动地根据实际情况，做强做大；与境外社共同开发，道理相同（按本文后，我社已有多起成功案例，参见本书第三部分）。

六、坚持原则，维护行业利益，切勿互相拆台或哄抬价格或条件

在版权贸易谈判中，坚持原则，维护行业利益十分重要。在谈判中往往会出现这样的情况：有的国外出版机构为了达到利润最大化的目的，常常就一种产品或一本图书采用招标竞争的办法来抬高版税率或获取其他的优惠条件。面对国外出版机构的招标，我国的出版社因没有行业的统一指导和协调，结果互相抬价，哄抬优惠条件，更有甚者，互相拆台，不惜代价，也要将项目拿到手。鹬蚌相争，渔翁得利，此类案例也不少。面对这样的招标，我国出版界应团结一致，制定一个行业的行为规范，协调各出版社的动作，限制某些出格行为，保护整个行业的利益和民族的利益。建议上海市出版协会和上海市新闻出版局联合召开行业会议，协调关系，制定了行业规范，既保护整个行业的利益，

又有利于版权贸易的健康发展。

七、坚持互惠互利，互相信任，切勿唯利是图，互相猜疑

版权贸易要取得成功和好的效益，很重要的一个原则就是要互惠互利。合作的基础就是互惠互利，如果仅单方有利，那就不会有成功的和长期的合作。一旦一方发现无利可图，便会终止合作。互惠互利就是双方要在平等的、公平的基础上合作，也就是说在对外合作和版权贸易中，一定要考虑这样的合作对本社是否有利，是否有利于本社的发展，是否有一定的社会效益和经济效益。当然在首次合作时，可考虑在不损害原则的范围内作出一些让步，主要是表现出合作的诚意，以获得对方的信任，从而获得合作的可能。应该先树牌子后赚钱。一旦双方了解了，互相信任了，那合作起来就比较顺利，也减少了很多麻烦。切勿一开始就着眼于获大利，尤其不能因为利益驱动，耍小聪明，做一些不太合规矩的事，结果往往聪明反被聪明误。一旦合约生效，那就必须严格按合约操作。本社数年来坚持与国外一些出版机构进行良好的合作，已形成了比较稳定的合作伙伴关系，取得了较好的双效益。

八、充分发挥我国在海外的作者的优势，开发出版资源

改革开放以来，我国政府派遣了大批留学生和访问学者，分赴世界各国进行学习、交流或做研究工作。此外，还有相当数量的自费留学生在不同的国家学习。这些留学生和访问学者在国外经过多年学习和研修，有不少人成绩卓著，硕果累累，学术水平和科研成果达到了相当高的水平，有着丰富的积累。若能将这些学者组织起来，将他们的科研成果用图书或其他媒体的形式反映出来，充分利用海外的信息和资料资源，发挥海外华人学者优势，一则可进行文化、科技、教育等方面的学术交流，促进学术和科研的发展；二则可以丰富出版资源，让更多的人享受人类文明的成果。本社曾请在海外从事高等教育和科研工作的留学生和访问学者为本社撰写书稿，收到比较好的效果。

九、加强版权输出，让中国文化走向世界

20世纪90年代中期起，我国出版界在版权贸易活动中，主要是引进版权或与海外出版机构合作出版由对方组织编写出版的图书。版权贸易有单向发展的趋势。其中的原因

很多，但与出版界不重视版权输出或者说缺乏这方面的意识不无关系。某些学者认为："21世纪是亚太世纪。"如果这样的话，那我们更应该重视向海外输出版权的问题。现在国民对西方比较了解，尽管在某些方面是很肤浅的，然而西方对中国却不怎么了解，在某些方面可以说一无所知，就是有某些了解也是很片面的。因此我国出版界有责任和义务将中华民族的优秀文化介绍给世界。在选题设计或出版某些图书时应对这一问题作很好的考虑。语言的障碍往往是我们进行版权输出的一大难题，若用汉语撰稿，经过翻译的书稿往往因二次创作，成功概率很小。若能组织一些用英文撰写的书稿，则十分有利于图书的国际交流。所以笔者认为，版权贸易活动中，我们应重视对外版权贸易输出的问题。

这不仅仅是版权贸易的问题，实则关系到中国与世界文化、科技、经济教育等方面的交流问题。

十、加强国内出版社之间的合作，优势互补

谈起版权贸易，出版界比较关注和重视同海外出版社的合作出版和版权贸易，而往往忽略国内出版社之间的合作。目前，我国有560多家出版社，大致可分为大中小3种类型，有中央、地方和大学出版社。这些出版社都有自己明确的专业分工和出书范围，各自都有某些出书特色和优势。但总体上说与国外出版机构相比，我们还比较弱，底子不厚，实力不强，积累不多，抗风险能力不强。尽管现在党和政府都意识到这一点，通过各种办法来增强出版社的实力，有的采取组建集团的办法，有的采取合并的办法等来实现做大做强的目标，但因我们人口多，地区差别大，社会需求差异大，很难用一个模式来统一，也不应该由一个模式来统一，而应实事求是地多元化发展。我们应该重视出版社之间的合作，一些大的项目共同操作可能会做得更好，优势更明显，效益会更佳。一个出版社无论是人力、财力、物力都有其局限性，如果单独实施一个大项目可能要花较长时间才能完成，如果同类出版社加强合作，大家一起来做，则可能几年的项目一年就能完成，无论是资金流转周期还是后期的宣传广告、发行力度都可能较之单独做要强得多。现在国内有些出版社已开始注意这个问题并开始有所动作。笔者以为，这不失为国内合作出版的一种尝试，应大胆实践，勇于摸索和创新。

十一、要培养和造就一支高素质的版权贸易队伍

要搞好版权贸易，顺利地、有成效地开展版权贸易活动，版权贸易从业人员的素质

至关重要。从某种意义上说，有一支什么样的版权贸易从业队伍，就会有什么样的版权贸易成果。版权贸易的从业人员，不但应有比较强的政治、业务能力，还必须了解国内外出版业的现状、出版业的发展趋向、国内外图书市场的状况以及国际习惯的操作程序和方法，尤其要熟悉本社的出版物和合作伙伴的出版物。出版社应尽可能创造机会让版权贸易从业人员多参加国内外书展、图书订货会和各种国际版权贸易活动和学术会议，让他们从理论到实践有比较丰富的积累。这样合作方也比较了解我方的人员，无论从感情的积累还是从个性的了解，都比较有利于彼此的交流和沟通，往往容易出成果，而千万别把参加国际书展看作是一种福利和待遇，为照顾各自的情绪，每次书展都换人参加，结果数次书展下来很可能没有什么成果和积累。本社在版权贸易活动中，比较注意队伍的培养，注意版权贸易的延续性和稳定性，一般实行项目专人负责制，中间不轻易易将。几年下来，我们已取得一些积累和版权贸易成果，也获得了较佳的社会效益和经济效益。

★本文于2000年7月发表于《上海出版战略研讨论文集》中。

制订"十二五"规划应考虑什么

又到了制订"五年"规划的时候了。从地方到中央,从具体操作的职能部门到行业的领导机关,都在积极开展调研,力图按照国家发展战略的构划,遵循科学发展观的要求,谋划和制订好新闻出版业"十二五"规划。欲达到这一要求和目标,必须坚持"发展是硬道理"的理念,根据新闻出版行业尤其是图书出版业的发展规律和特点,认真思考和研究发展什么、如何发展才是符合科学发展观的要求的。本文仅就谋划和制订"十二五"规划时应考虑的几个方面,谈一些粗浅的看法。

一、科学客观地做好"十一五"规划实施的评估和总结

要制订好"十二五"发展规划,很有必要对"十一五"发展规划的实施状况作一个严谨、认真、科学、实事求是的评估和总结。只有将我们所处的现状、机遇和挑战,面临的困难和问题调查分析清楚了,我们才能明白:已经做了些什么,做成功或做好了哪些事情或项目,有哪些事情应做还未做成,哪些事情没有做好,哪些经验可以好好总结,哪些教训应该吸取。这样,我们才能实事求是地做好整个行业的布局,安排战略发展部署。首先,要对本单位的社会效益作一个回顾和评估,尤其是对办社的宗旨、出版导向、所承担的文化建设的职责和使命进行认真的总结、分析和评估。其次,要对本单位在"十一五"期间的出书品种、年新书品种和重版的比例、印制总印张、销售总册数、销售总码洋、人均销售码洋、每年的增减总量和比例、年度的销售额和库存的比例、畅销品种和滞销品种的比例、销售收入、总利润、人均利润、主业和副业的比例,有一个认识。对产业发展的现状和态势,主业的发展势头和辅业的支撑力度,传统出版与新兴媒体出

版的现状及发展趋势,有一个比较全面、客观、科学的分析与评估。盘清家底,认清现状,看清发展趋势,扬长避短,顺势而为。第三,要对本单位"十一五"期间体制机制的改革与演变的状况作好总结和评估。"十一五"期间按照中央的要求和部署,全国文化体制进行了重大的改革,出版社分期、分批、分类进行转企改制,由事业单位改制成了公司制的企业单位。要认真总结和分析转企改制后的种种问题,要防止出现业内调侃的局面:转企改制前实施的是"事业单位企业化管理",转企改制后实施的是"企业单位事业化管理"。

二、认真学习,熟悉和了解国家中长期发展规划的总体思路、目标及重大文化建设项目

新闻出版业的发展状况是一个国家政治、经济、文化教育、科技和社会进步的综合实力的反映。它要服从于整个国家各项事业的发展,国家也要努力为它的发展做好服务和保障。为切实承担起历史赋予的职责与使命,有效地服从服务于国家的整体发展思路与目标,新闻出版工作者必须认真学习、熟悉和了解国家宏观发展的思路与目标,密切关注政治、经济、文化教育、科技和社会进步方面的重大改革和发展的举措,特别关注重大文化建设项目的规划和发展思路,切实领会其要义和精神。将宏观发展思路和目标与本行业、本单位的具体实践相结合,才能方向正确,思路清晰,措施具体,支撑有力。大学出版社除了继续承担记录、传承、传播文化的职责,服务于整个国家的发展总目标外,还应认真学习、深刻领会《国家中长期改革与发展规划纲要(2010—2020年)》的内涵和精神,将出版社的改革与发展和国家高等教育事业的改革与发展紧密结合起来,明确目标和任务,勇敢地承担起职责与使命,全力以赴,服务于我国高等教育事业的改革与发展。

三、特别关注和研究传统出版与数字出版、网络传播的配置与匹配

经过"十五"、"十一五"10年探索与发展,我国新闻出版业尤其是图书出版业由传统的纸质出版向多媒体、新兴媒体特别是数字化压缩、网络化传播转型,取得了长足的发展与进步。数字出版、网络传播已成为一股势不可挡的洪流,滚滚向前,给传统的出版业带来了强劲的挑战和诸多冲击:全球新书品种快速增长,单品种印数急剧下降,重版率持续下降,纸质图书销售不断下降,库存增加,研发成本上扬,利润下降等等。传

统出版数字化、数字出版网络化转型过程中的问题与至今仍然未能探寻到较为理想的商业运营模式有关。如何保护原创者的知识产权，维护内容提供者的利益，内容提供者与传播者的利益如何均衡，传统的传播手段与数字出版、网络传播如何扬长避短，充分发挥各自的优势与特点：这些都是值得思考与探索的。

  首先，我们必须清醒地认识到：作为传统的出版单位，我们仍然应该将内容的开发和创新放在第一位，这是传统出版单位的立身之本。只有有了高品质的、合乎市场和社会需要的、能够满足人民群众的新变化和新需求的内容，我们才能够开发和生产出不同媒体的形式多样、内容丰富、能满足不同需求的产品。只有创作出高质量的优秀小说或剧本，我们才有可能开发生产出好的电影、电视剧、歌剧、音乐剧、舞蹈剧等衍生作品。离开了优质的内容，再好的形式只是一个漂亮的外壳。其次，在努力创造优质内容的同时，我们不应忽视表现或表达形式的创新和匹配。没有好的内容，形式就无从谈起，但有了好的内容，也不该忽视表达或传播形式，应该尽可能做到内容和形式的完美匹配。当我们创造内容时，除了做好传统的纸质出版外，还应考虑数字出版、网络传播等形式，让内容尽可能以完美匹配的形式表达和传播，以满足不同读者群的需求。忽视表达或传播形式，忽略内容附加值的提升，将最初级的内容转让或销售出去，还可能导致巨大的效益流失，如同农民出售初级农产品一样，最辛苦但获益最少。久而久之，内容创造者入不敷出，谁还去创造内容呢？第三，鉴于目前数字出版、网络传播的迅猛发展，很有必要给数字出版一个比较明晰的界定。何谓数字出版？与传统的出版间的关系与区别何在？数字出版与网络传播是什么关系？宏观数字出版与传播的内涵与外延是什么？微观的数字出版与传播又包含哪些内容与形式？若一味泛化，将与数字化压缩技术有关的产品全部归为数字出版，恐怕未必有利于传统出版向数字出版转型，也无法明确传统出版单位应承担的职责与使命，专业分工和专业化运作也就无从谈起。数字出版、网络传播应该有各自的专业工作范畴和分工，如果不管是否具备条件和能力，所有出版单位都去开发和生产硬件——诸如阅读器之类的产品，再将本单位或本集团的出版内容装载进去，这样的运作体系恐难以与国外的优质产品竞争。其一，对于硬件的质量、品牌、专业化程度和售后服务，某一个出版单位或集团是否能够达到专业水准，能够承担所有的功能和职责？其二，内容的数量和质量是否足以达到行业的一流水准和有足够强的竞争能力？其三，内容创造者是否有必要在提供内容时，提供硬件，也就是说电视剧生产商在出售电视剧时是否有必要提供或出售电视机？如果缺乏必要的专业分工和必要的条件保障，大家争先恐后都去开发和生产硬件，这必然会导致大量的低水平重复和巨大的浪费，既不利于资源的有效配置，也不利于消费者的选择和使用。内容提供和硬件制造、售后服务应有明确的专业分工。在此阶段，很有必要由政府有关部门进行协调，搭建集中度较高的内容资源供应平台实施专业化运作，由利益共享、风险共担的专业营运商来操作。政府推动，市场化运作，风险共担，利益共享，才能调动各方的积极性，达到资源高度集中，运作规范，服务到位。

四、科学、合理处理好主业和副业、主业发展和主体做大之间的关系

文化体制改革，出版社转企改制。出版单位（除少数几家保留事业单位建制外）由原来的事业单位实施企业化管理，完全改制成公司制的企业单位后，面对着市场的竞争、挑战，既要保证正确的办社方向和宗旨，坚持正确的舆论导向，获取好的社会效益，又要有好的市场表现，获取一定的利润，保证出版社的生存和发展。每个出版单位都承受了诸多的压力，面临挑战。尤其是那些改制后已经上市的出版单位，面对股东的经济利益回报的要求，压力之大不难想象。于是不少上市公司、出版集团便开始寻找新的增长点。有的开始成立房地产公司、医药公司、外贸公司，通过开发副业，从事多种经营。不管是否与出版主业相关，只要效益好，马上就干。结果导致副业快速发展，主业下滑。主体快速膨胀，主业日趋萎缩。出版由原来的主业逐渐演变成门面、口号，背离了出版单位所承担的职责、国家和社会所赋予的使命。将职责和使命弃之不顾，丢失了自己的专业和特色，荒了自己的田，种了他人的地，结果是进入了自己不熟悉的陌生领域，与原来在这一领域的品牌企业相比，无论是专业化程度、人才结构和领导的精力和关注度都难以企及。可想而知，这些出版单位一旦遇到风险或政策调整，将会付出何等的代价。副业的开拓也好，多种经营也罢，都应该紧紧围绕主业的发展，要有利于主业的发展，要服从和服务于主业。

以上是谋划和制订"十二五"规划的一些不成熟的思考。抛砖引玉，难免失之偏颇，恳请出版界的同仁不吝赐教。

★本文发表于《编辑学刊》2010年第六期。

关于全国书市可持续发展的若干建议

无论是展示产品、检验工作、增进交流与沟通，还是增强出版社或出版业在全国市场的影响力和号召力，每年的书市是一个重要的机会和场所，也是一项十分有意义的文化活动。

然而，社会的发展，形势的变化，市场需求的演变和交流、沟通形式的多样化，都要求书市的形式、内容、时间和地点等与时俱进。目前，每年举办的各类图书订货会、图书博览会等，有全国性的、地方性的、行业性的、专业性的等等，多达数十个，有的时间间隔很短，有的基本雷同，同质化现象比较严重，缺乏鲜明的特色与个性。如果所有的书展、书市、订货会，出版社都要参加，必然要花费大量的人力、物力和财力。而目前，由于交流、沟通手段的多样化，信息传递和交换日益便捷，出版者、销售渠道、读者之间的沟通也越来越方便和快捷，这些变化使原来订货会、书市、书展的某些功能已成为日常的工作和每天都可以进行、完成的任务，由此，订货会、书展、书市的功能亦相应产生变化，订货功能萎缩，订货码洋下降，投入产出失衡，致使出版社、订货商兴趣下降。

笔者以为，全国书市、书展、订货会、博览会等，应坚持和贯彻科学的发展观，与时俱进，根据目前的状况和未来发展的需要，作一些调整。笔者建议：

第一，对现行的各类书展、书市、图书博览会、图书订货会等的功能进行重新定位，功能雷同的活动进行整合，作适当的合并，重点办好几个活动即可。形式、内容、时间、地点等应该精心筹划、统筹安排，使之真正成为人们所向往或期盼的重要文化活动，成为全国文化品牌，乃至国际文化品牌。

第二，开展一次大规模的市场调研，向出版社、销售渠道、读者、职能部门等进行大规模问卷调查，征询对书展、书市、订货会等的意见和建议，了解他们的需求、对这类活动的看法，了解市场的变化和需求，真正按市场需求来配置展会资源。

第三，适当减少此类活动的举办频率，提高质量，提升内涵，不要仅仅将这类活动视作纯商业的活动，应将其视作是一项十分重要和有意义的文化活动。无论是形式还是内容都应该注入新的内涵，决不能数十年一贯制，而应不断创新，适应社会发展和前进的步伐。

第四，重要书展、书市、订货会等的举办时间和地点应相对固定，千万不要每年都变。本届书展、书市开幕之日也是下届书展、书市招展之时。这样有利于参展单位和人员作出安排，并做好相应的准备，不然他们往往会被弄得措手不及。

第五，每届书展、书市都应有一个明确的主题，这既是导向，亦是增加市场影响力和号召力的有效手段。这可以让参与者明确书展的任务与目标，积极参与，亦可增加所有参与者的新鲜感；同时，也便于组织与此相关的形式多样的、丰富的文化、学术活动等，使书展、书市长盛不衰，充满活力。

第六，应成立专门的会展公司来操办或经营，实施专业化运作，仿照法兰克福、伦敦、美国等国际性大型书展的做法。这样无论是策划、组织、操作、运营，还是招展、广告、宣传、后勤保障，相关活动都可达到高效有序，且有较高的专业化程度，造就一批会展知名专家，为打造国际一流的书展、书市服务。

*本文发表于《出版广角》2006年第五期。

信息与出版

一、信息在出版中的地位

随着全球经济一体化的迅猛发展，网络传递信息的普及，人们越来越重视信息在经济活动和社会政治、文化等领域的作用，信息的重要性日益突出，从某种意义上说，谁掌握了某个领域的信息，谁就在某个领域掌握了主动权，也就抓住了发展的机遇。据此，各种各样的信息如雨后春笋般地层出不穷，信息产业也成为朝阳产业，其发展速度之快，效益之好也就是理所当然的了。对于信息载体之一的图书出版业，信息同样至关重要，能否及时获取可靠的、有价值的信息，直接关系到图书出版业的发展。在当今的知识经济和信息时代，谁及时掌握了信息，谁就拥有出版资源，谁就拥有出版的主动权，谁就拥有作者，谁就可能拥有读者和占有市场。从某种意义上说，没有信息便没有出版的资源，出版也就成了无本之木，无源之水。这就是为什么出版界不遗余力地捕捉信息、提炼和筛选信息的原因。

二、信息资源源泉

我国的出版工作是在党和政府领导下开展的，是我国社会主义建设事业和党的意识形态工作的重要组成部分。为人民服务，为社会主义服务，为全党全国的工作大局服务是我们办出版业的宗旨。首先，学习、了解和掌握党和政府在新时期的各项方针、政策和每一阶段工作的重点以及主要任务，是每一个出版工作者首先必须关注和抓住的信息。因为党的方针、政策和各阶段工作的重点和主要任务，体现了人民的意志，代表了全国最广大人民群众的最根本的利益,抓住了这方面的信息,就能使我们的出版工作更好把握为人民服务、为社会主义服务和为全党全国工作大局服务的方向,当好党和人民的喉舌。例如在改革开放和以经济建设为中心的过程中,出版界应牢牢抓住这一主题,开展积极有效的工作,努力策划和编辑出版好为这一主旋律服务的出版物。这样既可满足广大读者适应改革开放和以经济建设为中心的思想和精神武装,满足文化、知识和技能方面的需求,又可有效地配合党的中心工作,起到尖兵和喉舌的作用;既可获得很好的社会效益,又可获得可观的经济效益。又如在当前中小学教育的减负和从应试教育向素质教育转轨工作中,出版界应紧紧抓住这一时机,配合减负和转轨工程的工作,少出或不出应试方面的出版物,多出素质教育的出版物,以有效地配合党和政府的工作。其次,关注和掌握作者的信息资源。作者是出版社的衣食父母,从某种意义上说,有什么样的作者群便有什么样的出版物。出版社的选题计划的执行、落实和完成主要是由作者来体现的。组织、团结一支与本社出版物相匹配的高质量的、学科较齐全的、有一定数量的、相对稳定的、年龄结构合理的作者队伍,对出版社来说极其重要。尤其要随时掌握作者群的教学、科研情况和兴趣爱好,及时了解他们的教学科研的进展,帮助他们解决科研中所碰到的问题与困难,鼓励他们努力完成所承担的科研任务,一旦成果出来,及时给予反映。这样,一则可及时使成果转化为出版物,成果共享,促进教学科研的发展;二则可物色和培养一支作者队伍,将一大批作者紧紧地团结在出版社周围,而作者的想法和思想又可丰富出版社的选题资源。教学科研成果传播能提高教学科研水平,促进学术水平的提高,繁荣出版,出版的繁荣又带动和促进教育、文化的发展和科研水平的提高,作者出版者相互促进和发展,形成良性循环。第三,及时了解和掌握读者信息资源。每一种出版物都有其特定的读者群体。出版社出版物的特色和出版范围形成了其特定的读者群体,对这一群体的关注和了解是出版社搞好信息收集,吸纳对其出版物反馈意见的重要途径。及时跟踪调查这一群体对其出版物的意见、需求,包括服务方面的意见、建议和要求,是出版社做好编辑、出版、发行、服务等工作十分重要的信息渠道。出版社的出版物如能满足这一读者群体的需求,便可在出版社周围形成一支稳定的读者队伍,树立出版社在这一群体中的形象,而这一支群体同时又是出版社很好的广告宣传员和信息员。为读者服务,满足和引导读者的需求是出版社一项十分重要的工作。有了稳定的、数量可观的读者队伍,出版社的出版物便有了市场,有了市场便会有信息反馈。做好读者的工作,开发好读者的信息资源便是了解市场和开发市场。第四,牢牢抓住选题信息资源。选题是出版社的生命线,有了好的选题,出版社便有了好的产品,有了好的产品便可能有可观的市场份额,有了市场份额便可能有好的社会效益和经济效益。选题的积累，从某种意义上说是出版社最大的财富源泉。一个好的选题如同工厂的一个好的产品，可能救活一个工厂，一个出版社。因此花大力气抓选题的开发和积累是出版社始终不渝要狠抓的工作。在选题的开发和积累上无论花多少力气都不会过分。要抓住选题信息，开发选题资源，出版社首先要对自己的出版物有一个十分清楚的了解，包括本社出版物的定位，已出的图书结构和规模与涉及的领域；本社出版物在市场上所占的份额；目前和近期准备推出的出版物及未来的发展方向等。同时也要积极关注同类出版社的出版物的动向及销售情况和读者反映。若有可能，应建立一个同类出版社出版物的资料库，以便借鉴。对于自己和竞争对手的选题能够做到知己知彼，那么就能在选题计划、出书计划等方面做到心中有数，应对自如。第五，要花大力气狠抓市场信息资源的开发。图书市场的变化如同一般商品的市场起伏一样，是随着人们物质和文化精神需求的变化而变化的，每一时期，每一阶段，读者对出版物的需求是随着社会的变化和发展而变化和发展的。及时了解和抓住市场的变化，策划适合社会和市场需要的出版物，对出版社的发展至关重要。抓住了这方面的信息，也就抓住了发展机遇，因为从某种意义上说，出版物会反映某一阶段社会和文化发展的水平，也体现着某一时期的综合国力，所以市场的需求正体现了某一时期或阶段整个国家和民族的物质和文化水平对出版物的要求。同时，抓住市场的信息亦可有助于出版社及时了解和掌握本社出版物在市场上的占有份额、销售情况、读者反映，从而从产品结构到出版物的内容、文字质量和装帧形式及读者的未来需求等等方面作出反应，而若能抓住潜在的市场和读者群，那就抓住了出版社发展的机遇。第六，及时获取经营管理方面的信息资源。科学的管理也是一种生产力，管理出效益已被社会认同，但如何抓好管理却大有文章可做。管理同事物发展的规律一样，变化是永恒的，而不变是相对的。随着生产、销售、经营规模的扩大，市场情况的变化，各种适合种种变化的管理体制、机制和模式也层出不穷。及时了解和掌握先进的、科学的、有利于发展和调动职工积极性的管理理论和实践的信息，有助于出版社及时借鉴，为我所用，不断提高自己的经营管理水平，使管理能够适应发展的需要。同时要注意工价、材料等方面的信息变化，及时预测涨跌趋势，则可为出版社带来可观的效益。例如本社及时关注材料市场的变化，在材料价格上涨之前及时购进一批材料，既可保证生产的正常进行，又获得了可观的经济效益。从这一点上看，信息就是效益，抓住了信息就抓住了效益。第七，要及时了解和掌握发展趋势的信息资源。社会每天都在变化和进步，凡事预则立、不预则废。作为一个出版工作者，应从党和政府的某一个阶段的方针政策和发展计划中，了解出版业的发展趋势，配合国家的五年计划和重点工作及项目，做好智力支撑，使出版工作同国家的经济和社会发展同步。同时要十分关注和预测本社出版领域内的学术发展水平和人们的文化教育精神需求。总之从宏观到微观方面的信息了解得越多，分析得越透彻，越有利于出版社制订自己的发展规划。一旦有了一个科学的、符合客观实际的、可操作的规划，实施起来也就会方向明、效果好了。

三、要创立自己的信息资源库

无论是图书选题计划的制定、某一种出版物的立项，还是组织机构的调整、经营管理的重大决策和市场重大营销策略的制定，都是以可靠的信息为依据、科学客观的判断为基础的。大到党的方针政策，国家的重大经济、政治和文化的决策和计划，小到一个教学方法的改变和课外活动的增减，无不是我们出版工作者应时刻关注的信息和动向。因为某一项政策的出台或某一种方式的改变均可能成为出版工作者开发出版资源的机遇。为了改变以往粗放型决策或拍脑袋决策的机制，建立可靠的出版资源信息库迫在眉睫。笔者认为，此信息库一般可根据本社的出版范围独立建立，也可与同类出版社合作建立。信息库一般应包括下列内容。

1. 党和政府目前或近期一段时间的经济、政治、文化、教育、科研等的大政方针；对出版工作的政策、指示和要求。这是我们做好出版工作、制订出版工作计划的指针，是最重要的信息。因为这直接关系到出版社的方向和发展。

2. 本社人才、选题、出版物、经营管理、广告宣传、会议记录、市场调查、销售渠道、销售统计分析数据与报告，财务分析报告，经营管理文件规章制度、工作计划、工作报告、人才培训、培养规划等，凡有关出版社目前工作和未来发展的所有档案与信息都应收入。这是自己的家底，一定要了如指掌。明白自己的优势和劣势，以及努力的方向。

3. 国内外同类出版社出版物的信息。无论是国内出版社或是国外出版机构，他们为了宣传自己、推销出版物，常常会给学校图书馆资料室、公共图书馆或相应的出版机构等寄送图书目录或图书征订单或有关宣传品。如果我们能够有意识地收集这方面的信息，将有关的信息分门别类地输入电脑，建立信息库，积累到一定程度，则对我们策划设计选题时获取启迪不无帮助，亦可在出现选题重复情况下进行比较和鉴别。

4. 作者的信息。出版社在选题策划或设计时，有了一个成熟的、很好的想法后，常常为物色不到合适的作者而伤脑筋。有了好的点子再加上一流的作者，项目就至少成功了一半，因此建立作者信息库对出版社来说至关重要。一般可根据作者的学科、专长，发表著作情况，正从事的科研项目等信息来建立档案。通常，大部分出版社都十分注重建立曾在本社出版过作品作者的信息库，而忽视未曾在本社出版发表过作品的作者信息库；然而潜在作者群的信息开发对出版社来说可能更为重要和更有意义。一般可通过有关的专业杂志了解作者队伍的状况和信息，通常作者在写书前都会撰写若干篇论文或其他文章。关注专业期刊的作者群，注意物色潜在的书稿作者，对出版社来说无异于是开发潜在的新增长点；同时要注意从兄弟出版社的出版物中了解作者的有关信息，长期积累，必定能形成有本社特色的作者信息库。

5. 读者信息库。出版社一旦进入市场，必然就会形成一个读者群。注意收集读者群的信息反馈，对出版社做好选题调整、改善服务都很有益处。根据读者群的文化层次、学历层次，学术方面的需要，职业、年龄等建立信息库，则对引导读者、为读者服务、做好出版工作大有益处。本社建立的大学英语教师、英语专业教师和中学英语教师信息库对本社的选题策划、信息传递、图书销售、改进服务起到了很好的促进作用。

6. 市场信息。出版社要在市场经济中有所作为，就必须了解市场，开拓市场，占有市场，建立市场信息库也就必不可少。以往出版社将图书发到图书批销中心、新华书店或外文书店以后，很少再去关注这些书是由谁购走的，这些人的文化程度，受教育的程度，所从事的工作，居住区域的文化氛围等，若请销售部门配合做一些信息收集和积累工作则对出版社开拓市场不无益处。

7. 学术团体和学术会议、活动的信息。出版社应十分关注与自己的出版物有关的学术团体的建立、成长和发展情况。参与有关学术会议和学术活动，对出版社获取学术信息，物色作者十分有益。建立这方面的信息库对出版社及时获取学术信息，提高学术水平，培养学术队伍十分有意义。

综上所述，信息与编辑出版紧密相关，要想做好出版工作，就必须十分注意收集和积累信息，若有可能，设立专门的信息机构，用现代化的手段开展信息收集、积累、筛选则更是事半功倍，如网上搜寻，电脑分析，或异地设立办事处等等。从各种渠道获取有益信息，无异使出版社有了顺风耳和千里眼，对出版社的各项工作的顺利开展、良性发展意义十分重大。以上仅就信息与出版发表个人的一点看法，敬请各位专家批评指止。

＊本文发表于《编辑学刊》2000年第四期。

策划、组织与监控

长期以来，出版社的领导，无论是社长还是总编辑，往往十分注重选题的策划、组稿和编辑制作工作，也就是说非常重视产品的策划和研制，这无疑是正确的，也是必须的。但对于产品诞生后的营销策划和对整个过程的运作和监控则很少像选题策划、组稿那么花力气。这种重生产轻营销的现象无疑是过去长期计划经济体制留下的深刻烙印。我以为可以从以下几个方面着手改进。

其一，无论是出版社的业务领导还是行政领导都要进一步解放思想，转变观念，认真思考和分析本社工作中是否已将对营销的策划、组织和监控工作放到了十分重要的位置，全社上下是否十分重视营销和销售工作，是否对营销策划如同对选题策划一样花力气。以往计划经济体制下，产品生产出来，任务也就基本完成，而今，产品问世恐怕仅仅是完成双效益任务的1/3。

其二，应在组织机构和形态上适应市场经济和市场运作的需要。有条件的出版社应尽早建立专业化的营销机构和组织形式，专业从事市场调研、市场分析、市场预测。在此基础上着手营销策划、营销运作和营销监控，最后总结和分析营销策划，对结果进行检查。当然图书是一种非常特殊的商品，几乎每一种书都是一种个性化很强的商品，从内容到形式以至价格都充满着个性特点，从广告宣传上来说，确实难度很大，但我们可以将产品分类的板块营销和个性产品相结合进行营销策划，选择既有利于塑造出版社整体形象和营造产品板块效应，又有利于特殊、个性产品销售的切入点，从而达到彼此互相推动和促进的作用。

其三，要重视整体营销策划，尤其要十分重视重点产品或规模较大的系列产品的整体营销策划，在产品设计时就要将营销策划列入整个过程之中。这样才能在产品策划、设计和制作中有意识地考虑到产品面市时的营销因素，使产品更有利于市场推广，也就是说从产品策划开始就要充分考虑到未来市场营销和推广的各种需要。从内容到形式，从版式到开本以至装帧形式和材料都要就读者需要和满意度作充分的考虑。在产品面世前应先策划后实施，对推广的每一步骤和每一媒体及宣传广告形式进行通盘考虑，完善方案后积极落实运作到位。有无事前策划，结果会大不一样。

其四，营销策划要力求运作和监控到位。通常在制作营销计划或策划书时，面面俱到，十分完整和理想，但实施时有可能缺乏有效的监控，甚至出现缺失，使原本很完美的营销方案大打折扣，达不到策划的预期目的。一旦方案敲定，所有相关部门和人员必须全力以赴，严格按要求实施和运作，并有专门部门和专人监督运作，一般若能运作到位的话往往可获得比较好的效果。

其五，根据产品种类和特点，在全国建立和开辟畅通的销售渠道。尤其在当今新华书店等国有销售渠道的体制和机制仍然受到计划经济的束缚，不甚适应激烈市场竞争的形势下，出版社应十分注意培育自己的销售渠道，若有可能可在各省市设立图书专卖店兼营批发业务，作为各出版社发行部门的延伸，可更好地开拓、巩固和占领市场，也可及时获取各地的市场信息和读者需求信息，使其产品和服务更能满足市场和读者的需要。

其六，要花大力气打造一支高素质的有开拓创新精神的营销队伍。招收优秀的本科生和研究生充实营销队伍，整合原有营销队伍，打造一支素质好、业务精，能吃苦耐劳，有奉献精神的营销队伍是做好营销工作的关键。

总之，营销的开拓创新，势在必行，大有可为。

★本文发表于《编辑学刊》2004年第二期。

加快上海出版业发展的五点建议

2002年是我国加入世界贸易组织的第一年，同全国各行各业一样，上海的出版业在市委市政府的关怀下，在市新闻出版局的直接领导和精心组织下，高举邓小平理论伟大旗帜，全面贯彻"三个代表"重要思想，解放思想，实事求是，与时俱进，抓住了"入世"的机遇，勇敢迎接挑战。无论是选题策划、编辑出版、推广营销，还是销售码洋和利润都达到了一个新的高度，为我国的改革开放，全面建设小康社会，作出了积极的努力和贡献。

党的十六大提出了"聚精会神搞建设，一心一意谋发展"的要求。作为全国出版业重镇的上海，如何在十六大精神的鼓舞下，抓住改革开放、加入世贸组织的机遇，加快发展，继续做大做强出版业，我有以下几点建议。

首先，应该进一步解放思想，实事求是，与时俱进。按照江泽民同志提出的"四新"要求，认真学习和贯彻十六大精神，坚持正确的导向，集中精力，将上海的出版业做大、做强、做精、做好，有所为，有所不为。根据上海出版业的特点，发挥上海出版业的优势，扬长避短，扎扎实实做好积累，将出版业这个朝阳型的内容产业发展好。

其次，继续实施人才战略，吸纳海内外优秀出版人才加入上海的出版队伍，构筑出版业的人才高地。因为一个优秀出版人才就可能展现一种特有的出版思路，或带来相当丰厚的资源，或带来一种新颖的营销理念、策略或手段，或带来一种令人耳目一新的观念或创新能力，从而建设一支高素质、有创新能力的出版从业人员队伍。同时，应十分注意组织和建设一支高素质的作、译者队伍，这是保证精品出版物所必不可少的。因为作、译者队伍的强弱、优劣，直接关系到出版内容和出版物的质量，也就直接关系到优质出版内容的积累。所以，建设好这两支队伍将大大促进上海出版业的发展。

第三，应加强上海出版业的整体策划与整体运作，加强团队作用，充分发挥上海出版业的群体力量，形成在某些方面的合力和优势，取得某些突破性的效应和成果。除了各社按自己的特色和规划加快发展壮大外，还应有上海出版业的整体策划和运作的大项目，以凸现上海出版业的整体实力并推动它的发展。

第四，应加强营销策划和广告宣传的力度。中国的出版业十分注重选题的策划和设计。社长、总编都愿意花很大的精力和财力去抓图书产品的策划、设计、制作，但往往忽略或不够注重推广营销的策划设计和实施，投入的财力亦不够。要转变"酒香不怕巷子深"的观念，花力气做好营销策划工作，应投入更多的精力和财力加强宣传和广告的力度，加强自我宣传和上海出版业的整体宣传。可根据各社的出版特色、规模和效益，集中一部分财力整体策划和宣传出版物及自身形象，让全国甚至世界更多地了解上海的出版业，塑造形象，开拓市场，同时吸引更多的出版资源。

第五，应继续加强出版、营销、社会需求、学科发展及学术等综合信息的渠道开拓和维护，以便能在第一时间获取这方面的信息，及时作出应对和决策，获取更大更好的社会效益和经济效益。若条件允许，可在异地或海外设立相应的机构，专门服务于上海的各出版社，为实施走出去战略服务。总之，上海的出版仍然应坚持特色，要有大的思路和动作，加快发展，快速增强核心竞争能力。

*本文发表于《编辑学刊》2003年第二期。

图书出版业的喜与忧

在中央文化体制改革、文化大发展大繁荣的精神指引下，全国新闻出版业，尤其是581家图书出版单位，由事业单位实行企业化管理，转企改制成按现代企业制度建章立制和以市场为主体、为导向的自主经营、自负盈亏的文化企业单位。进一步理顺了体制，激活了机制，调动了从业人员的积极性和创造性，进一步解放了生产力，有效地促进了图书出版业的改革与发展，科研、文化建设硕果累累，出版形态异彩纷呈，传播方式和渠道推陈出新，出版规模每年创新高。我国已成为世界出版大国，成绩令人鼓舞，催人奋进。在图书出版业高速、跨越式的发展进程中，对一些潜在的危机，某些令人既喜又忧的问题，应引起高度的重视并积极探索有效的解决方法与途径。

其一，出版物数量与质量的问题。数量连年创新高，2012年已达41.4万种，成为世界第一出版大国，占全世界200万种书的20%强。全球每5本书中就有1本是中国出版社出版的。毫无疑问，这个数量已遥遥领先美、英、俄等国的年出版品种（2011年美国出书18万种，英国11万种，俄罗斯8万种）。从数量上看我国已是世界第一出版大国，应该说有了很大的发展，成绩令人瞩目。但仔细观察，认真想想，好好分析，又令人不无担忧：这么多的品种，数量可观，质量如何呢？这么多品种又是由哪方面的图书构成的呢？重复出版的，跟风出版的，同质的品种又有多少呢？低俗的读物又占多少百分比？教辅是否占了半壁江山？出版社自主研发的占了多少份额？又有多少个品种是由工作室完成的？又有多少品种是买卖书号的产物呢？有科技含量、文化沉淀或价值的品种又有多少呢？如此等等，很值得好好思考和分析。

其二，出版物规模与效益的问题。出版物规模快速扩张，品种越来越多，煞是热闹繁荣，单本销售的册数持续下降，单本效益不断下滑，重印率每年走低，全国出版单位的每年重印率仅40%多一点，有相当数量的出版单位重印率不到40%，更有不少出版单位重印率不到20%，似乎陷入了"越穷越生"的模式：单本销售、单本效率越差，出书品种就越多。不少出版单位试图以更多的品种数来支撑其总销售码洋，结果陷入恶性循环，出书越多，效益越差；效益越差，越多出书。因为投入产出没有形成科学的、合理的、应有的比例循环，长此以往恐难以为继。

其三，库存与销售的问题。全国图书零售2012年实现销量约600多亿元，而该年全国出版社的库存近千亿元，还没有加上出版社主发的或零销商要货的或在货架上的数量，若两种相加恐怕不会少于1.2千亿元。如此库存大于销售两倍的比例，若不引起充分重视，不注意每年对库存进行必要的消化或处理——尤其现阶段出版社转企改制后仍享受所得税减免的优惠政策——日后再处理，恐不是这么容易，也恐很难承受。而目前这一状况仅是近5年左右积累的库存。因为此前转企改制时，各图书出版单位都进行了清产核资，已消化或剥离处理了全部或相当部分的库存和不良资产，帮助各出版单位转企改制后轻装上阵，良性循环，健康发展。目前形成的每销售1元钱的码洋，库存产生2元钱的现象，原因很复杂，有产品的质量和特色问题，有需求不旺问题，有销售渠道不畅问题和销售能力有限等诸多问题；但无论怎样，问题应引起充分注意并采取措施化解或寻找出路。不然若进行清产核资，恐是全行业亏损，这一包袱会越背越重，行业恐难以行之久远，更不可能健康快速发展。

其四，内容和形式的问题。经过改革开放30多年的努力，尤其是通过广泛的文化交流、版权贸易、合作出版、参加国际书展等活动，我国的图书出版从内容到形式都有了很大的发展，缩小了与国际先进国家的出版差距，为中国图书走向世界，更好地为我国的改革开放发展服务作出了积极的贡献。然而近几年出现的一些现象必须引起警惕：图书包装、材料使用日趋豪华，而对内容的关注、精心策划、研制所花的力气相对不够；有的图书看上去很养眼，包装豪华，但内容浅薄，或没有实实在在的知识、文化、学术或信息的沉淀和传递。无论如何形式是为内容服务的。首先应该有丰富的、读者所需的内容，再配之以合适的形态、形式、装帧或是包装，使产品达到内容和形式较完美的统一，而切勿本末倒置。

简而言之，我国图书出版有了长足的进步与发展，成绩斐然，但对所存的问题、困惑、矛盾应予以充分的注意，并积极采取措施，予以化解或寻找答案和出路。

* 本文发表于《出版广角》2013年第十六期。

出版工作者的良师益友

《出版广角》自1995年创刊以来，已走过了15个年头，今天迎来了她15周岁的生日，可喜，可贺。15年来《出版广角》以"与中国同步，为中国出版服务"为宗旨，及时准确提供海内外文化建设和出版信息，反映我国文化建设和出版的优秀成果，分析和探讨出版中存在的问题、困难和矛盾，判断和预测出版的未来走向，以广阔的视野全方位观察和透视出版的方方面面，以独特视角聚焦出版的某些层面和侧面，为我国的文化工作者，尤其是出版工作者提供了大量的信息、资料和案例，给予文化和出版工作者诸多的启迪、提示和帮助，已成为我国文化和出版工作者的良师益友和必读专业期刊之一。15个春秋，《出版广角》为我国的文化建设和出版工作做了大量的工作，为我国出版业的发展和繁荣作出了积极的努力和杰出的贡献。

回顾15年的历程，《出版广角》的编辑和领导无论是在创刊之初还是在开拓进取、不断发展和取得成绩的进程中，都积极深入出版基层单位，深入编辑、出版、营销发行、经营管理等各个层面和领域，掌握一手信息和材料，及时反映新闻出版行业所取得的成绩和成果，研讨新闻出版业运营中遇到的各种困惑、矛盾和问题，提供成功的案例和经验，有力地促进了新闻出版业的健康发展，也使《出版广角》不断深入人心，深受广大出版工作者的欢迎，成为行业的品牌期刊，成为众多出版工作者喜爱的、视作良师益友的刊物。我与《出版广角》的编辑和领导都是在他们出版社开展调研或采访或召开有关业务会议等活动中相遇而结交的。每每交流，他们积极、认真、严谨的工作态度和作风，执著的追求和责任心、事业心，待人的热情和真诚，都给我留下了深刻的印象。

《出版广角》创刊15年来，在激烈的市场竞争中不断发展，取得了令全国同行刮目相看的成绩，实属不易，值得好好庆贺。

再过数日，我们将迎来"十二五"规划的开启之年，文化出版体制改革、出版社转企改制、组建集团、多元化经营、多元投资上市募资等，给新闻出版带来了前所未有的发展机遇和活力，尤其是体制的松动、机制的激励，更加充分地调动了广大员工的积极性和工作热情，有效地解放了生产力，但是新闻出版行业同样面临着诸多的挑战和不少亟待解决的问题。诸如整个图书出版行业新品种急增，单品印数快速下降；数字出版快速发展，传统纸质出版下滑；网络书店销售快速发展，销售激增，传统实体书店萎缩，销售日趋下降；网络、数字化阅读率上升，传统纸质阅读率下降；移动阅读率上升，固定阅读率下降；视听率增长，阅读率下降等等：都值得我们去思考、去探索、去应对、去引导。

真诚希望《出版广角》能够在新的形势下，面对新的任务、新的挑战、新的机遇，因势利导，开展有针对性的工作，组织相关的研讨活动和课题研究，探索解决问题和困难的途径，回答前进中的困惑和迷茫，为我国新闻出版行业的发展再作贡献。真诚祝愿《出版广角》越办越好。

★本文发表于《出版广角》2010年第十二期。

编辑与策划

理念、策略与探索
——外语出版实务研究

- 构建具有中国特色的外语教材编写和评价体系
- 外语教材编写出版的研究
- 国际化创新型外语人才培养的教材体系建设
- 英语专业本科生教材建设的一点思考
- 《大学英语》：从一部教材到一个产业链
- 大学英语教材立体化建设的理论与实践
- 加强翻译专业教材建设，促进学科发展
- 外语编辑的素质
- 外语教学科研信息与选题策划
- 增强编辑出版工作者的"四个意识"
- 大力营造编辑的市场主体地位
- 一个点子，救活一套辞书，赢取三个市场——"外教社简明外汉—汉外词典"系列选题策划和版权贸易案例
- 一个值得记录的成功出版项目——以《新牛津英汉双解大词典》为例

构建具有中国特色的外语教材编写和评价体系

一、引言

我国高等院校历来有根据学生和教学需要教师自己编写教学材料（讲义、练习题）或制作教学用具的传统。无论是在建国初期还是改革开放以来21世纪的今天，高校一直将此当做一项重要的任务列入工作计划，并且将教材的编写出版、更新和创新视作学科建设的重要任务。尤其是最近几个"五年规划"期间，由教育部和有关部委立项的国家级规划教材，每一个5年的出书总数几乎都以两位数以上的速度增长。外语教材亦概莫能外，无论是中小学外语（主要是英语）教材、大学英语教材、高职高专英语教材还是高校英语专业教材，甚至更高层次的研究生公共英语教材和英语专业的研究生教材，都呈现着一派繁荣的景象。可以说，无论是教材的编写者、高校的行政领导，还是出版机构或上级主管部门，对外语教材的编写出版和组织协调的积极性是空前的。这一方面说明我国政府和外语界的专家学者及行政领导十分重视外语学科的建设，重视教学材料的建设和创新，积极支持编写出版更多更好的外语教材，满足各级各类外语学习者的需求，普及和提高我国全民族的外语教育水平；另一方面，全国有3亿多人学习外语，这一巨大的市场亦不可避免地吸引众多的编写者和出版者去开发、开拓、耕耘。于是，无论是否有合适的编写者，出版者是否有资质，都一拥而上、一哄而起，不管是否具备条件，都来组织编写和出版外语教材。其中专业外语出版社当然首当其冲，承担起了外语教材组织编写和出版的主要任务，综合性出版社亦不甘落后，尽量多出外语教材，一些其他专业性较强的出版社也紧紧跟上。据统计，全国500多家出版社，几乎没有不出版外语图书的，其中教材和教辅是主要品种。不能否认，其中不乏精品力作，尤其是专业外语出版社，对外语教材的出版倾注了巨大精力，力求打造精品，不断在编写内容、形式、手段上创新，制定标准和样板，出版了一批高质量的、很有特色的、有一定创造性的教材，为我国外语教育水平的提高作出了积极的贡献。然而，这么多的编写者，如此多的出版单位都争先恐后出版外语教材，难免鱼龙混杂、质量参差不齐，对外语教材建设的健康发展，对外语教学质量的提高以及对教材的选用都带来了不少隐患。尽管我国每年要出版一大批外语教材，但外语教材编写的理论和实践方面的研究相当薄弱；尽管不少外语学术期刊发表过一些外语教材的编写理论、编写方法、手段、教材的介绍、评价，亦从使用的角度对一些教材的编写实践进行了一些分析和总结，也有不少教材使用者从教学实践中的感悟、体会出发，对一些教材展开了一些评论，分析了一些教材的特点、优势和不足，这些工作无疑对我国外语教材的编写理论和评价体系的建立作出了积极的努力，也取得了一些十分有益的成果；然而，这些总结、分析、介绍或评论都缺乏系统性，亦未能提炼成某种理论观点，更没有形成理论体系。无论是论文数量和质量，还是专著的发表与出版都与我国大量的、丰富的教材编写实践不相吻合。即使在海外，有关外语教材编写理论与实践方面的论著，尤其是高等院校英语教材编写理论与实践方面的学术著作和论文亦不是太多，笔者曾经从网上查寻，并请海外的学者推荐这方面的论著，结果令人失望。有鉴于此，开展外语教材编写理论和实践方面的研究，特别是高校大学英语教材编写理论与实践研究尤为紧迫和意义重大。我国每年必修大学英语课程的学生多达数千万，人数之多、影响之广，可谓独一无二。可以说，这门课程与我国高级人才培养、未来经济、社会和各项事业的发展息息相关。如果我们能够从实践出发，孜孜以求，积极努力探索和总结高校英语教材编写的实践，使之上升为理论，构建科学的、系统的、完整的、具有中国特色的外语教材编写理论和评价体系，则无论是对教材的编写、教材质量和水平的不断提高，还是对教材的评价和选择指导以及人才培养、社会发展，都具有十分重要的现实意义和深远的历史意义。

二、我国外语教材编写和评价体系面临的问题与挑战

应该说，我国高校的专家、学者、教授长期以来有着非常丰富和成功的教材编写实践经验，也十分注意在实践中不断进行总结，使其上升至理论，又反过来指导实践。然而，至今我们很难找到外语教材编写理论和实践研究及评价方面较为完整、系统的论著，尤其是专著，这不能不说是件令人遗憾的事情。出现目前的状况，笔者以为主要有以下几个方面的原因。

1. 重实践、轻理论。如前所述，我国高校教师一直有自己编写教材的传统。其中亦编写出版了不少非常优秀的教材，有的获得过国家级的大奖，如《大学英语》系列教材、《新编英语教程》、《核心英语》、《新英语教程》等等。但是令人遗憾的是，每次教材编写出版后，无论是编写者还是使用者或是有关职能部门，都未能重视教材编写理论方面的总结和提炼，往往仅仅对教材编写的一些具体事务进行总结。更有甚者，认为教材编写无理论可言，前人怎么编写，我也怎么编写；同类教材这么编写，我也这么编写。司空见惯的是，每当准备编写教材时，通常都是仿照同类教材的编写体系和方法，甚至照搬照抄别人的内容和模式。当然在编写教材时，作些调查研究工作，研究一下前人或同类教材的编写体系、模式和方法是完全必要的，也是可取的，但是，这种研究不应该是简单的模仿或刻意照抄、照搬，而是应该根据一定时期内人才培养目标和培养模式、课程设置的需求，来确定教材的内容和编写体系及模式，总结前人和同类教材的利弊，扬长避短，尤其是注意将前人或同类教材的有益实践和经验提升到理论层次，以此来指导教材的编写。长期坚持实践→理论，理论→实践，螺旋提升，不断完善，必能构建具有中国特色的外语教材编写理论体系。总之，至今外语教材编写方面的高质量的学术论文不多见，理论专著则更是寥若晨星，这与我们重实践、轻理论，不重视理论积累、提升和研究不无关系。

2. 盲目照搬、照抄国外的模式和方法，缺乏国情研究。编写外语教材参考国外的语文教材很重要，也非常必要，一来可以了解国外教材编写的模式、方法和体系，二来可以借鉴其成功的经验和方法为我所用，三来可以探究其发展趋势。总之，了解、跟踪、借鉴国外的经验和理论以及模式和方法对编写外语教材是必不可少的，尤其是借鉴该语言为母语的国家的经验和理论、模式、方法和体系更是必需的。但是，这种了解、借鉴必须是有目的、有分析、有选择的，而不是盲目的、一概的全盘吸收或全部照搬。非常普遍的现象是，每当我们编写教材时，总是说国外现在最新的或最流行的教材采用何种教学方法编写。国外采用听说法，我们也采用听说法；国外使用交际法，我们也使用交际法；国外运用任务教学法，我们也运用任务教学法；国外提倡学生为中心，我们也来个学生为中心；国外说应该是学习为中心，我们也跟着说应该是学习为中心，而不是学生为中心；一会儿说折中法是最好的教学法，我们也紧随其后相附和。当然，积极关注和吸收国外先进的教材编写理念和教学方法是十分重要和完全必要的，但是任何国外理论和方法的学习和借鉴都必须充分考虑到中国的国情。首先，我们学习英语或德语、法语等语言都是外国语而不是第二语言，更不是英美人或欧洲人的母语；英美人或欧洲人所编的很多教材的授课对象不是第二语言，而是母语，语言环境、学习环境和方法及过程往往与外语学习不尽相同。其次，如该教材是为第二语言或母语学习者而编写的，则其学习的过程和认知心理特点，甚至是主题和语料也与该教材为外语学习者所编写的有诸多的不同和差异。第三，由于上述的差异，所采用的教学方法和手段亦有较大的不同和有其独特的个性。改革开放以来，我国外语教材的编写和出版取得了长足的进步，亦加强和密切了与国外同行的交流与合作，取得了不少优秀的成果，但是在这一过程中，我们往往对我国学生学习外语的需求、过程、方法、特点以及语言环境、年龄特点、知识结构和层次等方面缺乏足够的研究和认识，编写教材时，未能给予足够的重视，更未能作为编写理论、原则、指导或特点列入编写大纲。外语教学的"高耗低效"恐怕也与此有着一定的关系吧。

3. 缺乏科学的、完整的、系统的、实用的、可操作的教材评价体系。如上所述，我国学者有着十分丰富的外语教材编写实践，且积累了丰富的经验，但是对于如何评价教材，如何科学地、完整地、系统地评价外语教材，缺乏足够的重视和研究。一套或数套教材出版后，编写者常常会召开一些会议或发表一些谈论教材编写的指导思想、原则，编写体系和方法及特点的演讲或文章，使用者也会在研讨会上或在期刊上发表一些使用的体会和经验，让更多的教师和学生了解其特点、长处及不足；但一种教材或一套教材究竟应该从哪几个方面去评价？评价的依据是什么？科学性标准是什么？完整性、系统性怎么看？实用性又是以何为标准？合乎哪几条标准的可视作上乘教材？对于这些，一直以来我们没有形成或建立一套检测标准或评估体系。如果我们有一套科学的、完整的、系统的、实用性较强且可操作、合乎实际需要的评估体系或标准，则十分有利于和有益于外语教材的建设和发展，也便于教学单位、教师和学生选择教材。

三、外语教材编写和评价体系涉及的几个方面

外语教材编写理论和评价体系涉及诸多方面的因素，诸如教育学、应用语言学、社会语言学、认知语言学、教学方法和手段、师资队伍等等。同时必须考虑市场和社会需求分析、读者对象的定位，以人为本，以学习者或学习为中心，全程服务于受众；充分考虑到受众的学习心理特点和过程，以及教材编写的一些基本理论、指导思想、原则及方法。

1. 以教学大纲为依据，以需求分析为基础

编写外语教材，当然也包括其他教材，其依据是教学的指导性文件——教学大纲

（syllabus）。教学大纲一般由教育行政部门制订或委托有关学术团体研制，并由教育行政部门颁布，主要规定课程的目的、内容和要求，对教学模式和教学方法进行指导或提出建议。教学大纲一般可分为结果性大纲、过程性大纲、综合型大纲和分析型大纲。综合型大纲下还可细分为语法大纲等；分析型大纲又可细分为情景大纲、功能大纲、意念大纲；过程性大纲也可细分为程序型大纲、任务型大纲、内容型大纲等等。教学大纲与教材编写有着十分密切的关系。教学大纲主要规定课程的目的、内容和要求，对教学方法和教学模式进行指导。一般认为，教材的编写是以教学大纲的要求为依据的，同时在教材的编写体系中又必须体现一种或若干种教学理论体系或教学方法，使教学大纲规定的教学目标、内容和要求在教材中得到充分的体现，以保证教学大纲所规定的目标的实现、任务的完成和要求的达到。教材的编写除了要依据教学大纲规定的目标、内容和任务外，还应充分考虑受众即教材使用者（学习者）的需求。当然，教育行政部门或学术团体在研制教学大纲时已经对学习者的需求作了充分的调查和分析，但这种需求的调查分析往往只能以大多数学习者的需求为依据，很难充分考虑到某一特殊群体或地区、某一特殊时期的学习者的需求。要以一个大纲来规定和统一全国所有学校的教学，是很难做到的。因此研制大纲时往往留有一定的弹性和灵活性，也就是所谓的按不同地区、不同学校、不同学习群体，实施分类指导。有鉴于此，在外语教材的编写时，仍然须作充分的、较全面的需求调查和分析，在确定了教材的受众后，就必须对这一群体展开充分的、全面的需求调查，在取得充足数据的基础上进行分析。需求调查采样，不仅应在在校学生中进行，还应在已毕业学生中进行，毕业生对原来的教学目标、任务、要求更有发言权，因为实践是对教学的最好检验，可从他们的实践中得到很多十分宝贵的、有益的启示和建议。除了对学生进行需求调查外，还应对教师和用人单位进行调查。从教师的调查中，可以获取教学实践中的教学需求和意见、建议；从用人单位的调查中，可了解到现行大纲和教材的优点和不足，有利于作出弥补和调整。对社会和发展需求的调查和预测，不但可了解和认识今天的需求，还可预测明天和未来的需求，做到有一定的前瞻性。需求调查的范围不应局限于本地，还应扩大至全国乃至国际，这样不但了解局部，而且更了解全局。调查的学校应包括多种类型，不但有最好的学校，还应有一般的，更应有比较差的学校，这样可做到对各级各类学校的需求心中有数，有利于准确定位。经过充分调查、严谨分析后，就可确定教材的受众、编写理念、指导思想、原则、教材的内容、教学方法和手段、教材的定位（起点、过程和终点）、教材的种类等等。教材编写以大纲为依据，充分理解和吃透大纲精神，熟悉和掌握大纲规定的教学目标、任务和要求，开展充分的需求调查和分析是编写好教材十分重要的、必不可少的基础工作。

2. 以人为本，服务于学习者人格的塑造，素质的培养和智力的开发

外语教学材料的编写和选择同课程设置一样是为人才培养目标服务的。《高等学校英语专业英语教学大纲》（2000）指出："高等学校英语专业培养具有扎实英语语言基础和广博的文化知识并能熟练地运用英语在外事、教育、经贸、文化、科技、军事等部门从事翻译、教学、管理、研究等工作的复合型英语人才。……21世纪我国高等院校英语专业人才的培养目标和规格：这些人才应具有扎实的基本功、宽广的知识面、一定的相关专业知识、较强的能力和较高的素质。"英语专业的教学大纲对人才培养目标和规格进行了描述和界定。而对于非英语专业大学生必修的公共英语课，《大学英语教学大纲》（1999）指出："大学英语教学的目的是：培养学生具有较强的阅读能力和一定的听、说、写、译能力，使他们能用英语交流信息。"《大学英语课程教学要求（试行）》（2004）则指出："大学英语的教学目标是培养学生的英语综合应用能力，特别是听说能力，使他们在今后工作和社会交往中能用英语有效地进行口头和书面的信息交流，同时增强其自主学习能力，提高综合文化素养，以适应我国社会发展和国际交流的需要。"教学材料的编写和选择要围绕着人才培养的总体目标，服务于人才培养规格。英语专业培养的是适合各行业的复合型英语人才，具备扎实的语言基本功、宽广的知识面、一定的相关知识、较强的能力和较高的素质，所有教学材料的编写和选择都应符合这些要求。教学材料除了打好语言知识、语言技能、文化知识基本功外，应始终将学习者的人的发展、健康的成长、人格的塑造、综合能力和素质的培养及智力的开发放在突出的位置，给予十分的重视。即使在语言知识和技能的学习、传授和训练中，也应充分注意和重视语言认知和习得的规律、特点，使其合乎人的发展规律和需要。无论是语言习得的过程、习得的环境和方法都必须有利于人的发展。大学英语作为一门课程，它的教学材料的编写和选择，除了内容深度、数量、课目等与英语专业不同外，其要有利于学习者的人格的塑造、素质的培养和智力的开发是一致的。也就是说，我们在进行教材编写理论的研究时或在实践运用中，必须将人的发展需要放在首位。一切都要围绕着高尚人格的塑造、优秀素质的培养及智商和智力的充分开发来进行。

3. 以针对性、科学性、完整性、系统性为原则

首先，教学材料编写应有较强的针对性，明确为谁编写、为何目的编写。为英语专业学生编写的教材就必须充分考虑作为专业的要求和特点，起点、过程和终点须十分明确；若为大学英语（公共英语）学生编写的教材就必须充分考虑到作为非专业、仅是一门课程的要求和特点，有限的课时和大班学习、工具性和综合素质的一部分以及各校、各地区之间的不平衡等许多特点,起点和终点各校各地区亦未必一致等因素。这更要求编写者有明确的、准确的定位,要有具体、个性化的定位。大而统,所谓人人可用的教材,缺乏准确定位,恐怕是很多教材不受欢迎的一个重要原因。其次,必须有较强的科学性,也就是说教材的编写要合乎学习规律,适应和符合学习者的认知心理过程和特点,充分考虑到外语学习的语言环境、文化因素等,采用有针对性的、合乎实际的编写体系和理论指导原则,无论是教学方法和选材原则,还是练习的设计都应遵循语言习得规律,尤其要充分考虑到英语作为外语学习的许多特点和因素,坚持外语教材编写的"真实性原则、循序渐进原则、趣味性原则、多样性原则、现代性原则和实用性原则"。第三,教学材料应有较好的完整性。教学材料在内容、目标和要求等诸方面应该体现出一个完整的知识和技能的体系或系统性。语言知识、语言技能、文化知识、相关专业知识等内容应相互结合、相互渗透、相互支撑,形成一个有机的完整的体系。语言知识的教材应该是一个完整的体系,而不应是支离破碎、七零八落、残缺不全的片言只语。同样,语言技能的教材也应覆盖所有的语言技能,听、说、读、写、译全面发展,互为依存、互为促进,而不是片面的、厚此薄彼的、一高一低的跷脚技能。文化知识、相关知识也应该是一个完整的体系,应是互为补充、互相促进的完整的知识结构。总之要有利于学生掌握完整的知识结构和技能体系。第四,教学材料应该有较好的系统性,无论是语言知识的教材、语言技能的教材还是文化知识或相关知识的教材的编写,都应十分注意其系统性。中国人学外语往往十分注重学习和掌握整个语言的体系,因为从某种意义上说,只有具备了语言能力,才能具备交际能力,外语学习若不掌握整个语言体系,则不能说是掌握了这门语言,其交际能力亦是受到限制的。因此,教学材料的编写一定要注意突出系统性,语言知识、技能、跨文化交际、学习策略、学习情感等应形成一个完整的系统;同时根据时代的发展,应尽可能从系统性进而做到立体化,配套齐全,而不是残缺不全、不成体系。

4. 以倡导健康、奋发向上的人文精神为导向,服务和促进人的发展

教学材料的编写,应始终坚持正确的导向,宣扬和传授积极的、促人奋发向上的精神,将人类优秀的文化、优秀高尚的思想道德和情操通过语言学习潜移默化地传授给学习者,促进学习者心智的健康发展。因为教材的内容、教材的舆论导向、教材所倡导的东西,往往对学习者产生深刻久远的作用,直接影响到学习者的世界观的形成。教材思想内容方面提倡什么、反对什么,尤其对青年学生会打下深刻的烙印。教材编写中无论是选材或是练习设计,乃至教学活动等都必须坚持正确的导向原则,服务并促进学习者

心智的健康发展和成长。

5. 以稳定性、共同性为原则，兼顾特殊性和可选择性

我国外语教材的编写和选择，应首先考虑到该语言是作为外语来教和学的，而不是作为第二语言。其学习的语言环境、文化差异、心理认知过程都具有中国语言文化的特殊性。当然，作为外语的教材应该给学生提供一个完整的语言和技能体系。这个语言和技能体系应该是基本稳定的，应该定位在大多数学习者所应掌握的基本的语言共核，也就是通常所说的基本的语言知识与技能——语言基本功。任何外语教材无论怎么编，采用何种理论体系、何种教学方法、何种形式，都应让该语言的基本的语音、词汇、语法体系和听、说、读、写等语言知识和技能在教材中通过课文和练习及教学活动得到全面完整的实现，最终使学习者能够获取较强的交际能力。此外，还应充分考虑到教材受众的个性差异和特点，有一定的内容和项目应当由教师和学生根据各自的特点和需要来选择。不但在一套教材中要有一定的可供教师和学生选择的余地，甚至一册书中、一个单元中亦应该安排一定的内容和项目以供选择。这样既可满足一般的需要，又可满足不同个性的需要，更有利于因材施教和分类指导。

四、目前亟须研究的一些课题

1. 我国外语教材编写的基本理论研究

长期以来，我国编写出版了许多外语教材，其中有些教材编得非常好，深受教师和学生的欢迎，促进了教学的发展，培养了成千上万的外语人才和既掌握专业又懂外语的人才，不少教材因此荣获国家级和省部级以上各类奖项；但是我们没有将这些丰富的经验进行很好的总结和提炼，使它们上升到理论水平。现在十分有必要对这些教材的编写基本理论进行研究，形成具有中国特色的外语教材编写的基本理论和体系，用于指导日后教材的编写。

2. 对国外第二语言或外语教材编写理论和特点的研究

改革开放以来，我国与国外教育界的交往日益频繁，引进的外语教材成百上千，其中不乏质量上乘的教材。通过引进、借鉴、消化，促进和丰富了我国外语教材编写的实践和理论。开展对这些教材编写理论和特点的研究，探索其采取的基本理论体系、原则和方法，归纳或提炼其特点，则有助于我们提高对引进外语教材的鉴别力和判断力，同

时也有助于我们了解和熟悉国外教材的理论研究的新发展和通常采用的编写理论、方法和手段，有助于我们知己知彼、洋为中用。

3. 对国内现行英语教材编写理论与实践的研究

近20年来，我国编写出版了几十套供英语专业和大学英语教学所用的教材。有的昙花一现，用了没几年就因各种原因寿终正寝，有的仅在很小的范围内使用，使用的人数有限。大浪淘沙，经过数十年的教学检验和市场考验，现今有了数套广泛使用的英语专业教材和大学英语教材。由于其定位准确、教学理念先进、教学方法合乎国情、内容贴近时代、选材广泛、体裁多样、练习设计和教学活动符合学习者心理认知特点，颇有助于学习者系统地掌握整个语言体系和语言能力，从而打下扎实的语言基本功。而且这些教材均因教材、教参、多媒体、网络配套齐全而深受师生们的欢迎和喜爱。因此十分有必要对这些现行教材的编写理论和实践进行专题研究，有所发现、有所借鉴，为指导实践、创新理论作出积极的贡献。

4. 对国外主要英语教材的分析和研究

目前，我国各出版社引进出版和合作出版的英语教材繁多，且有不断上升的趋势。这些教材编写的理念是否先进？教学的对象是否明确？定位是否准确？教学材料是否反映时代特点？题材、体裁配置是否恰当？编写方面有哪些鲜明的特点？适用于哪一群体的学习者？教材的设计和编排上有何创新？练习设计和教学活动是否合乎学习者的心理认知过程和规律？是否合乎国情？等等，都是很值得我们进行研究和探讨的问题，只有经过研讨，我们才能对引进教材有清晰的了解和认识，才能切实做到"他山之石，可以攻玉"。

5. 传统概念的教材与多媒体、立体化、网络化教材的关系与匹配研究

近10年来，随着科学技术的发展，电脑的普及，计算机辅助教学的发展方兴未艾，如火如荼。原本单调的语言知识的讲解与传授、语言技能的机械操练和目的语国家的文化的讲解和传授，借助于多媒体和网络技术变得生动活泼、形式多样，语言操练形式丰富，人机互动，趣味盎然，效果显著，异国文化的讲解更是生动、直观、资料丰富、检索便捷。但是多媒体、立体化、网络化教材的发展将对传统概念的教材产生多大影响？带来多大冲击？传统概念的教材还有多大优势？如何将纸质教材与电子化、网络化有效匹配，各司其职，充分发挥各自的优势和特点？在教材设计时如何处理好各自的关系？如何有效

配置？课堂上如何使用不同载体的教学材料和资源？诸多课题很值得我们作进一步的探讨和研究，为搞好计算机辅助教学，促进教学效果和质量的提高作出积极的努力和贡献。

6. 课本与多元化教学资源的关系研究

传统的外语教材通常由课本、练习册、教学参考书、教师用书组成。多元化教学资源的开发和使用，使得教学材料、教学资源更为丰富，来源亦更加多渠道。无论是语言知识、语言技能方面的，还是文化知识与相关知识方面的，其载体都比以往更加丰富、更加多样化。如何将不同的载体——纸质的、音像的、多媒体光盘、网络的资源与课本——作有效配置和充分利用，一体为主、相互依存、互为促进、互为补充，各自发挥其优势与特点，而不是仅仅将纸质的内容搬上音像的、多媒体的或网络的载体；如何将课本与多元化的教学资源的关系处理好，更有效地合理配置，开拓教学资源，使教学的开展超越时空：这些问题亟须研究。

7. 外语教材的评价体系研究

改革开放以来，外语教材的编写出版日趋繁荣，可供选择的教材越来越多。国内编写出版的、从境外引进的，只要想得到，几乎都找得到。但是其编写水平和质量参差不齐，选用者不易鉴别良莠。为了不断提高外语教材的编写水平和质量，为使用者提供选择教材的标准，亟须外语教师和外语教育的研究人员积极开展外语教材评价体系的研究，就外语教材的评价原则、评价方法、评价标准、评价内容等方面研制出科学的、客观的、实用的、可操作的体系，供教师和学生在选用教材时作为参考的依据。

8. 教材编写内容、形式、手段等方面的创新研究

以往外语教材的编写，往往较多参考同类教材的编写体系、内容、方法和形式，或研究一下国外教材有何可借鉴之处，比较多地关注选材、练习设计、课堂活动等，这些都是必要的；但是针对中国学生的需求，我们在编写外语教材时应更多地考虑中国人学习外语的一些特点。比如他们的语言认知特点、文化知识水平等；在选材时应充分考虑他们生活的时代特点、已具备的文化水平、认知特点，以及其他学科的内容；练习则更应按教学和认知要求来设计，应具有趣味性、互动性、针对性，以服务和促进语言和文化的习得。现在的一种倾向是太贴近某一种全国性的测试。当然有一定的联系让学生熟悉一下题型未必不可，但须掌握一个度。编写的形式、手段等如何适应时代发展的需要，这些问题都很值得外语教师、教材编写者和出版者共同探讨和研究。

五、结束语

构建具有中国特色的外语教材编写和评价体系是一个紧迫而十分有意义的课题。这一课题与我国外语教材编写体系的建立、评价标准的设立、外语教材编写理论水平的提高、外语教材编写水平和质量的提高,以及教材的选择和使用都有着密切的关系;但它又是一项涉及面广、内容繁多而又复杂的系统工程,有很多方面都应开展专门的调查和研究。由于目前对这一领域的研究成果不是太多,可借鉴的资料有限,本文所谈及的现状分析、存在的问题和论述的理论和原则、提出的建议和设想都是十分肤浅的,看法亦未必正确,涉及的层面亦难免挂一漏万。笔者发表这些看法,只是就这些问题求教于外语界的同行们,并希望起到抛砖引玉的作用。

参考文献

[1] Brain, K. Lynch. Language Assessment and Programme Evaluation [M]. Edinburgh: Edinburgh University Press, 2003.

[2] Ian, McGrath. Materials Evaluation and Design for Language Teaching [M]. Edinburgh: Edinburgh University Press, 2002.

[3] 程晓堂. 英语教材分析与设计 [M]. 北京:外语教学与研究出版社,2002.

[4]《大学英语教学大纲》修订组. 大学英语教学大纲(修订本)[M]. 上海:上海外语教育出版社,1999.

[5] 高等学校英语专业教学指导委员会英语组. 高等学校英语专业英语教学大纲 [M]. 上海:上海外语教育出版社,2000.

[6] 教育部高等教育司. 大学英语课程教学要求(试行)[M]. 上海:上海外语教育出版社,2004.

[7] 束定芳,庄智象. 现代外语教学——理论、实践与方法 [M]. 上海:上海外语教育出版社,1996.

*本文发表于《外语界》2006年第六期。

外语教材编写出版的研究

今年是我国改革开放30周年。在中国社会不断深化改革、不断推进开放的过程中，出现了对各类外语人才前所未有的渴求，对外语教学和外语教材的需求也在持续快速增长。我们这些年来外语教材编写和出版建设取得的丰硕收获，既是改革开放事业深入发展的必然结果，同时又对我国改革开放的历史进程产生了不容忽视的影响。深入回顾和梳理我们在这方面形成的经验、存在的问题和面临的新挑战，对于我们继续做好这方面的工作，更好地服务于当前仍需要我们继续大力推进的改革开放事业，具有重要意义。

一、简要的历史回溯和若干启示

外语教材建设作为教学改革的重要内容之一，直接关系着教学质量、学科发展与人才培养。因而，教材的出版工作承载着很多的社会责任与教育期望，影响着我国几亿学生的学习质量与成长发展。中国出版人本着一种科学、严谨、负责的态度，在探索和建设科学、系统并具有中国特色的外语教材编写与出版体系方面，进行了持续不断的探索和努力。

改革开放初到20世纪80年代中叶，可以说是我国外语教材建设的积累阶段，原有的优质外语教材已无法满足社会的爆发性需求。1986年国家教育部颁布了统一的大学英语教学大纲，一批以"文理工相通"、突出阅读技能培养为特色的英语教材相继问世，如董亚芬教授主编的《大学英语》、杨惠中教授主编的《大学核心英语》、陆慈教授主编的《新英语教程》、与国外合作编写的《现代英语》等，这些教材在我国改革开放以来的英语教育中发挥了不可磨灭的历史作用。80年代末，国家教育部先后颁布了英语专业基础阶段和高年级阶段的教学大纲,于是外语教材建设又进入了一个新的发展时期:李观仪教授主编的《新编英语教程》、李筱菊教授主编的《交际英语教程·核心课程》、黄源深教授主编的《高等师范英语》、胡文仲教授主编的《大学英语教程》等进一步推动了英语学科的教材建设和学科发展。90年代后期开始,我国高等教育的规模又有了进一步的扩展。国家教育部采取了一系列深化教学改革的举措,包括大学外语教学大纲的修订,网络教学的试点等,我国的外语教材建设开创了历史新局面,涌现出诸如《大学英语》(全新版)、《大学英语》(修订版)、《新世纪大学英语》、《21世纪大学英语》、《新视野大学英语》等大量各具特色的新教材,并从纸质平面教材向以多媒体网络为依托的立体化教材方向发展。

在近几个"五年计划"期间,国家教育部立项的国家级规划教材几乎是以两位数以上的速度在增长。另一方面,经济全球化与国际交流的深入开展,外语与计算机成为21世纪人类"学会生存"与"适应生存"的两大需求。全国有3亿多人在学习外语,这一巨大的市场亦不可避免地吸引众多的编写者和出版者去从事教材的开发、出版工作。尽管我国每年要出版一大批外语教材,但外语教材编写出版理论和实践方面的研究仍然比较薄弱,众多的编写者、出版社热衷于教材、教辅的出版,其中难免出现质量不过关的情况。这给教材的选用,教材建设的健康发展和外语教学质量的提高带来了隐患。

教材开发是一项需要慎重对待的系统工程,它必须服务于我国的改革开放和教学改革。如何从实际出发,不断总结与反思外语教材出版新的理念和方法以及存在的问题,探索科学、系统并具有中国特色的外语教材编写与出版体系,这对外语教材质量和水平的提高、对促进外语学科建设与人才培养都具有重要的现实意义。编写外语教材,必须以教学大纲为依据,以需求分析为基础。这个问题的重要性我想无须多说。同时要以人为本,服务于学习者人格的塑造、素质的培养和心智的发展。教材的内容、教材所倡导的观点,往往会对学习者产生深远的影响。外语教材的出版,应始终坚持正确的导向,宣扬和传授积极的向上的精神。外语教学材料除了帮助学习者打好语言知识、语言技能、文化知识等基本功外,还应始终关注人的发展,关注学习者健康的成长、人格的塑造、综合能力和综合素质的培养及心智的成熟。要坚持"质量为先",切忌急功近利。教材不是一般的出版物,稍有差错就可能影响千千万万的学习者,所以从事教材出版必须有"如履薄冰"的感觉。教材质量是教材出版的第一要素,"质量为先"是教材出版遵循的重要原则。我认为,优质的教材一定是"磨"出来的。急功近利或一蹴而就做不出好教材。

二、外语教材出版的新趋势及其意义

在知识快速更新的今天,教材出版者必须具有敏锐的反应能力和前瞻性,必须密切关注市场与教学的变化,随时满足社会与市场需求,满足教学需求,否则教材出版就难以做到有效地服务教学改革、服务学科建设、服务人才培养。结合近几年外语教材出版的快速发展,结合外教社教材出版的实践体会,我认为以下几点体现了外语教材出版日渐成熟的发展趋势。

1. 不断适应社会需求,变被动出版为主动出版

传统出版的做法是书稿由编辑组稿或是作者投稿,然后出版社进行选题论证,决定是否采用。在这种情况下,图书的内容与风格基本上由作者自主决定,出版社处于被动地位,即便是审读中发现一些问题,也多半是局部的或文字等方面的问题,整部图书的编写理念与结构不可能再作根本性改变,因为此时木已成舟。外教社的某些出版物仍然沿袭了传统出版做法,但在教材出版上已有了质的变化,即由被动等待书稿或寻找书稿转变为出版社根据社会和市场需求、教学需要和人才培养目标与规格的变化进行自主研发和组织编写。教材的出版战略、编写理念与思路、市场定位、整体框架等由出版社及编辑根据调研和分析结果预先设定,出版社在教材的编写出版上拥有了更多的主动权和发言权。虽然教材的编撰者是专家而非出版社的编辑,但编辑们应了解教学,熟悉教材编写的理论、方法与流程,了解教学规律与特点,掌握市场变化和要求,所策划、编写的教材应做到理念先进、定位准确、特点鲜明,这有利于提升教材的整体质量。

2. 坚持以针对性、科学性、系统性、稳定性为原则,兼顾特殊性和可选择性

首先,外语学习有循序渐进的规律,有的外语教材出现了"四代同堂"的局面,小学、初中、高中、大学甚至英语专业都在使用同一种教材,难以满足不同教育群体的学习需求。这就要求外语教材应具有准确和具体的目标定位。其次,外语教材要有较强的科学性,教材的编写出版要符合学习规律,适应学习者的认知心理过程与特点,充分考虑外语学习的环境、条件与实际情况,坚持外语教材出版的"真实性原则、循序渐进原则、趣味性原则和实用性原则"。第三,外语教材应给学生提供一个完整的语言和技能训练体系。中国人学习外语十分注重学习和掌握整个语言的体系,因为从某种意义上说,只有具备了语言能力,才能具备交际能力,外语学习如果不掌握整个语言体系,则不能说是掌握

了这门语言，其交际能力亦是受到限制的。外语教材所涵盖的语言知识、语言技能、文化知识等内容都应是相互结合、相互渗透的整体，不能七零八落，也不能厚此薄彼。第四，教材是教学内容的主要载体，教材的相对统一和稳定是必要的，否则难以保证正常的教学秩序和一定的教学效果。外语教材的出版应考虑一定的稳定性，提供给学生的语言知识和技能应相对稳定，学习体系也应该相对稳定，但这并不是说教材不该随着社会发展和教学需求的变化而变化。此外，外语教材还要兼顾特殊性和可选择性，要考虑教材使用者的差异和特点，有一定量的内容和项目应当由教师和学生根据各自的需要而选择，有利于因材施教与分类指导。令人高兴的是，这些基本的理念正在成为越来越多的外语教材编写和出版工作者的共识。

三、外语教材出版建设仍需研究解决的课题

1. 对我国外语教材编写出版的理论和评价体系的研究

长期以来，尽管我国外语界的专家、学者在教材建设和编写方面倾注了大量的心血，已编写出版了不少优秀的教材，但遗憾的是，有关教材编写出版的理论体系尚未形成。有的教材编写出版过程缺乏理论指导，前人怎么编写，后人也怎么编写，亦未能很好地将实践和经验提炼成理论，并反过来用理论指导教材出版。另外，对于如何科学、客观地评价外语教材，也缺乏系统的评估体系与标准。因此，有必要对教材的编写及出版过程进行研究，形成具有中国特色的外语教材出版基本理论和评价体系，用于指导今后外语教材的编写出版，也便于教学单位、教师和学生选择教材。

2. 教材出版的"拿来主义"与本土化研究

改革开放以来，我国与国外教育界、出版界的交流与合作日益频繁，引进出版了大量优秀的外语教材。但从以英语为母语的国家引进的原版教材并不一定符合我国学生学习英语的认知特点和学习方法及习惯，也不一定会获得理想的教学效果。文化、思维、学习方式、教学方法等诸方面的差异，导致相当部分原版教材与我国外语教学实际不相符。任何国外理论与方法的学习、借鉴都必须充分考虑中国国情，结合中国的实际。在引进国外原版语言教材时，一定要对国外教材的定位、编写模式、读者对象、编写特点、使用情况等作深入的了解，提高对引进外语教材的鉴别力与判断力，或者结合我国外语教学的实际需要对教材进行"本土化"改造，使之"洋为中用"，服务于我国的外语教学。

3. 传统概念的教材与教材出版的立体化、数字化研究

现代信息技术的迅速发展对传统出版业产生了巨大的影响，外语教材出版已不局限于传统的纸质教材开发，而呈现出多媒体、立体化、网络化、数字化发展趋势。1998年，外教社开始为教材配备立体化教学光盘，新技术的运用大大拓展了纸质教材的发展空间，为教师和学习者提供了更多的内容资源。一方面，我们应认识到计算机辅助教学、网络等先进教育手段所具有的优势；另一方面，也应考虑如何将纸质教材与数字化教材进行有效匹配，各司其职，充分发挥各自的优势与特点，在教材的设计与使用过程中处理好两者的关系等。

以上这些课题仍值得我们作进一步的探讨与研究。希望我国外语教育界、出版界的同行，能够共同深入研究、探讨外语教材出版发展过程中的经验与问题，更好地承担起外语教材出版的使命与责任，开创外语教材建设的新局面，为外语教学改革和新世纪外语人才的培养作出我们应有的贡献。

★本文发表于《文汇报》2008年6月23日，标题略有改动。

国际化创新型外语人才培养的教材体系建设

我们前期的研究分析了国际化创新型外语人才的内涵、规格和培养目标,阐述了国际化创新型外语人才培养涉及的各种要素,如课程、师资、教材、教法、教学管理模式等(庄智象等,2011、2012a、2012b、2012c)。在诸多要素中,教材集中体现着国际化创新型外语人才培养的目标规格和课程体系的要求,教材建设是人才培养的重要环节。由此,本文拟对国际化创新型外语人才培养中的教材体系建设进行专门的探讨,论述如何针对国际化创新型外语人才培养构建特色鲜明的高质量教材体系。

一、国际化创新型外语人才的定义

随着我国融入国际社会、参与国际事务进程的加快,国家对外语专业水平好、文化知识素养高、具有国际视野、通晓国际规则、能够参与国际事务和竞争的国际化创新型外语人才的需求越来越迫切。国际化创新型外语人才应具有以下特征:(1)良好的语言基本功,这是外语专业人才首要的业务素质,没有扎实的语言基本功,国际化也就成了空中楼阁;(2)完整、合理的专业知识结构,这要求外语专业人才具有全面的知识结构,通晓国际惯例,熟悉、掌握相关领域专业知识;(3)创新思维能力和分析解决问题的能力,外语专业人才的创新型应该说更多地表现为他们的批判性思维能力以及在学习、生活和工作中的独立思考、分析和解决问题的能力;(4)具有国际视野,通晓国际规则,能够参与国际事务和国际竞争,这要求外语专业人才具有较强的跨文化沟通能力。当然,在经受多元文化冲击之时,外语专业人才还需具备较高的政治思想素质和健康的心理素质,以正确、妥当地应对和处理各种情况(庄智象等,2011)。

从上述特征来看，国际化创新型外语人才培养与以往的外语人才培养在目标、要求等方面都明显不同，尤其是对知识、技能、综合素质的要求都较以往更高，特色上鲜明突出国际化与创新型素质培养。这些特征都应在课程体系中得以体现，在教材体系中得以落实。

二、国际化创新型外语人才培养中教材建设的重要性

教材建设是教学中一个不可或缺的重要环节。不少国际著名教学专家（如：Swales, 1980; Hutchinson and Torres, 1994; Gary, 2000）都从不同角度肯定了教材的作用，认为教材服务于一定的教学目的，不仅为教学提供较系统的课堂教学安排，而且还提供较好的语言输入，既有助于解决教师自身水平不一的问题，又能使教学质量得到统一保障（转引自冯辉、张雪梅，2009）。我国外语教学的一些指导性文件，如《高等学校英语专业英语教学大纲》、《英语课程标准》等都指出了教材建设的重要性，并对教材的编写、选择、使用提出了指导性建议。

教材在教学改革与创新型人才培养中的重要性也经常被研究者与学者提及。例如，上海外国语大学"关于我国外语教学'一条龙'改革研究"课题组的张慧芬教授就指出："教材建设是外语教学改革的重要环节，教材的改革将带来教学方法的改变。优秀的教材是教育思想、目标、内容和方法的体现"（戴炜栋等，2002：28）。教材在其他教学相关领域也同样发挥着重要作用。比如，清华大学教务处处长段远源认为，教材建设在研究型大学建设中具有重要意义，高水平、高质量的教材可以引导和支持教师的研究型教学，也可以引导学生乐于探索的学习（段远源、冯婉玲，2008）。

为实施国际化创新型外语人才培养，教学上要进行相应的课程体系改革与创新，课程体系改革则必然促使支撑课程体系的教材体系发生重构。因此，培养国际化创新型人才必须构建相应的课程资源体系及其核心——教材体系。本文提出构建从中小学到大学的国际化创新型外语人才培养"一条龙"教材体系，重点阐述其与以往教材的不同之处，特别强调其结构、特色、质量等方面要求的提升。

三、国际化创新型外语人才培养中小学阶段教材体系构建

中小学阶段属于基础教育阶段，具有这一阶段的基础性、循序渐进等共同特征。国际化创新型外语人才"一条龙"培养的中小学阶段也是如此，同时还应体现国际化创新

型外语人才培养的要求,在培养目标、课程与教材建设、教材编写出版形式方面体现鲜明特色。

1. 培养目标

当前指导我国中小学英语教学的文件是《英语课程标准》。这一标准对中小学英语教材的编写制定了指导性原则,提出了一系列具体要求。培养国际化创新型人才的中小学阶段教材一方面应该遵循《英语课程标准》中大量合理的原则,另一方面又应该体现自身特色,以实现学生能力培养的如下目标:(1)学生在中学毕业时具备良好的外语能力,能够在进入大学后快速适应使用外语进行专业课程学习;(2)学生具有开放、包容的态度,具有良好的跨文化交际能力与国际意识、国际视野;(3)学生具有较强的自主学习能力、创新的思维能力与良好的分析、解决问题能力(庄智象等,2012b)。因此,培养国际化创新型人才的中小学英语教材涵盖的语言技能水平应比《英语课程标准》高,具体可参考借鉴《大学英语课程教学要求》的较高要求、《高等学校英语专业英语教学大纲》的基础阶段要求等,并注重对学生思辨能力、跨文化交际能力、创新意识的培养及国际视野的拓展。

2. 课程与教材建设

培养国际化创新型外语人才的中小学课程体系既要在课程设置、学时分配等方面体现对外语人才培养的侧重,又要积极调用课内外教学资源,全方位培养学生的相关知识与技能。根据人才培养特色和课程教学实际,教材体系可分为不同的子系列及其具体品种。主干教材可根据《英语课程标准》的语言技能、语言知识、情感态度、学习策略、文化意识五维目标编制,在语言技能、语言知识方面明确提出更高要求,在情感态度、学习策略、文化意识方面也根据国际化人才培养的需要突出特色。各系列、各品种教材要充分反映国际化人才培养的特色。为向学生提供自主选择和自我发展的机会,《普通高中英语课程标准(实验)》就已倡导鼓励在高中阶段开设一系列"任意选修课"。国际化创新型人才培养作为高规格培养模式,应该在各个学段都开设选修课,并且应具有鲜明的国际化、创新型特点。例如,可以开设英语以外的其他外语、英语演讲与辩论、外国影视欣赏、西方文明史、国际市场等课程。从语言知识与技能发展、素质培养到专业知识预备等各级各类课程都可以根据实际需要开设,在进行相应教材建设后开展教学。

此外,各类显性与隐性课程、各种课外活动也是课程体系的有机组成部分。除了目前部分中小学已经开展的英语周、国际文化节、姐妹学校互访、国际游学、模拟联合国等活动以外，培养国际化创新型外语人才的课程体系还可以增加特色课程、社团活动、国际化活动等。同时，可将上述课程与课外活动具有共性的部分编写成特色教材进行推广，进一步补充完善基础性、整体性和多样性的中小学特色课程体系和教材建设。

3. 教材编写出版形式

培养国际化创新型外语人才的中小学英语教材的编写出版是一项系统工程，需要整合运用国内外资源来实施推进。首先，在主干教材的编写方面，可以考虑采取国际合作模式，发挥国内外专家、出版社的各自优势，成立专门的编制团队甚至机构来保障主干教材的有序、有效开发与编制。其次，在各种非主干教材、课程活动开发方面，可采用更灵活的方式，既可以采用国际合作模式，也可以利用国外现有的质量好、有特色、受欢迎的教材，或者鼓励国内专家、具有国际化人才培养经验的一线教师开发编写教材，在试用成功后进一步推广。

国际化创新型外语人才培养中小学英语教材体系不仅应包括传统的纸质教材，还应包括立体化、动态化的配套教材。在过去10多年里，我国中小学英语教材立体化开发已积累了不少经验，多媒体课件、学习网站等在英语教学中得到了一定程度的应用。国际化创新型外语人才培养中小学英语教材体系构建更应符合数字化和信息化这一教材编写、出版、使用的国际潮流，实现现代信息技术与英语教学的有机结合。具体而言，除纸质教材之外，应开发配套多媒体课件、助学光盘或网络系统，建立教学互动网站、网络社区等，开发整合视频课程，建设网络资源库。当前，国内各地教育部门正在积极试验各种新型教学硬件与环境，如上海正在开发电子书包项目等。培养国际化创新型外语人才的教材也可充分利用最新教学成果，增进师生、生生在教学中的交流互动，促进学生学习的个性化与自主性。

近年来，网络上可供学习与人才培养的教学资源已颇为丰富，如国内外名校在网上公开的课程、各类专业网站提供的资源与服务等。在培养国际化创新型人才的课程设置和教材建设中，可以开设有针对性的相关课程和编制相应教材，帮助学生了解这些资源，并培养其甄别、选择、运用资源的能力，使这些资源真正成为针对性强、有效性高的学习材料。

四、国际化创新型外语人才培养大学阶段教材体系构建

大学阶段是国际化创新型外语人才培养的关键阶段。与基础性中小学阶段不同，大

学阶段是国际化创新型外语人才特质的塑造时期。在这一阶段，课程与教学要完全按照国际化创新型外语人才培养的要求来设置，在培养目标、课程与教材建设、教材编写出版形式等方面形成创新特色。

1. 培养目标

现行《高等学校英语专业英语教学大纲》将英语专业课程细分为专业技能、专业知识和相关专业知识3种类型。专业技能课程指综合训练课程和各种英语技能的单项训练课程，如基础英语、听力、口语等；专业知识课程指英语语言、文学、文化方面的课程；相关专业知识课程指与英语专业有关联的其他专业知识课程，如外交、经贸、法律等。该大纲强调一、二年级基础阶段的主要教学任务是传授英语基础知识，培养学生实际运用语言的能力，为进入高年级打下扎实的专业基础；三、四年级高年级阶段除继续打好语言基本功外，还要学习英语专业知识和相关专业知识，进一步扩大知识面，增强对文化差异的敏感性，提高综合运用英语进行交际的能力。

对国际化创新型外语人才培养整个体系而言，如果在大学阶段仅仅实施现行英语专业教学大纲的任务、目标和要求，是远远不能满足人才培养需求的。我们先前已经指出，在国际化创新型人才培养体系中，英语专业本科阶段教学大纲提出的一、二年级基础阶段教学目标应该下移到中学阶段，即学生高中毕业便需打下扎实的语言基本功，初步具备国际视野、跨文化沟通能力和创新能力。这样，大学阶段能够继续发展学生在中学阶段已经获得的各种能力，提升和完善培养目标，并根据学生的特点和兴趣着重发展他们某一领域的专业知识与能力，从而实现与中学阶段的有效衔接，使人才培养"一条龙"体系发挥功效。

作为人文学科，外语专业的国际化创新型人才培养的主要目标是培养某一学科专业的拔尖和领军人才，专业领域可以是外交、文学（英语创作）、新闻、高级翻译（特别是汉译外）、跨文化交际等。这类人才能够在国际平台参与学术、文化交流，发出中国的声音，进而成为某一学科专业的国际领军人才。

2. 课程与教材建设

（1）"语言中心"模式——学术技能培养

对中学毕业时已打下扎实英语语言基本功的学生而言，进入大学之后基本具备了将英语作为工具学习学科专业的能力。对他们的培养，除了在课程设置上加大写、译课程的比例外，应将更多的精力放在专业知识课程教学上，以拓宽其知识面，培养其独立思考与分析解决问题的能力。由此，我们认为在培养国际化创新型人才的课程体系中，大学阶段应缩减现有英语专业教学大纲中的技能课程。当然，缩减并非摈弃，而是优化技能课程的质量和要求。我们建议在技能课程教学阶段实施"语言中心"（language center）课程模式，为学生提供短期强化的学术英语听、说、读、写等技能训练。学生根据自己的实际情况选择课程，通过提升专业技能夯实基本功，为进入专业学习打下基础。

"语言中心"的课程与教材在设计上可以借鉴国外高校语言课教学要求，把重点放在学生学术能力的提升上，培养学生有效进行高层次学术活动的能力，具体可开发以下主要教材品种。

学术英语听力。课程目标是使学生能听懂学术讲座、大型学术会议和活动的发言，具备边听边记笔记的能力。配套教材的语料主要选择各类学术活动的听力内容，可覆盖语言学、商务、市场、心理、经济等领域。学术英语听力教学不同于中学阶段以日常生活为主要内容的听力教学，语料要求真实，内容长度增加，教学活动设计、学术词汇选择、讲座模式等方面逐渐向培养高端学术活动能力要求过渡。

学术英语口语。课程目标为培养学生参与学术活动并有效表达的能力。教材内容主题较为宽泛，可涉及健康、环境、媒体、网络等；教学活动设计注重培养学生参与学术讨论、发表观点并从不同角度支持自己观点的能力。

学术英语阅读。课程目标是培养学生从事学术活动时高效查阅各类资料，并对海量信息进行整理、归纳、总结的能力。教材设计要注重发展学生的阅读策略，使学生熟悉学术文章结构，培养学生对文本进行分析和批判性思考的能力，尤其要培养他们针对一个学术项目开展学术调研，收集信息并形成观点的能力。

学术英语写作。课程目标为发展学生从事学术活动所需的写作能力。教材设计注重培养学生的语言技能、阅读学术语篇和批判性思维能力，强调以笔头形式表达观点的能力培养。

"语言中心"还可以设置语音课程，对学生的英语发音进行正音。学生准确地道的发音不仅能够提高其听力水平，而且有助于其记忆和联想学术文章中的单词，清晰阐述自己的观点，顺利开展各类国际性学术或交流活动。

当然，仅仅依靠"语言中心"提供的课程来提高各种能力是远远不够的，学生还需利用大量课余时间，通过网上查阅、课外实践等多渠道进行学习和提高。因此，"语言中心"还应涵盖阅读中心、资源链接、模拟现场等功能，为培养国际化创新型人才构建完整的学习体系。

（2）人才培养方向——专业知识学习

学生完成"语言中心"学习之后，应根据各自特点和专业发展需要，进行专业分科学习。英语学科的国际化人才培养方向大体可分为以下几类：对外交往（外事、外交、同声传译等），文学（文学翻译、创作等），学术研究（语言学、文学、跨文化研究等），新闻传媒（国际媒体采编等）。

针对对外交往方向的学生，应提供较多的外交事务与国际政治、经济、文化等专业课程，配以大量实践活动，使他们熟悉国际规则，了解国际间交往运作的规律，为今后参与国际竞争和国际活动打下基础。教材则不仅是包含理论和案例的纸质材料，还有多媒体化的模拟课程资源。

文学方向的学生应学习世界各国文学、历史，大量阅读各国文学作品，增强中英文语言转换能力和文学写作能力。这一方向学生的努力目标是成为英文作家或翻译家，能用英语直接进行文学创作，把国内作品译成外文，扩大中国文化的影响，或者把国外文化介绍给国人。实现这一培养目标的教材以引进教材为主，如文学史、文学选读、世界历史、英文读写、创意写作等课程的教材都可以选择引进。

针对学术研究方向的学生，应注重其学术能力、研究能力和创新能力培养。该方向的课程以专业理论学习为主，教材以各类引进专业教材和学术专著为主。除学习课程之外，学生要多参与学术会议，了解国际学术发展动态和前沿信息，不断创新，持续积累，以构建自身学术体系，进而提升国家在各个学术研究领域的综合水平。

新闻传媒方向学生是国际化创新型人才培养的一个重要领域，学生毕业后将担负起塑造、传播中国形象的重任。这一方向的教学可开设新闻知识、理论和实践课程，以提高学生的新闻专业水平和写作能力。该方向的教材可以引进，也可以原创，但必须体现立体化学习过程的特点，特别要注意新闻体裁的多样性和新闻内容的时效性，开展多种新闻传媒实践活动来完善课程设置。

（3）人文素养提升——通识课程建设

国际化创新型人才培养还需注重学生人文素养的提升。我们建议除开设专业知识课以外，还要设置大量的人文通识课程以扩大学生的知识面，增强他们分析和解决问题的能力。这些课程及其教材应涉及经济、政治、理工、农医等广泛的学科领域，以利于学生构建更广博的知识空间。

综上所述，培养国际化创新型外语人才大学阶段的课程体系构建应该强化英语技能课程，增加专业知识课程，开设人文通识课程，致力于实施人文教育。具体目标是建立以对外交往、文学创作、学术研究和新闻传媒方向为主体，以学科教育而不是技能训练为导向，丰富学科专业知识，提高学习能力、思辨能力、创新能力和研究能力的课程体系。

所有课程的教材都应围绕这一课程体系建设目标来开发和编写。

3. 教材编写出版形式

国际化创新型外语人才培养大学阶段所需的教材可以邀请国内兼具专业知识和语言能力的专家担纲编写，也可以大量引进国外优秀教材，以利于学生广泛涉猎。同时，在多媒体数字技术迅猛发展的时代，为培养国际化创新型外语人才所配置的教材不能仅仅停留于纸质形式，应采取纸质教材与多媒体数字资源结合使用的方式，并且强调课内与课外教学资源相结合，为学生的发展提供更多实践学习机会。因此，此处所指的教材其实只是国际化创新型外语人才培养所需教学资源的一部分。这部分教学材料聚焦于理论、知识和常用技能，其他教学材料则用于课外学习与实践。

结语

本文探究了在国际化创新型外语人才培养中如何构建特色鲜明的高质量教材体系的有关问题。文章主要从培养目标、课程与教材建设、教材编写出版形式等方面分别讨论了中小学阶段、大学阶段的教材如何体现特色，如何保障高质量，希望能对这一领域的工作起到推动作用。当然，关于国际化创新型外语人才培养教材体系建设这一探索性工作仍有大量问题需要继续深入研究解决，从而使教材体系构建在汲取以往经验的基础上走出一条崭新的道路，取得丰硕成果。

参考文献

[1] Gray, J. The ELT Coursebook as Cultural Artefact: How Teachers Censor and Adapt [J]. ELT Journal ,2000 (3): 274–283.

[2] Hutchinson, T. and E. Torres. The Textbook as Agent of Change [J] . ELT Journal, 1994 (4): 315–328.

[3] Swales, J.M. ESP: The Textbook Problem [J] . The ESP Journal, 1980(1):11–23.

[4] 戴炜栋等.对外语教学"一条龙"改革的思考——专家访谈摘录 [J].外语界，2002(1)：26—31，46.

[5] 段远源、冯婉玲.研究型大学教材建设相关问题思考[J].中国大学教学,2008(12)：80—83.

[6] 冯辉、张雪梅.英语专业教材建设的回顾与分析[J].外语界，2009 (6) ：63—69.

［7］高等学校外语专业教学指导委员会英语组.高等学校英语专业英语教学大纲［Z］.上海：上海外语教育出版社，2000.

［8］教育部.普通高中英语课程标准（实验）［Z］.北京：人民教育出版社，2003.

［9］庄智象等.关于国际化创新型外语人才的几点思考［J］.外语界，2011（6）：71—78.

［10］庄智象等.试论国际化创新型外语人才的培养［J］.外语界，2012a（2）：41—48.

［11］庄智象等.国际化创新型外语人才培养的思考—教学大纲、课程体系、教学方法与手段［J］.外语界，2012b（4）：61—67.

［12］庄智象等.探索适应国际化创新型外语人才培养的教学管理模式［J］.外语界，2012c（5）：68—72.

★本文发表于《外语界》2013年第五期，标题略有改动，作者：庄智象、韩天霖、谢宇、孙玉、严凯、刘华初。

英语专业本科生教材建设的一点思考

我国经济、社会的迅速发展,申奥、申博的成功,国际交往的日益频繁,各行各业对高层次的、能够参与国际竞争的创新型外语人才的需求日益迫切。如何更快、更好地培养出一大批高素质、高层次的外语人才,更好地为我国的改革开放、经济建设和社会发展服务,已成为全国外语界和政府有关部门十分关注的课题。造就高素质的外语人才离不开一支高水准的、有敬业和奉献精神的师资队伍,同时必须有能够满足当前和今后数年中人才培养规格需要的教材。也就是说,能否培养出优秀的外语人才,与是否有一流生源、优秀的师资队伍和优质的教材密切相关。本文拟就我国英语专业本科生教材的建设谈一点个人的看法,以求教于广大英语教师和英语科研及出版工作者。

一、英语专业本科生教材编写出版的历史与现状

新中国诞生后,党和政府十分关心和重视高校外语教材的建设工作。在专业外语教材编委会的领导下,各语种的统编教材相继问世,各外语院系还根据自己的特点自编了不少教材。据不完全统计,至今我国已出版的高校外语教材近千种,有力地支持和促进了外语教材的建设和教学水平的提高。其中20世纪50年代编写出版的英语专业教材有《大学英语课本》(陈琳、王宗光等编)。60年代编写出版的有《英语》(1—4册,许国璋主编);《英语》(5—6册,俞大纲主编);《英语》(7—8册,徐燕谋主编);《英语语法手册》(薄冰、赵德鑫合编);《实用英语语法》(张道真编)等等。70年代由于"文革",外语教材建设受到了很大的干扰和破坏,几乎没有编写出版成套的英语专业教材。80年代编写出版的有《英语》(1—4册,上海外国语学院李观仪、薛蕃康主编);《交际核心英语》(1—4

册，广州外国语学院李筱菊主编）；《功能英语教程》（1—3册，黑龙江大学英语系编）；《英语》（1—4册，北京外国语学院胡文仲主编）；《英语》（1—4册，北京大学西语系编）；《英语基础教材》（山东大学吴富恒主编）；《高级英语》（1—2册，北京外国语学院张汉熙主编）。此外还编写出版了几十种英语语言知识、文学和文化方面的教材，如《英语语法要略》（南京大学吕天石主编）；《新编英语语法（上、下）》（上海外国语学院章振邦主编）；《美国英语应用语音学》（广州外国语学院桂灿昆主编）；《英语语音学引论》（四川大学周考成主编）；《简明英语语言学》（上海外国语学院戴炜栋主编）；《英语词汇学》（复旦大学陆国强主编）；《英语词汇学》（武汉大学林承璋主编）；《实用英语词汇学》（大连外国语学院和上海外国语学院汪榕培、李冬合著）；《英语听力入门》（华东师范大学张民伦主编）；《英语应用文》（上海外国语学院钱维藩主编）；《英国文学史》（1—4册）、《英国文学作品选》（1—3册）、《美国文学选读》（1—2册）、《20世纪欧美文学史》（均由南京大学陈嘉主编）；《英国文学史》（5卷本，北京外国语学院王佐良主编）；《英国文学选读》（1—3册，复旦大学杨岂深主编）；《现代英国小说史》（上海外国语学院侯维瑞主编）；《英美文学选读》（南京师范大学桂扬清主编）；《美国20世纪小说选读》（华东师范大学万培德主编）；《当代美国文学》（1—2册）、《英国短篇小说选读》、《美国短篇小说选读》（均由上海外国语学院秦小孟主编）；《心理语言学》、《语言学概论》（广州外国语学院桂诗春主编）；《语言问题探索》（中山大学王宗炎主编）；《英语文体学引论》（北京外国语学院王佐良主编）；《英语文体学入门》（华中师范大学秦秀白主编）；《英语语言史》（北京大学李赋宁主编）；《英语文化读本》（北京外国语学院许国璋主编）；《欧洲文化入门》（北京外国语学院王佐良主编）；《英汉翻译教程》（解放军外国语学院张培基主编）；《汉英翻译教程》（西安外国语学院吕瑞昌主编）等等。这些教材的编写出版极大地推动了英语专业的教材建设，推动了学科的发展，繁荣了学术研究，培养了师资队伍。可以说，这一时期的教材建设，既缓解了"文革"后一度出现的英语教材短缺的矛盾，又推出了一大批学术成果，涌现出一大批人才，有力地促进了英语教学和科研水平的提高。有相当一部分的教材至今仍经久不衰，被众多外语院系广泛使用。

　　进入90年代后，教材建设又进入了一个新的发展时期，有些英语主干教材进行了修订，有的在原有基础上配套齐全，同时又编写出版了一批语言学和应用语言学方面的教材，如《新编英语教程》（1—8册，上海外国语学院李观仪主编）；《交际英语教程·核心课程》（1—4册，广州外国语学院李筱菊主编）；《高等师范院校英语》（1—4册，上海师范大学黄次栋主编）；《高等师范院校英语》（1—8册，黄源深主编）；《英语泛读》（1—4册，解放军外国语学院曾肯干主编）；《新编英语泛读教程》（1—4册）、《新编英语口语教程》(1—4册)(均由南京大学王守仁主编);《现代大学英语精读》(北京外国语大学杨立民主编);《大学英语教程》(1—2册,北京外国语学院胡文仲主编);《精读英语教程》(复旦大学沈黎主编);《英美文学史》(河北师范大学吴伟仁主编);《美国文化简史》(南开大学袁海旺等编);《英美现代文论选》(四川大学朱通伯编);《英美文学工具书指南》(北京外国语学院钱青主编);《实用英语口译教程》(北京外国语学院吴冰主编)等等。这一阶段的英语教材建设既编写出版了英语主干课程的教材,同时也随着英语学科建设的发展,扩展了教材的范围,增加了不少语言学科和文学方面的选题,而且一般主干教材都配有教师用书等。此外,这一时期随着对外交往的频繁和扩大,引进了不少教材作为自编教材的补充。同时,大批赴国外留学的人员学成归来,将一些新学科引入了我国的英语教学,并编写出版了如认知语言学、语用学、语义学、社会语言学、应用语言学、国情学、语言学习理论、修辞学、语法学、学术论文写作、文化交际学、测试学、生成语法、功能语法、翻译学等方面的教材,加快了英语学科的建设,拓宽了教师的视野,进一步推动了英语学科的教材建设和学科发展。

二、新形势对英语专业本科生教材建设提出了新的要求

进入21世纪以后,我国的社会主义建设更是日新月异,申奥、申博的成功,党的十六大的胜利召开,"全心全意谋发展,一心一意奔小康"方针的制订,更是强劲地推动了我国经济和社会各项事业的迅猛发展,同时也给英语学科的发展和教材建设带来了前所未有的大好机遇和严峻挑战。我国经济和社会各项事业的迅速发展,尤其是我国对外交往的频繁和扩大,我国在国际事务中的影响力日益增强,在国际事务中的地位和作用不断提升,社会各界对高层次、高素质的英语人才的需求不断高涨,为英语学科和教材建设带来了良好的机遇。然而,英语专业现有的课程设置、师资队伍、教材内容和表现手段等能否满足这种高要求的人才规格培养的形势需要?我们暂且不谈课程设置是否要按社会需求变化而变化,或师资队伍是否能够满足教学要求,仅就教材的内容、种类和形式而言,社会对英语人才培养规格要求的变化也必然带来教材内容和形式的变化,尤其是从21世纪开始,有条件的小学都纷纷开设英语课;新的《中学英语课程标准》的颁布,对中学英语提出了新的要求;大学公共英语教学改革的快速发展,新的《大学英语课程教学要求》的制定和颁布,英语教学要求和水平的全面提升,对英语专业又提出了强劲的挑战。英语专业学科的建设和更新、教材内容的改革和提升已迫在眉睫。综观我国英语专业的教材建设,建国50多年来应该说已取得了令世人瞩目的成绩,但又不可

避免地受到时代的限制，以往的英语教材可以说既多又少：一般性的、质量平平的教材多；高质量的精品少。在英语主干课程方面，各外语院校和综合性大学几乎都有自编的英语精读课教材或称为英语综合课教材。各校自编教材的优点是：因地制宜，个性比较突出，适合本校的特点和教学要求，且教材多样化，有利于百家争鸣、百花齐放；缺点是：编写力量分散，群体的优势未能发挥，学术优势不明显，定位不高，往往容易产生低水平的重复，各校采用各自编写的教材，导致教学理论、教学方法、教学经验的交流甚少，对教材的评论亦相应缺乏，不甚有利于教材编写水平和教学质量的提高，同时容易产生教学资源的浪费。以往英语教材的编写突出语言知识面的传授和语言技能的训练，从已经出版的英语主干课教材看，基本上都具备贯彻循序渐进的原则、反映语言基本体系和稳定的语言共核、可帮助学生打下扎实的语言基本功的特点。建国后的英语专业本科生教材建设取得了卓越的成就，为我国社会主义建设和对外交流工作培养了一大批杰出的外语外事人才，为民族的振兴、强盛作出了积极的贡献。以往的英语专业本科生教材中，突出了语言知识的传授，强调语言技能的训练，这在英语作为外语的国度是必须的，不然很难想象怎样在比较短的时间内要求学生比较好地掌握英语的语言基本体系和共核。语言知识、语言技能的传授训练，在以后的教材编写中仍然必须十分重视并占据主要的位置，但是在以往的英语教材的编写中，我们似乎对人文科学和文化知识重视不够。教材内容中这方面的含量不足，这也是导致外语专业的学生知识面不甚宽广的一个原因。一般外语专业的毕业生语音语调都很好，语法用词都很正确，在一般性话题的讨论中尚可进行交流，但稍谈深一点或涉及某一个专业领域就可能无话可说。这可能是由以往的教学中，太注意语言知识的传授和语言技能训练，而对文化知识、人文科学的学习不够重视所致。语言毕竟是载体、外壳，思想、内容是它的被载体。如果没有优质的被载内容，载体就会显得十分苍白无力。面对新的形势、新的任务、新的需求，英语专业本科生教材如何突出专业特点？关键是要能够帮助学生既打下扎实的语言功底，熟练地掌握语言技能，又通晓一定的人文科学，具备较广博的文化知识。因此当务之急是编写一套适合中国人学习英语所需要的、教学理念正确、方法科学、手段现代的立体化的英语教材，以满足培养成千上万能够参与国际竞争的高素质的英语创新人才的英语教学之需要，为我国的快速、稳定、可持续发展作出积极的贡献。

三、"新世纪高等院校英语专业本科生系列教材"的特点

《高等学校英语专业英语教学大纲》（以下简称《大纲》）指出："高等学校英语专业

培养具有扎实的英语语言基础和广博的文化知识并能熟练地运用英语在外事、教育、经贸、文化、科技、军事等部门从事翻译、教学、管理、研究等工作的复合型英语人才。"在谈到英语专业人才的培养目标和规格时《大纲》指出:"这些人才应具有扎实的基本功、宽广的知识面、一定的相关专业知识、较强的能力和较高的素质,也就是要在打好扎实的英语语言基本功和牢固掌握英语专业知识的前提下,拓宽人文学科知识和科技知识,掌握与毕业后所从事的工作有关的专业基础知识,注重培养获取知识的能力、独立思考的能力和创新的能力,提高思想道德素质、文化素质和心理素质。"《大纲》同时又对英语专业课程进行了描述,指出:"英语专业课程分为英语专业技能、英语专业知识和相关专业知识3种类型,一般均应以英语为教学语言。"3种类型课程如下。

1. 英语专业技能课程:指综合训练课程和各种英语技能的单项训练课程,如基础英语、听力、口语、阅读、写作、口译、笔译等课程。

2. 英语专业知识课程:指英语语言、文学、文化方面的课程,如英语语音学、英语词汇学、英语语法学、英语文体学、英美文学、英美社会与文化、西方文学等课程。

3. 相关专业知识课程:指与英语专业有关联的其他专业知识课程,即有关外交、经贸、法律、管理、新闻、教育、科技、文化、军事等方面的专业知识课程。

《大纲》对英语专业人才的培养规格和课程设置进行了详细的界定和描述,为英语学科的建设、教材编写、人才培养等提出了明确的目标,具有很强的科学性、针对性和前瞻性。《大纲》于2000年5月由上海外语教育出版社和北京外语教学与研究出版社联合出版。为了适应英语专业本科生教学的发展需要,满足英语专业人才培养对教材的新要求,上海外语教育出版社按照《大纲》提出的21世纪英语专业人才的培养规格、课程设置、教学要求、教学原则、教学方法和教学手段、测试与评估等要求,及时地组织全国一流高校英语专家编写《新世纪高等院校英语专业本科生系列教材》,由全国高等学校外语专业教学指导委员会主任委员、上海外国语大学校长戴炜栋教授任总主编,该系列教材已被教育部列入普通高等教育"十五"国家级规划教材,从这套系列教材的策划设计和已出版的数十个品种来看,这套教材主要有以下几个显著的特点。

1. 理念正确、新颖。根据2000年5月出版的《高等学校英语专业英语教学大纲》的要求,充分考虑到我国在21世纪全面参与经济、科技、贸易、金融等各领域的国际竞争对英语人才的培养提出的更高要求,培养思维科学、心理健康、知识面广博、综合能力强、能娴熟运用英语的高素质创新人才。将英语教学定位于英语教育,不是单纯的英语语言培训或技能训练,而是以英语为主体,全面培养高素质的复合型创新人才,为此,教材的设计与编写紧紧扣住人才培养规格,并前瞻性地考虑到21世纪初我国经济和社会发展及我国申奥、申博的成功以及国际交往日益频繁所带来的人才需求的变化。

2. 融语言知识、技能、文化、人文科学于一体。整套教材共由语言知识、语言技能、语言学与文学、语言与文化、人文学科、测试与教学法等几个板块面组成，总数将超过150种。可以说，几乎涵盖了当前我国高校英语专业所开设的全部课程。英语复合型人才的教材（英语加专业）将另外组织编写。改变了以往英语专业的教材"语言知识＋语言技能"的编写体系。整套教材除了充分突出英语在我国作为外语而不是第二语言的国情，在着重帮助学生打好扎实的语音、语法、词汇和听、说、读、写、译基本功外，十分强调文化知识和人文科学的熏陶，着力培养学生分析问题、解决问题的能力，提高学生的人文科学素养和思辨能力，培养健康向上的人生观，使学生真正成为我国21世纪所需要的英语专业人才。在文化知识板块中，专门编写了涉及中国传统优秀文化的教材，改变了以往英语专业学生对所学语言国的了解大大甚于自己国家的状况，从而在对外交往中或在工作中既汲取英语国家优秀的文化和科技，亦能有效地将自己的民族优秀文化介绍给别人。

3. 体系完备，内容新颖。整套教材从英语专门人才培养规格出发，充分注意到未来英语专业人才应有的素质，将英语教学作为英语教育来观照，教材的整体设计和编写着眼于培养高素质、复合型创新人才的目标。从扎实的语言功底、熟练的应用英语技能、广博的文化知识，到熟悉的人文科学和一两门专业基础知识，几乎涵盖了当前英语专业本科教学所开设的所有课程，为英语专业选用教材提供了一份菜单，供使用者依其实际需要来选择。整套教材编写深入浅出，既体现了每一学科的稳定的基本体系和共核，又反映了各个学科领域的最新研究成果。编写体例采用国家最新有关标准，力求科学、完备、严谨。

4. 教学方法先进，合乎国情。整套教材（尤其是语言知识和语言技能板块的教材）的编写尽可能采用国际先进的教学理念和方法，但又不一味新、奇、特，而是充分考虑中国学生学习英语的特点，将我国成功的教学经验和方法融入教材之中。不以一种教学理论和方法贯彻始终，而是根据每一学科领域的特点，每一阶段的任务，综合各家长处，兼收并蓄，采用综合教学法，强调学生综合应用英语能力的培养，突出听说能力的训练，培养学生较强的交际能力，从而打下扎实的语言基本功。

5. 教学手段先进。整套教材一改传统英语教材的编写方法，除英语课本、练习册、教师用书外，还配有多媒体教学光盘。为了有利于教与学，分别研制助学和助教光盘，填补了以往英语专业本科生教材仅有纸质媒介而无电子媒介的空白，在条件成熟时还将研制网络版教材（局域网版和互联网版），为英语专业本科生教学超越时空的限制、为实现英语教学资源优化配置和利用开创了先河。

6. 强强联合，编写阵容强大，学术优势明显。整套教材由全国近30所主要外语院校和教育部重点大学英语院系的50多位英语教育专家组成编委会，其中多数是在各个领域颇有建树的专家，不少是高等学校外语专业教学指导委员会的委员。本教材的作者均由编委会专家遴选，并在仔细审阅编写大纲和样稿后确定，有的从数名候选人中遴选，总体上代表了我国英语教育的学术水准和最新研究成果及发展方向；充分发挥了群体学术优势、集体的智慧和力量，从而在组织上、学术力量上保证了该套教材的质量，以达到我国一流英语专业教材的水准，成为新世纪具有代表性的英语专业本科生教材的精品。

以上就我国英语专业本科生教材建设的历史与现状、新世纪教材建设所面临的机遇与挑战、"新世纪高等院校英语专业本科生系列教材"的特点作了一些阐述，因本人为材料、信息、眼光所限，难免有失偏颇，挂一漏万，如有不妥之处，敬请读者给予批评、指教。

参考文献

［1］Cunningsworth, Alan. Choosing Your Coursebook［M］. Oxford: Macmillan Heineman English Language Teaching, 1995.

［2］戴炜栋.新世纪高等院校英语专业本科生系列教材总序［M］.上海：上海外语教育出版社，2003.

［3］付克.中国外语教育史［M］.上海：上海外语教育出版社，1986.

［4］李良佑、刘犁.外语教育往事谈——教授们的回忆［M］.上海：上海外语教育出版社，1988.

［5］李良佑、张日昇、刘犁.中国英语教学史［M］.上海：上海外语教育出版社，1988.

［6］群懿、李馨亭.外语教育发展战略研究［M］.成都：四川教育出版社，1991.

［7］高等学校外语专业教学指导委员会英语组.高等学校英语专业英语教学大纲［Z］.上海：上海外语教育出版社，2000.

★本文发表于《外语界》2005年第三期，标题略有改动。

《大学英语》：从一部教材到一个产业链

《大学英语》系列教材由教育部组织，全国6所著名高校分工编写，复旦大学董亚芬教授任总主编，上海外语教育出版社出版发行。1986年出版试用本，1992年出版正式本，1998年出版修订本，2006年出版第三版。先后荣获"全国高等学校第二届优秀教材特等奖"、"国家教委高等学校第二届优秀教材一等奖"，被评为国家级精品教材、教育部大学英语类推荐使用教材，分别被教育部列入"十五"、"十一五"国家级教材规划。全国逾千所高校先后选用该系列教材。22年来，总发行量近5亿册，销售码洋近20亿元人民币。

一、试用本开创了公共英语教材编写的新体系

1985年至1986年国家教委先后颁布了《大学英语教学大纲》（高等学校理工科本科用）、《大学英语教学大纲》（文理科本科用），要求有关院校参照执行。同时下发的《通知》中说："《大纲》总结了我国大学英语教学的经验，同时汲取了国外语言学和英语教学的一些研究成果，是一份在广泛调查研究的基础上形成的教学大纲。它基本上体现了科学性、先进性、实用性和灵活性，是全面改革大学英语教学的一个重要尝试。"这一针对文理科本科学生的教学大纲除了具有理工科大纲的很多共同属性外，特别重视英语语言基础的教学及交际能力的培养，文理科通用，读、听、译、写，说分3个层次列入教学目的，实行分级教学，注重定性、定量等。新大纲较之以前的公共英语教学大纲有了重大的改革和变化，有些具体要求和内容基本上是颠覆性的。如何贯彻新大纲，实现和完成《大纲》所制定的教学目标、要求和任务，师资和教材是关键。而当时公共英语教材多而杂，大都存在着各种比较明显的缺陷。为此，急需编写出版一套以新大纲为依据、

能满足教学需求的新教材。在广泛调研的基础上，根据国家教育委员会审定批准的《大学英语教学大纲》（文理科本科用）的要求，由复旦大学、北京大学、华东师范大学、中国人民大学、武汉大学和南京大学合作编写的《大学英语（文理科本科用）》于1985年底正式启动，共分精读、泛读、快速阅读、听力和语法练习等5种教程。按分级教学要求除语法与练习只编4册外，其他各教程各编6册，每级1册。精读、听力都配有录音和教师用书。后来又根据不少院校要求，编有精读预备级2册、泛读预备级2册。这一系列教材是大学英语教学史上一项空前巨大的工程。为保证教材的质量，国家教委还专门出资聘请两名外籍专职外语专家，参加编写和文字审定工作。各教程都由教学经验丰富、英文功底深厚的中年教师担任主编并聘请各主编学校的老专家担任主审。经过一年多的艰苦工作，1986年陆续出版各教程，供秋季开学试用。由于编写时间非常紧迫，定稿后印刷力量不足，为赶秋季开学试用，无奈之下打字后用小胶印印刷出版。这一系列教材问世后，对大学英语的教学产生了巨大的影响和冲击：首先，这是第一套根据新《大纲》要求编写的教材，无论从规模和系列上看已不亚于当时的英语专业教材；其次，《大学英语》系列教材完全不同于以往的公共英语仅要求学生具备一定的阅读能力的要求，而是对听、说、读、写、译都提出了具体要求；第三，尝试将文理打通，把教学重点放在语言共核上，坚持语言基础与教学能力培养并重，突出阅读技能培养，博采众长而不是偏向求"新"，同时3种教程既有分工又相互补充。可以说《大学英语（文理科本科用）》系列教材，是教材编写史上的一次革命，是教学理念的创新、教学方法和手段的革新，同时亦对师资队伍建设提出了新的要求。然而试用本销售并不理想，一年下来还不到6 000册，无奈之下，外教社决定自办发行，业务员们背着教材一个学校一个学校跑，进行宣传推广。通过艰苦的努力，终于打开了局面，接下来几年，发行量陡增，使用范围几乎覆盖了所有高校。为更好地使用教材，外教社积极开展师资培训，请主编解读编写的理念、原则，教材的特点，使用建议等；请一线的教师上示范课，交流使用的体会和经验，共同探讨教材使用中碰到的困难和问题；对教材中存在的问题和不足尽可能给予弥补；同时努力做好各项售后服务工作，维护和巩固了市场，成为一个时期最畅销和最受欢迎的大学英语教材。

二、正式本体系更完善，更成熟，质量更可靠

《大学英语（试用本）》推出后，外教社和编者们积极主动收集教材使用的反馈意见和建议，注意有关学术期刊对教材的评论文章。凡对教材提高质量和水平有关的意见和

建议，都虚心听取，并作分析研究；凡有可能及时修改的，便及时处理；若碰到需伤筋动骨的问题，先做好预案，然后利用每一次举办教学研讨会的机会，召开教师座谈会，听取意见、建议和批评。经过6年的准备和努力，1992年出版了《大学英语（正式本）》，较之试用本体系更完备，质量更可靠。在试用期间，有一部分院校提出这套教材很好，但全国高校差别较大，不可能所有院校都"齐步走"，应该有更大的选择性，高校之间、院系之间的发展是不平衡的，一个学校学生之间也存在着差异，分级教学就是为了更好实现因材施教。根据这些意见和建议，出版社和编者们共同努力，在整个教材结构和体系上作了调整：补编《大学英语》精读预备级2册、泛读2册，以满足起点较低的学生的需要，高起点的学生可从第三册开始学习。这样便可满足各个层次学生的不同需求。同时，更换和调整了有些不太适合时代的材料和练习，充实了教师用书，各科教程根据需要都配齐了教参、录音等。此外，修正了以前存在的各种编写、排版、印制等方面的差错，使这一系列教材质量提升，更加成熟。经过数年的试用，实践证明，该系列教材可满足各级各类高校的英语教学的需要，尤其有利于学生打下扎实的语言基本功，体现了该教材的信息性、知识性、可教性和可思性的选材和练习编写特点，很多内容每教一遍都会有不同的感受、体会和回味，颇受师生的欢迎和好评。鉴于该教材的质量、特点和广泛的影响及各项首创性，1992年在国家教委组织的教材评奖中，荣获"全国高等学校第二届优秀教材特等奖"，这是迄今为止外语教材中唯一的特等奖。

三、修订本与时俱进，不断创新

1992年《大学英语（正式本）》推出后，一时"洛阳纸贵"，被广大大学英语教师作为首选教材，全国800多所高校选用了该教材，无论它的体系和质量都有很好的口碑。一度教材的发行和使用相当稳定。1996年全国大学外语教学指导委员会，根据高等教育形势的发展和英语教学要求的变化，以及大学英语教学质量和水平的提高，按照教育部要求，修订已执行10多年的大学英语教学大纲，并将原来的理工科、文理科教学大纲整合为一。修订后的教学大纲，对教学目标、教学内容和教学要求都作了与时俱进的调整和更新。提出要求学生达到较强的阅读能力和一定的听、说、读、写、译能力，使他们能用英语交流信息，要求学生打下扎实的语言基础，掌握良好的语言学习方法，提高文化素养，以适应社会发展和经济建设需要。1998年高等教育步入大发展时期，大规模扩招，大规模圈地办大学城，硬件发展迅速，而师资队伍、教学设备、资料等软件无法同步跟上。作为大学基础必修课的大学英语教学亦同样遇到了这些困难和问题。如何解决这些难题，外语界的专家、学者们在思考。于是外教社的编辑们和《大学英语》的主编们对此前制定的修订方案和已修订完的教材，根据新的形势重新作了调整，提升了各语言技能的教学要求，更新了材料，包括课文和练习。由于在做万人问卷调查时，绝大多数教师都非常喜欢大部分的课文，且已积累了比较丰富的教学资料和经验，教学效果也不错，希望出版社和主编们在修订时不要替换太多的课文。故这次修订原则上每册替换两篇课文，但练习基本上重新编写。修订样稿完成后，广泛征求意见，教师们颇感满意。但师资不足、教学资源缺乏的矛盾并没有得到解决。当时全国已开始试行和接受多媒体教学。受此启发，外教社的编辑们和主编们决定将修订本的主干教材配上多媒体教学光盘。经过全国招标和筛选，外教社选择了华南理工大学作为合作伙伴，联合开发《大学英语》精读教程的多媒体教学光盘，选择中国科技大学合作开发《听力》教程的多媒体教学光盘。经过一年半时间的艰苦努力，终于在1998年底制作出版了《精读》和《听力》教程的教学光盘，很多教师看演示后，爱不释手，纷纷选用，并向学校申请建立多媒体教室。可以说《大学英语（修订本）》不但更新了材料，提升了要求和水平，更为重要的是创新了手段，开了外语教材立体化、电子化的先河。这套教材的多媒体教学光盘先后获"教育部优秀教学成果二等奖"（一等奖空缺）、"广东省优秀教材优秀成果一等奖"，也为以后大型教材的数字化、网络化做好了铺垫。1998年《大学英语》出版修订后，因其材料更新、手段创新，为传统教材注入了新的活力，无论是使用学校数量还是销售量都达到了历史最高水平。

四、第三版更好地满足新世纪大学英语教学的特点和需要

进入21世纪以后，社会各界对掌握科技、精通外语、能够参与国际竞争的高层次高素质人才的需求不断高涨，为大学英语学科建设带来了良好的发展机遇。然而，我国高等教育的快速发展，连续数年以10%以上的规模扩招，从精英教育向大众教育转化，大学英语教学无论是课程设置、师资队伍、教学材料、教学方法和手段等都有待进一步改革和完善。全国连续几年的扩招，师资队伍的增长滞后于学生的增长，大学英语教师的负担不断加重，如何有效地开发和利用现代高新技术、提升大学英语的教学水平、全面提高学生的英语综合应用能力，尤其是增强学生的听说能力，是摆在大学英语教师和大学英语教学管理者面前的一个亟待解决的课题。为此，2002年秋季，教育部高教司启动了新一轮的大学英语教学改革工程，以《大学英语教学大纲》（修订本）为基础，研制《大学英语课程教学要求》。经过两年多的广泛调研、咨询、采样分析和研讨，教育部于

2004年1月以文件形式颁发了《大学英语课程教学要求（试行）》（以下简称《课程要求》），对大学英语教学提出了新的要求，第一次提出不同的学校应有不同的要求：一般要求、较高要求和更高要求。对语言技能提出了更新更高的要求："全面提高学生的英语综合应用能力，尤其是听说能力。"对计算机网络教学提出了更为具体的要求："新的教学模式应以现代信息技术为支撑，特别是网络技术，使英语教学朝着个性化学习、不受时间和地点限制的学习、主动式学习的方向发展。"《课程要求》同时指出："各高等学校应根据自身的条件和学习情况，设计出适合本校情况的基于单机或局域网以及校园网的多媒体听说教学和训练。读、写、译课程的教学既可在课堂进行，也可在计算机上进行。"《课程要求》明确提出了新的教学模式：实施基于计算机和课堂的英语多媒体教学模式，开展网络教学，并明确了网络教学要借助计算机的帮助，较快提高英语综合应用能力，达到最佳学习效果。按照《课程要求》提出的改革措施和要求，外教社和主编们在认真阅读《课程要求》、充分理解的基础上，展开了《大学英语》再一次修订工作，以保持教材的科学性、先进性和适应性。在客观、深入地分析了前两次修订的经验与教训、长处与不足后，采取了更大范围的调研，并对现有的大学教材进行了比较和分析，综合各教材的优势，扬长避短。与此同时，外教社受教育部委托开始研制开发大学英语网络教学系统，并于2003年11月由教育部高教司组织的专家组对网络教学系统进行了评估验收，外教社的"新理念大学英语网络教学系统"获得专家组评审一致通过，并向全国各高校推荐使用。经过3年时间的修订、试用，2006年1月外教社召开了《大学英语（第三版）》的出版新闻发布会，正式推出《大学英语（第三版）》。与《大学英语（第三版）》纸质教材一起推出的还有多媒体教学与辅导助学光盘、助教光盘、电子教案、MP3光盘、大学英语分级试题库、大学英语口语考试系统局域网产品等，正在研发的有大学英语网络课件、外教社大学英语教学网等网络产品。教材正在由单一的纸质教材向立体化（CD-ROM、MP3、DVD）、网络（数字）化迈进，极大地增强了大学英语新的内涵，注入了很大的活力。这是使用了20多年后的再次修订，仍然广受教师的好评，并仍占有相当可观的市场份额，年销售仍达到数百万册，这不能不说是一个奇迹。此后该套教材又被教育部评为国家精品教材。她的立体化、网络化教学手段再一次使其保持相当的竞争力和活力，为大学英语教学再作贡献，为出版事业的繁荣再作贡献。

五、从《大学英语》到一个产业链

外教社自1986年出版《大学英语（试用本）》至今20余年，始终将出版高等院校所需的外语教材放在整个出版工作的重要地位。除不断维护、修订已出版的教材，不断创新、不断注入新的内涵和活力外，注重积累，根据教育形势发展的需要，研制和开发新的产品。经过20多年的努力，外教社服务于高等教育的外语教材已形成规模，占领了教材编写的制高点。无论规模、特色和质量还是创新能力，都可以说是这一领域的示范和引领者。目前已出版的教材有：大学英语3套——《大学英语系列教材（第三版）》、《大学英语系列教材（全新版）》、《新世纪大学英语系列教材》；高职高专2套——《新世纪高职高专英语系列教材》、《新标准高职高专英语系列教材》，还有一套正在编写之中；英语专业3套——《新编英语教程》、《交际英语教程》、《新世纪高等院校英语专业本科生系列教材》，包括语言知识语言技能、文化知识和相关专业知识等；英语专业研究生系列教材1套；公外研究生英语系列教材1套；日语、德语、法语、俄语、西班牙语、阿拉伯语、韩语、意大利语等专业的本科生系列教材；全国外国语学校小学、初中、高中英语系列教材；翻译专业本科生系列教材；翻译专业硕士研究生系列教材；日、德、法、俄、西专业研究生教材等几十套教材逾千册，且大部分是"十五"和"十一五"国家级规划教材，有的是国家级精品教材。同时，与这些教材配套的教参和读物那就更多了。仅外教社出版的教材和教参总计不少于2 000种，已形成了一个板块，形成了规模，形成了一个强大的产业链。全国其他出版社出版的与此配套的教参（大部分都未得到授权），那就更不计其数。有一年订货会，我们用电脑进行统计，竟然发现全国有250余家出版社出版此类教参。

回顾20多年来外教社外语教材出版的历程，给予我们很多的思考和启示：像外教社这样专业性很强的大学出版社要求得生存和发展，唯有走专业化的道路才能显示竞争力、显示特点、显示内涵、显示优势、显示权威，才能打造品牌。只有不断创新才能求得生存与更好更快的发展；只有不断创新教材编写的理念、创立科学的合乎教材编写规律的标准和体系，才能引导教材市场，成为行业的领导者。外教社在20多年教材编写出版和营销中，走过了这样一段不断发展、不断提升的道路：创新理念、建立标准和体系；从纸质教材到立体化、电子化、数字化、网络化；从单一课本到教材、教参、试题库、电子教案、资源库互相呼应，互相促进；从单一产品形成产品线，直至产品群；由教材编写割裂操作到纸质、电子、数字、网络、市场营销、教师培训、售后服务，整体策划，整体运作，实现整体效益。

＊本文发表于《编辑学刊》2009年第一期。

大学英语教材立体化建设的理论与实践

一、引言

我国加入WTO以后,如何培养适应我国经济、科技、社会和文化发展需要的,能够参与国际竞争的高素质创新人才,已成为高等教育工作者必须面对的挑战。此外,自1999年起,我国各高校持续大规模扩招,加快了高等教育由"精英教育"向"大众化教育"的转化,高等教育人才培养模式趋于多样化、个性化。高等教育的快速发展和教学质量的提高备受关注。2001年,教育部发文指出,我国高等教育应该运用现代教育技术,把各种相互作用、相互联系的媒体和资源有机地整合,形成"立体化教材",为高校教学提供一套整体解决方案。随之,我国一些高校掀起了立体化教材建设的热潮。同时,在经济全球化时代,跨文化交际能力是培养参与国际竞争的创新人才的必备素质之一,因此,大学英语课程的立体化教材建设自然更加引人注目。

本文试图从教学理论、教学技术和教学实践等方面论述如下观点:大学英语立体化教材不是无源之水、无本之木,它是一个集现代语言学习模式和现代信息技术于一体的科学体系;大学英语立体化教材建设不仅仅是形式的立体化,它还要包括内容和服务的立体化;只有充分领悟大学英语立体化教材建设的实质,才能切实有效地为培养我国新时代创新人才作出贡献。

二、现代教育学理论的发展为英语教学引进了全新的教学模式

任何教材都基于若干对学习过程的假设(Hedge, 2000)。在英语教学中,每一套教

材都是依据一定的语言学习理论而设计，围绕一定的语言学习模式而编写的。因此，要使英语教材能有效地提高大学英语教学质量，首先必须研究现代语言教学理论的原则和方法。

1. 曾长期对英语教学产生较大影响的语法翻译法和交际法

现代英语教学刚刚兴起之时，由于受拉丁语和古希腊语教学目标和模式的影响，即语言学习以欣赏和翻译文学作品为目的、以语法知识为主要教学内容的语法翻译法曾长期在英语教学中占主导地位，并产生了深刻的影响。及至20世纪70年代，Hymes提出交际能力的概念（1972），并指出善言者不仅会正确使用语言形式，而且会根据具体场景恰当地运用语言（1974）。于是，英语教学开始强调设置真实的语言环境，开展有意义的言语活动，交际法逐渐流行。此后，随着应用语言学等有关理论的发展，在交际法的基础上，又先后形成了各种新兴的教学流派，如情景法、内容法、任务法、合作法等等。今天，各种教学流派（包括语法翻译法）在英语教学领域中各占一席之地。但是，究竟哪种教学法最科学、最有效？正如Stern（1983）所指出的那样，我们需要的已不再是一种方法或模式，而是一种基于教育学理论的对语言教学的精辟阐述。

2. 现代教育学理论的发展和突破——建构主义理论

继行为主义之后，近年来建构主义作为一种更能充分解释教与学过程复杂性的理论而为人们所推崇。建构主义理论是近10年来对教育实践影响最大的学习理论之一，它在教学领域引发了教学观念的变革。这一理论把人们的视角从"知识是一种产物"转向了"学习是一种过程"（Jones and Brader-Araje，2002）。

与行为主义形成鲜明的对比，建构主义认为知识不是通过刺激—反应被动地从外界转移而来的；知识是学习者通过与外界的相互作用，在自己已有经验的基础上主动建构的新的意义（von Glasersfeld，1995）。建构主义强调，学习者要在完整的、真实的环境中积极进行有意义的体验活动（Piaget，1967）；同时它又指出，学习者在教师和同学的参与帮助下，能够掌握他单独无法领会的概念和思想（Vygtosky，1978）。

3. 基于建构主义学习理论的英语教学新模式

根据建构主义理论，语言学习是学习者对目标语建构自己对之理解的过程；学生是教学实践的主体，是语义的主动建构者，而不是语义的被动接受者；教师是教学实践的组织者，是语义建构的帮助者，而不是语义的灌输者。因此，基于建构主义的以学生学习为中心的教学模式也同样适用于英语教学。

（1）自主式学习：由于每个学生原有的知识水平不同，其对语言的认知能力也各不相同，他们的语言学习需求必然因人而异。因此，每个学生的学习过程应该由学生自己掌握，只有个性化的学习才能使每个学生学有所获、效果更佳。

（2）探索式学习：语言学习是积极体验的过程，它要求学生去探索和建构语言的意义，因此，语言学习应该是一种非程序式的、非事先设定的活动，要促使学生在原有知识结构基础上努力进行分析和思考，从而建构对语言的新的理解。

（3）情境式学习：由于只有在真实的语言环境中学习，学生感知的语言才会完整和有意义，因此教学设计要强调多角度地提供或创设能够反映复杂现实世界的学习情境，反对孤立于外界环境的抽象的语言训练。

（4）合作式学习：如果在语言学习过程中大家共同建构语言的意义，那么每一个人的智慧与思维都能被整个群体所共享。在这种基础上建构的语言意义将更加全面、准确。

三、现代信息技术为英语教学领域引进教学新模式创造了条件

显然，现代英语教学模式以学生的"学"为主，而以教师的"教"为辅；而近年来，多媒体和网络技术发展迅猛，为英语教学提供了先进的教学手段，具有传统教学手段无法比拟的优越性，从而为推广英语教学新模式开辟了广阔的前景。

1. 传统教学手段对英语教学改革的束缚

若干年来，人们的教学观念有所更新，但是由于受传统教学手段的束缚，英语教学改革效果仍然极为有限。

（1）传统教材不能反映语言的多样性。纸介质教材缺乏直观性，不能体现实际语境所具有的生动性、丰富性，因而使学习者对语言的意义建构产生一定的困难，或发生偏差；录音教材只是记录了言语的一个方面，同样不能全面地反映言语发生时的完整情境；录像教材的确能较真实地反映语境，但是由于通常电视显像管分辨率较低，录像教材不适合集成大量的文字，只适合于听说训练。

（2）传统教材缺乏交互性，不能对学生的学习情况做出反馈或由学生根据自己的需求和爱好选择学习的内容和方式，学生只是被动地接受知识，实践机会有限，学习的自主性和创新性受到一定的限制。

（3）传统教材图、文、声、像各自分离，且呈线性分布,浏览和检索不很方便,耗费时间,

不利于提高学习效率。

因此，进行英语教学改革不仅需要更新教学观念，而且还需要更新教学手段。

2. 现代教学手段的技术特点和在英语教学中的优势

随着信息技术的发展，多媒体技术和网络技术等现代教学手段被引入英语教学领域，为营造基于建构主义理论的学习环境、有效提高学生英语学习能力创造了条件。

（1）多媒体技术具有集成性、多样性和交互性，提供了现代教学工具。基于多媒体技术的英语教学集声、像、图、文于一体，多角度地提供大量形象生动的语言素材，全方位展现较真实的语言环境和文化环境，使情境式学习成为可能。同时，这些语言素材一方面因丰富多彩而大大激发学生的兴趣，吸引学生积极主动参与学习；另一方面它们呈网状分布，多元化、多层次，并配有多种辅助手段，便于学生根据自己的实际学习情况独立选择使用，实现自主式学习。此外，学生在同计算机的交互过程中，自己去寻求、研究，进而建构语言的意义，这又是一种探索式学习。多媒体教学通过多种刺激，充分调动学生的各种感官，在较真实的英语环境中全面培养了学生各项英语语言技能。

（2）网络技术突破了时间和空间的限制，创造了现代教学环境。网络教学把课堂融入社会，淡化了在人为环境中的"教"，强调了在现实环境中的"学"；网络教学打破教材内外的界限，实现资源共享，为学生提供了更加丰富、生动、直观的学习资源；网络教学在"人机交互"基础上实现了学生与学生之间、教师与学生之间的"人际交互"。网络技术为基于建构主义理论的各种语言学习模式，包括合作式学习，展现了更为广阔的前景。通过漫游因特网，学生更是在同英语国家人士的交流训练中逐步培养了跨文化交际能力，从而达到英语学习的最终目的。

（3）近年来，英语国家在我国同步发行的电影、报刊以及英语国家的卫星电视节目等拉近了我们同英语国家的距离，打破了以往英语教学的封闭性，为英语语言学习和英语文化学习提供了前所未有的真实环境。

四、利用现代信息技术全面实现大学英语教学新模式——大学英语立体化教材

综上所述，一方面现代教育学理论要求大学英语教学更新观念和模式，另一方面现代信息技术为实现这一转变提供了必要的手段。大学英语立体化教材就是在这种背景下产生的。

1. 立体化教材概念的出现

2001年8月28日，教育部在其下发的《关于加强高等学校本科教学工作提高教学质量的若干意见》中指出，一本平面纸介质教材和一张CAI课件光盘的模式已经无法满足和适应当前我国高校创新人才培养工作的需要。我国高等教育应该运用现代教育技术，把各种相互作用、相互联系的媒体和资源有机地整合，形成"立体化教材"，为高校教学提供一套整体解决方案。"立体化教材"一词首次在我国出现。

关于"立体化教材"，在国外早有类似说法，如integrated textbook/coursebook（即综合性教材），指教材内容的综合性程度高，综合性英语教材即指既注重训练学生的读写能力，又强调培养学生的听说能力的英语教材；learning package（即学习包），则就教材的形式而言，如英语学习包会包括纸介质图书、磁带、光盘和其他赠品等；study package，往往是指供个人报名的一揽子学习活动项目，可以是实地的，也可以是网上的。但是，这些名称都只偏重一方面，或内容，或形式，或活动，而"立体化教材"概念的内涵却要丰富得多。

2. 大学英语立体化教材的实质

通常，人们认为既有纸介质和录音带形式，又有光盘和网络形式的大学英语教材就是立体化教材。其实，这样的理解是不够全面的，教材形式的多样化只是立体化教材的一个方面。

大学英语立体化教材是以现代教育学理论尤其是建构主义理论为指导，通过计算机技术创新教学手段和教学环境，充分利用大量涌现的第一手教学资源而形成的一整套大学英语教学方案。其目的是要更新大学英语教学观念和教学模式，最大限度地提高大学英语教学质量和效果。它是现代教学理念、现代信息技术和现代高校教学需求三者相结合的产物。

五、大学英语立体化教材建设是实现内容、形式和服务的立体化

大学英语立体化教材不仅形式要立体化，而且更重要的是内容和服务也要立体化。

1. 大学英语教材内容的立体化

大学英语教材立体化首先是教材内容全方位的扩展和延伸。

（1）注重创设真实语境，加强听说交际实践。根据建构主义理论，学习是学习者同

外界相互作用的过程；对于语言学习而言更是如此，因为语言学习的目的就是同社会交往。因此，教材在内容上要注重为学生创设各种应用英语的真实情境，提供学生在真实交际中学习英语的机会。此外，在保留传统教材长于培养学生读、写、译能力特色的同时，应该在教材中加强对学生听说能力的训练，加大这方面内容的比例，最终达到全面提高学生英语交际能力的目的。

（2）积极开发辅助教学资源。自主式和探索式学习模式要求学生有宽广的学习环境。因此，除了要重视涵盖学习核心内容的主干教材的建设以外，还要加强辅助教学资源的开发。我们要围绕主干教材精选大量补充、完善和提高主干教材的教学内容，供学生在课外根据教师的指导和自己的情况选择学习和研究，进而在努力探索和积极体验的过程中，从各个方面加深对主干教材内容的理解，从多个角度强化在课堂上所训练的语言技能。

（3）努力开发满足各种教学需要的教材。由于不同地域、不同层次、不同类型的高校英语教学要求相差甚大，而且即使同一个学校、同一个年级学生的英语水平也往往参差不齐，因此，我们的教材要在原先统一面向中等偏上水平学生定位的基础上，向上延伸出高起点版本教材，向下扩充出低起点版本教材，因材施教，为实现学生个性化学习打好基础。

2. 大学英语教材形式的立体化

立体化的内容必须用立体化的形式予以表现。大学英语教材立体化还应该是教材形式的现代化和多元化。

（1）充分利用现代技术，大力发展电子教材。几年前，我国的教材不外乎纸介质教材（包括书本、挂图等）和音像教材（包括录音带、VCD等）这两大形式。随着现代信息技术的发展，教学资源的处理、存储和传播实现了数字化，教学环境实现了计算机（网络）化，一种全新形式的教材——电子教材——应运而生。电子教材包括CD-ROM光盘教材、网络教材、电子书教材等等，它的交互性、集成性、多样性以及超时空性是其他两大类传统教材所无法比拟的，为实现基于建构主义的各种学习模式创造了条件。同时，由于与其他学科相比，语言教学更需要有一个多媒体环境，因此，大学英语的教材形式亟须电子化。

（2）扬长避短，充分发挥传统形式教材的优势。正如广播、电视出现后并没有完全取代报纸、杂志一样，电子教材也不可能完全替代纸介质教材和音像教材。每一种形式的教材一般都有其长处。例如，使用纸介质教材无需任何设备，它携带使用方便，随时随地都可以阅读；而且它不伤眼睛，无辐射，阅读时较省力。又如：播放音像教材的录音机、VCD机等与计算机相比，设备简单，普及率高，成本很低。所以，我们也不能一概排斥传统形式的教材。

3. 大学英语教材服务的立体化

在英语教学的过程中如何选择和使用教材将直接影响到英语教学的效果。因此，最终实现立体化教材内容和立体化教材形式的教学优势必须依赖于全面、创新的立体化教材服务。

（1）我们要根据新形势下大学英语教学的需要，向学校提供一个"一体化教学方案"（而不只是单纯提供一些互不相关的教材）。该方案应该包括主干教材、教辅资源和测试系统3大部分。主干教材（其中包括电子教案等）是该方案的核心，它具有科学性、系统性和完整性，为教学起示范指导作用；教辅资源（基于光盘、网络等）则是主干教材和课堂教学的扩展和延伸，包括大量围绕主干教材供师生自主选用的教学内容和一个供他们互相沟通的平台；测试系统（包括题库、试卷生成系统等）则是一套科学、客观的教学质量评判体系。"一体化教学方案"是统一规划、统一编写和统一制作而成的，因此其各部分相辅相成，既有交叉，又有侧重，形成一个教学资源的有机整体，从而能最大限度地满足教师和学生的教学需求。

（2）传统的教材编写者和出版者要进一步上升为先进教学理念的倡导者。我们除了要减少编校错误，提高印装质量，保证课前到"书"之外，还要对教师进行各种形式的培训，加深其对一体化教学方案的理解，协助其解决教学中遇到的各种问题，引导其有效合理地实施一体化教学方案，从而达到最佳教学效果。我们还可以建办专门的网站或报刊，解答教师的有关疑问，提供他们交流经验体会的机会，促进教学质量的提高。

（3）我们要为做好基础工作而与时俱进开发教材。为进一步提高和完善教材质量，同时为一线教师创造教学科研机会，我们要选择若干不同区域、不同类型的学校建立教材教法实验基地，在实践中总结教材编写制作的经验教训，并培养一批学术新生力量和教学骨干，为设计更现代化的教材、实现更先进的教学理念打下扎实的基础。

4. 大学英语教材的内容立体化、形式立体化和服务立体化三者间的关系

教材内容立体化是立体化建设工作的主体，其根本目的就是要在大学英语教学中贯彻现代教学理念、实施现代教学模式；教材形式立体化是实现教材内容立体化的必要手段，从属于教材内容立体化，是为后者服务的；教材服务立体化则是实现教材内容立体化和教材形式立体化的辅助措施，是后两者的保证。

六、大学英语立体化教材建设的实践之一——推陈出新的《大学英语》（全新版）

多年来，有关专家、学者积累了编写出版大学英语教材的丰富经验，并始终密切关注教育学和应用语言学等领域的最新学术动态，不断提高和完善大学英语教材。上海外语教育出版社2001年起陆续出版的《大学英语》（全新版）实现了教材的内容立体化、形式立体化和服务立体化，是大学英语教材立体化建设实践范例之一。

1.《大学英语》（全新版）全面丰富教材内涵，实现内容立体化

《大学英语》（全新版）教材内容无论是静态的还是动态的，无论是横向的还是纵向的，都达到了一个全新的高度。

（1）强调"学习是一种过程"，努力创设真实语境，积极提供交互式学习机会。《综合教程》运用大量照片、图表、影像等生动活泼的形式，多角度、多层面展现相关文化背景和言语实例；《听说教程》提供角色扮演练习，让学生同教材中的人物在计算机上"对话"；《快速阅读》让学生自由选择阅读模式（如文章以意群为单位逐渐显示或消失）和阅读速度来培养良好的阅读习惯；在所有电子课程学习过程中，学生每进展一步都能得到相应的反馈和提示。

（2）提供足够的学习内容，为学生课外进行自主式和探索式学习营造良好环境。《综合教程》每一单元的副课文、《听说教程》每一单元的 Part C 和《快速阅读》每一单元的短文 A-2 和 B-2 等都是供学生课外进一步学习的；《阅读教程》篇章数量更是让学生有足够的选择余地。此外，CD-ROM 教材和网络教材收集了一些题材迥异的英美电影和卫星节目片段以及风格多样的英语歌曲，让学生在课余随心所欲地以最自然的方式学习英语。

（3）一套教材，多个起点，为个性化学习作好铺垫。为了让各高校能根据本校生源情况选择合适的教材，《大学英语》（全新版）除普通起点外，还编有"预备级低起点"、"预备级高起点"、"通用本"、"高级本"等版本的教材。无论是在经济发达地区重点高校学习的学生，还是边远地区专科学校的学生，都能有适合自己学习要求的大学英语教学材料。

2.《大学英语》（全新版）充分发挥各种教学手段优势，实现形式立体化

《大学英语》（全新版）把英语教学的需要同光盘（CD-ROM）、网络、图书以及磁带的各自特点相结合，扬长避短，使其互相配合，互相补充，实现了教材形式的现代化和多元化。

（1）光盘教材着重创设真实生动的语境。与网络相比，光盘最大的特点是不受网络软硬件设备（尤其是带宽）的影响，其运行稳定、速度较快。《大学英语》(全新版) CD-ROM 版教材通过图文声像并茂的内容和动画、影像片段等形式生动地、多样化地表现了各种英语环境，为学生建构准确、完整的英语语义创造了条件。

（2）网络教材成为合作式学习和探索式学习的最佳场所。与光盘相比，网络最大的特点是可以进行"人际交流"，而不是光盘运行过程中的"人机交互"；同时网络信息存储量极大，并可以随时更新。《大学英语》(全新版)网络版教材一方面为师生虚拟了一个网上现实世界，组织学习者积极交流，共同学习；另一方面提供了丰富多彩的学习资源，让学生在千变万化的语境中去探索和体验。

（3）纸介质教材让学生继续轻松阅读。在计算机屏幕上阅读整篇整篇的文章远不如在纸介质图书上阅读轻松、舒适和方便。针对这一特点，《大学英语》(全新版)的纸介质教材在培养和提高学生阅读能力方面特别加大了力度，如《阅读教程》(通用本)、《阅读教程》(高级本)和《创意阅读》等，为学生提供了系统的、丰富多彩的阅读素材。

（4）磁带教材覆盖边远地区。传统的录音磁带教材尽管没有电子教材形象生动，但是使用录音磁带的成本相当低，无须投入大量资金购买计算机或建设计算机网络。我国大部分地区的计算机拥有率还很低，而录音机的普及率却相当高。因此，《大学英语》(全新版)各门教程都继续配套出版录音磁带。

3.《大学英语》(全新版)全面提供一体化教学方案和服务，实现服务立体化

《大学英语》(全新版)全面提供一系列优质、完善和及时的服务。它们是大学英语教材立体化建设得以实施的重要保障。

（1）为大学英语教学提供一体化教学方案。首先，《大学英语》(全新版)配备了各种起点的全套教材、丰富的教辅资源和分级测试系统。同时，为了突出课堂教学活动和课外学习活动的不同要求和特点，《大学英语》(全新版) CD-ROM 教材分别包括了供教师使用的课堂教学版和供学生使用的课外学习版；为了分别满足校园网上和因特网上不同学习者的需要，并适应两种不同网络的特性，《大学英语》(全新版)网络教材又进一步分为校园网版和因特网版。

（2）为大学英语教师提供全面的辅导和培训。在保证编校质量和印装质量，并做到课前到"书"的基础上，《大学英语》(全新版)编写者和出版者经常为大学英语教师举办各种形式的教材教法研讨会，聘请国内外专家介绍英语教学最新动态和学术成果，引

导广大教师树立先进的教学观念，促进他们尽快掌握现代化教学手段。同时，《大学英语》（全新版）还设有网站，并在外语教学界权威杂志《外语界》上开辟专栏，为大家随时交流教学经验和体会创造了条件。

七、结束语

不少人认为，大学英语教材立体化建设就是在已经出版的纸介质教材和音像教材的基础上，进一步开发CD-ROM教材和网络教材，然后把它们捆绑在一起就大功告成了。这完全是片面理解。大学英语教材立体化建设不仅仅是教材的形式立体化，它更要包括内容的立体化和服务的立体化。

大学英语教材立体化建设是一个建立在全新起点上的"一体化"工程。它要求我们以先进的教育学理论为指导，发挥现代信息技术和教学资源的优势，一改以往以灌输知识为主的教材体系，形成一整套多元化、多层次、互相联系、互相作用的教学方案。同时，为了保证这一教学方案得以切实实施，我们要推出一系列的相关服务，从而最大限度地增强大学英语教学效率和效益，有效地解决"扩招"后师资不足的问题，科学地提高大学英语教学质量，为培养适应我国社会、经济发展需要的高素质创新人才作出贡献。

参考文献

［1］Hedge, T. Teaching and Learning in the Language Classroom［M］. Oxford: Oxford University Press, 2000.

［2］Hymes, D. On Communicative Competence［A］. Pride and J. Holmes, eds. Sociolinguistics［C］. Harmondsworth: Penguin, 1972.

［3］Hymes, D. Foundations in Sociolinguistics: An Ethnographic Approach［M］. Philadelphia: University of Pennsylvania Press, 1974.

［4］Jones, M. G. and L. Brader-Araje. The Impact of Constructivism on Education: Language, Discourse, and Meaning［J］. American Communication Journal, 2002, 5(3):1.

［5］Piaget, J. Biology and Knowledge［M］. Paris: Gallimard, 1967.

［6］Stem, H. Fundamental Concepts of Language Teaching［M］. Oxford: Oxford University Press, 1983.

［7］von Glasersfeld, E. Radical Constructivism: A Way of Knowing and Learning［M］. Washington, D. C.: Falmer, 1995.

［8］Vygotsky, L. S. Tool and Symbol in Child Development[A]. Cole, M., V. John-Steiner, S. Scribner and E. Souberman, eds. Mind in Society: The Development of Higher Psychological Process ［C］. Cambridge: Harvard University Press, 1978.

［9］李荫华等.《大学英语》(全新版)［M］.上海：上海外语教育出版社，2001.

★本文发表于《外语界》2003年第六期，标题略有改动，
作者：庄智象、黄卫。

加强翻译专业教材建设，促进学科发展

2006年初，国家教育部颁布了《关于公布2005年度教育部备案或批准设置的高等学校本科专业结果的通知》，"翻译"专业（专业代码：0502555），作为少数高校试点的目录外专业获得批准：复旦大学、广东外语外贸大学、河北师范大学3所高校自2006年开始招收"翻译专业"本科生。这是迄今教育部批准设立本科"翻译专业"的首个文件，是我国翻译学科建设中的一件大事，也是我国翻译界和翻译教育界同仁数十年来，勇于探索、注重积累、不懈努力、积极开拓创新的重大成果。2007年、2008年教育部又先后批准了10所院校设置翻译专业；2007年国务院学位办批准了15所院校设立翻译专业硕士点（Master of Translation and Interpretation，简称MTI），从而在办学体制上、组织形式或行政上为翻译专业的建立、发展和完善提供了保障，形成了培养学士、硕士、博士的完整教育体系。这必将促进我国翻译学科健康、稳定、快速和持续发展，从而为形成独立的、完整的专业学科体系奠定坚实的基础，亦必将为我国培养出更多、更好的高素质翻译人才，为我国的改革开放，增强与世界各国的交流和沟通，促进政治、经济、文化、教育、科技和社会各项事业的发展作出更多、更大的贡献。

上海外语教育出版社（简称"外教社"）作为全国最大最权威的外语出版基地之一，自建社以来，一直将全心致力于中国外语教育事业的发展，将反映外语教学科研成果、繁荣外语学术研究、注重文化建设、促进学科发展作为义不容辞的责任。在获悉教育部批准3所院校设置本科翻译专业并从2006年起正式招生的信息后，外教社即积极开展调查研究，分析社会和市场对翻译人才目前和未来的需求，思考翻译专业建设问题与对策、学科建设方面的优势与不足、作为外语专业出版社如何更好地服务于翻译学科的建设与发展以及如何在教材建设方面作出积极的努力和贡献。通过问卷调查、召开师生座谈会与专家咨询会等,于社会和市场对翻译人才的需求,我国翻译人才培养的目标、培养规格、课程设置、师资队伍建设、教学材料选择、教学方法和手段、教学测试与评估等有了初步的了解,并作了更深入的分析、思考、研究,以期在全面探索翻译专业和学科建设的基础上,承担起翻译专业教材建设的任务,为保证培养目标的实现尽一份力量。

在广泛调研以及对社会和市场需求分析的基础上,外教社邀请了全国部分外语院校、综合性大学、师范院校中长期从事翻译教学与研究的近30名教授和专家,组成了"翻译专业本科生系列教材编委会"。编委会先后召开了数次工作会议,就教材的定位、体系、特点和读者对象等进行广泛而深入的讨论,尤其是对翻译作为一门课程与一门专业的异同与特点、翻译专业的定位与任务、人才培养目标与规格、教学原则与大纲、课程结构与特点、教学方法与手段、测试与评估、师资要求与培养等进行了深入的探讨和细致的分析,而后撰写了本系列教材的编写大纲,确定教材的类别,选定教材目录,讨论和审核样稿。经过两年多的努力和辛勤工作,终于迎来了"翻译专业本科生系列教材"的出版。

本系列教材由翻译理论、翻译实践与技能和特殊翻译等数个板块组成,涉及中外翻译史论、中外翻译理论、英汉—汉英互译、文学翻译、应用文翻译、科技翻译、英汉对比与翻译、计算机辅助翻译、汉语文言翻译、同声传译与交替传译、语言学与翻译、文化与翻译、作品赏析与批评等。尤其值得一提的是,本系列教材还针对翻译专业学生的现状和未来发展需要,专门设计和编写了汉语读写教程,以丰富和提高翻译专业学生的汉语知识和应用能力,教材总数近40种,可以说比较全面地覆盖了当前我国高校翻译专业本科所开设的基本课程,可以比较好地满足和适应教学需要。

本系列教材的设计与编写,尽可能针对和贴近本科翻译专业学生的需求与特点,内容深入浅出,反映了各自领域的最新研究成果;编写和编排体例采用国家最新有关标准,力求科学、严谨、规范,满足各门课程的需要;突出以人为本,既帮助学生打下扎实的专业基本功,又着力培养学生分析问题、解决问题的能力,提高学生的人文、科学素养,培养奋发向上、积极健康的人生观,从而全面提高综合素质,真正成为能够满足和适应我国改革开放、建设中国特色社会主义所需要的翻译专业人才。

本系列教材编委会的委员和承担各教程的主编们,大多是在我国高校长期从事翻译教学和研究的专家和学者,具有相当丰富的教学经验和科研成果,都有多年指导翻译硕士和博士研究生的经历和经验,在翻译实践和理论方面有比较深的造诣。从某种意义上说,本套教材的编写队伍和水平代表了我国当前翻译教学和研究的发展方向和水准。

鉴于本科翻译专业在我国内地是首次设立(我国台湾和香港地区早已设立本科翻译专业),教学大纲、教材建设、教学方法和手段、师资队伍建设、教学评估和管理等还有待进一步探索和实践,有待于在办学中不断提高和完善。同样,本系列教材在设计和编写中亦不可避免地存在不足和缺陷,有待广大教师和学生在使用过程中帮助我们不断完善,使其更好地服务于我国翻译专业本科生的教学学科建设及翻译人才的培养。

★本文系作者于2008年4月为"翻译专业本科系列教材"撰写的序言。

外语编辑的素质

随着我国社会主义物质文明和精神文明建设的发展,对外开放的扩大,文化、教育、经济、贸易、金融、政治等领域对外交往和交流的日益频繁,社会各界对各层次的外语人才需求日益增多,质量要求愈来愈高。面对着形势的挑战,全国各级各类学校纷纷加强外语教学的力度。除外语院校、综合性大学的外语院系、师范院校的外语专业加大改革力度,改革课程设置,强化外语能力的培养,增设外语应用性学科外,高校公共外语教学、成人外语教学、市民外语等级考试、中等学校外语教学和少儿外语教学都在不断加强和发展,这为培养高质量的外语人才创造了一个良好的环境。随着外语热的不断升温,为满足社会和形势的需要,全国500多家出版社几乎都将出版外语类学术著作、教科书、读物、工具书和教学参考书及辅导书等作为重要的出版内容之一,为推动外语教学科研的发展和全民族外语水平的提高作出了积极的贡献。然而,要出版好外语图书,提高外语图书的质量,就必须造就一支适应形势需要的、人数可观的、高质量的外语编辑队伍。因为从某种意义上说,有一支什么样的外语编辑队伍,就会有什么样的外语图书。本文拟就外语编辑必须具备的素质提出一些浅见,以求教于广大外语编辑和出版社的领导。

一、要有较好的马列主义、毛泽东思想的政治理论素养

我国的出版事业是中国共产党领导的社会主义事业的一个组成部分。这就决定了出版活动必须坚持为人民、为社会主义、为两个文明建设、为全党全国工作大局服务的方针。为了在现代化经济建设和精神文明建设中坚持"以科学的理论武装人,以正确的舆论引导人,以高尚的精神塑造人,以优秀的作品鼓舞人",出版工作者必须具备较高的马

列主义、毛泽东思想的政治理论修养。作为外语图书的编辑更是如此,因为在改革开放中,外语起着中外交流的桥梁作用,外语编辑较之其他图书编辑更多地接触西方的思想理论、社会文化和生活方式等。他们还担负着引进对我国社会主义物质文明和精神文明建设有益的科学技术和文化知识,并将我国的优秀文化介绍给世界的重任。这一历史使命要求我们的外语图书编辑特别需要具有较高的马列主义、毛泽东思想的政治理论素养,以便面对五花八门的理论思潮、各种各样的社会文化和异域的生活方式能坚持正确的立场和态度,具有一定的政治敏锐性和辨别能力,并有取其精华、弃其糟粕的选择能力,从而能把握外语图书出版的正确的政治方向,保证外语图书的政治质量。因此,我们的外语编辑必须认真学习马列主义、毛泽东思想的基本原理。尤其是在我国由社会主义计划经济向市场经济转轨过程中,更应努力学习邓小平同志关于建设有中国特色的社会主义理论,了解这一理论的深刻内涵,掌握并运用这一理论指导我们的实践,使我们的外语图书编辑出版工作沿着正确的方向前进。总之,外语编辑具备较高的马列主义、毛泽东思想的政治理论素养是外语编辑诸素质中至关重要的素质。

二、要了解党和政府有关外语教育的方针和政策,熟悉和掌握新闻出版的方针和政策

在我国改革开放的进程中,外语编辑出版工作者的任务是:传播社会主义外语教育思想和外语知识,发展科学技术和外语教育事业,积累文化,促进物质文明和精神文明建设,提高民族文化素质。而首先是要在我国当前建立和完善社会主义市场经济的过程中,积极宣传好党和政府有关外语教育的方针和政策。在改革开放中,为理顺各种关系,促进改革开放向纵深发展,党和政府必然会根据形势和任务的需要制订近期和中长期的发展规划和战略目标,同时制订与之相适应的外语教育方针和政策。例如,根据国家"九五"计划发展规划的要求,改革外语院校的办学体制,改革招生方法,改革课程设置,改革学制,改建学科,改革毕业生分配办法,以利于培养跨世纪又红又专的复合型外语人才以及在新形势下加强外语院校、系学生的思想政治工作等。作为社会主义事业一个重要组成部分的编辑出版工作,其本身就带有某种政府行为,因此,及时、准确地宣传好党的外语教育方针和政策是每一个外语编辑出版工作者的职责。而做好这一工作就要求我们每一位外语编辑出版工作者要积极关心和认真学习、领会党和政府有关外语教育的方针和政策,了解和熟悉国家近、中、长期发展计划和长远发展战略目标。只有这样,才能在制订外语图书出版规划时,有长远的发展眼光,能充分考虑到我国经济建设正处

在高速发展期，社会发展对社会主义精神文明建设提出的更高要求，高新技术迅猛发展对出版工作带来的巨大影响，才能有远见卓识，使外语图书的编辑出版工作适应和服务于社会发展的需要，满足社会各界在改革开放中对外语的需要，使外语更好地服务于两个文明建设。反之，则可能落后于形势，处处被动。

此外，外语编辑还必须熟悉并掌握党和政府有关新闻出版的方针、政策和法令。如上所述，编辑出版工作是社会主义建设事业的一部分，而且是带有某种政府行为的社会活动，它的政策性很强。要正确体现和反映党和政府的方针政策，按政策和法令行事，编辑出版工作者必须了解、熟悉并掌握党和政府有关新闻出版的方针和政策，关心时事政治。也唯有这样，才能使我们的编辑出版工作在党和政府的有关方针、政策和法令的指导下健康地发展，才能使编辑出版工作不偏离方向，更好地为人民，为社会主义建设事业，为全党全国工作大局服务。

三、要有高尚的职业道德

同任何职业一样，外语编辑也必须具有高尚的职业道德。这是做好一名外语编辑必不可少的素质。也就是说，外语编辑必须有强烈的事业心和责任感，热爱外语图书编辑工作，刻苦钻研编辑业务，扎扎实实地做好每一本外语图书的编辑出版工作。现在社会上外语人才，尤其是英语人才很吃香，需求量很大，有不少英语编辑"跳槽"加盟其他行业，如外贸、外事、三资企业、独资企业等。面对这样一种形势，作为有志于我国外语出版事业的编辑出版工作者要甘于寂寞，要有牺牲精神，要有愿为外语教学科研奉献的精神和愿为把中华民族的优秀文化介绍给世界而呕心沥血的献身精神，要为祖国经济的高速增长，外语教育事业的兴旺，为提高整个中华民族的文化素养而默默无闻地工作，甘做无名英雄，淡泊名利，要有为优秀文化的积累而努力工作的精神境界。在具体工作中要有敬业精神，要有愿为他人做嫁衣的胸怀。在同作者的交往中要公私分明，切不可以权谋私，徇私舞弊。有时编辑手中的权是很大的，往往掌握着一部书稿的生死大权、出版时间等。要坚决反对编辑向作者提出个人的出书"条件"，既不搞"人情稿"、"关系稿"，也不随心所欲"枪毙"有文化积累价值的书稿，要充分意识到，编辑所做的工作与文化的积累和发展息息相关。编辑的职业道德如何，也直接关系到出版社的形象，在国际交往中则塑造着我国出版社的形象。从某种意义上说，编辑的出版活动时时在塑造着出版社的形象。因此可以说，编辑职业道德的好坏直接关系到出版社的声誉和生存发展。对此，我们每一个编辑出版工作者应有清醒的认识，在每一项编辑出版活动中都要严格要求自己,努力提高职业道德的修养。

四、要有较高的外语水平

外语编辑,顾名思义,主要从事外语图书的编辑出版工作,所以应当有比较好的外语修养,不但能够读懂和处理一般外语图书,如外语读物、教科书和工具书的内容和文字,而且能对外语理论著作有一定的驾驭能力。能否成为一名合格的外语编辑,外语水平和外语文字处理能力是至关重要的。随着全民族外语水平的不断提高,形势向我们的外语编辑提出了更高的要求,要求我们的外语编辑不断注意加强自己的文字修养,不断汲取新东西,注意外语研究的新成果。此外,外语编辑还必须对所从事的某种文字工作的语言演变过程,即该语言的发展史有所了解,还应该对该语言的文学史、语言文学研究现状、该语言使用国的社会文化有一定的了解。与此同时,还要了解国内外语教学科研的状况,了解它的现状、存在的问题和发展的方向。这样才能在设计选题、组织稿件、编辑书稿时做到胸中有数、有的放矢。总之,外语编辑必须具备比较完整的某一门外语的语言知识和语言能力。若能有比较好的语言能力,又有比较扎实的语言理论基础或文学、文学评论方面的特长,则更有利于做好外语编辑的工作。也就是说,我们的外语编辑不仅要有较好的外语功底,并且要对某一领域的某一学科亦有比较深入的研究,最好"既是杂家,又是专家"。

五、要有比较好的汉语功底

外语编辑除了编辑外语图书外,还常常要编辑用汉语撰写的书稿,或理论著作,或翻译作品,或外汉对照,或汉外对照,或外汉夹写的书稿。有时还要编辑一些向世界介绍中国优秀文化的书稿或汉语读本。有的可能是现代作品,有的可能是古汉语作品,例如《中国历史文化故事(英汉对照)》、《中国成语典故故事(英汉对照)》等。这就要求我们的外语编辑不但要有较好的外语水平,而且必须有比较扎实的汉语功底,包括懂一点古代汉语。除了文字功底外,外语编辑还应对我国五千多年的优秀文化有所了解,熟悉我国文化的发展历史,熟悉现代文学的主要作品,有一定的文学修养,要懂一点汉语语言学。据笔者了解,有相当一部分外语工作者不太注重自己的汉语语言和文学的修养,汉语水平不很理想。对于外语编辑来说,汉语语言文学修养同外语语言文学修养一样重要,不然的话,恐怕就难以成为一名合格的外语编辑。

六、要了解和熟悉外语教学和科研的状况

外语图书编辑出版的主要任务是：为外语教学科研服务，引导和促进外语教学科研的开展与发展，同时为广大教师和学生及社会读者提供外语的教、学材料。要使外语图书的编辑出版工作适应教学需要，外语编辑就应了解教学的需要，要能较全面地了解外语教学科研的现状并能预测它的未来。若条件允许，外语编辑应经常到学校去走走，开一些座谈会，征求教师和学生的意见，同他们交朋友，保持密切的联系。若是大学出版社的外语编辑，有条件的可到系里兼些课，以便更好地掌握教学科研的第一手资料。此外，还应注意阅读有关外语教学和研究的书刊和外语图书，包括国外的语言学和应用语言学方面的期刊和理论著作。这样一方面可以了解更多的外语教学科研信息，同时亦可不断提高自己的外语实践能力和语言理论水平，不断提高自己的素质，把外语编辑工作做得更好。

七、要熟悉编辑出版过程

衡量一本图书是否合格，不但要看它的编校质量如何，而且还要看它的版式、装帧及印刷装订质量如何，有时甚至还要看用纸是否合适。这就意味着我们的外语编辑不但要懂得书稿编校的程序，关心书稿的编校质量，而且要重视图书的整体质量。在整个编辑、排版、印刷和装订过程中，任何一个环节稍有疏忽或出现差错都会影响图书的整体质量。这就要求我们的外语编辑要了解和熟悉图书的整个编辑出版过程，除了印前处理外，还要熟悉排版、制版、印刷、装订等工作程序。此外，还应对版式和装帧设计有一定的鉴赏和审美能力。这样，外语编辑在着手处理一部书稿时，可以做到通盘考虑、突出重点，减少重复劳动和浪费。有些出版社从培养编辑出发，安排新分配来出版社工作的大学生从校对到出版直至发行轮岗工作一至两年，这不失为明智之举。了解和熟悉完整的编辑出版过程也是外语编辑做好编辑工作的一个很重要的因素。

八、要有市场调研能力

随着社会主义市场经济体系和机制的形成与完善，外语图书市场日益繁荣，随之而来的市场竞争亦愈来愈激烈。若想在外语图书市场占有一席之地并牢固地占领市场，我

们的外语编辑就要有较强的市场意识,要摆脱计划经济时期那种对市场需求不闻不问、关起门来编图书的思维模式和工作方法。在图书的选题设计时,我们的外语编辑一定要做市场调研,分析、预测未来社会对外语图书的需求,撰写调研报告,进行可行性研究,提出选题计划,并要有超前意识,切勿盲目地跟着当下市场的热点走,因为从选题的确定到落实作者,直至编辑出版的周期一般都较长,短则一两年,长至三五年甚至更长一些。在这期间可变因素非常多,考虑选题计划时,一定要考虑到国家经济建设与精神文明建设的发展和需要、科学技术的进步和社会发展的需求、文化教育事业的发展和人民对文化的需求,同时也要考虑到本社的办社特色和编辑队伍的特长,发挥自己的优势,若跟着别人的脚步走是永远也不可能超过别人的。这就要求我们的外语编辑不但要编好书,同时要关心国家发展的趋势、外语教学科研发展的趋势。这些大的方面往往和市场有着密切的联系,大气候的发展往往会直接影响某一个具体的市场。这是做好市场调研工作的基础。此外,我们的外语编辑还须经常走访书店,出席图书订货会、展销会,有条件的要经常到学校去走走,了解外语教学和科研的情况,拜访外语方面的专家、教授和行政部门的领导,听取他们对出书计划的设想和建议。实践证明,这样做往往对我们的出书规划和选题设计非常有帮助,可使我们设计的外语图书的选题有较强的针对性,容易做到产销对路,满足社会的需要,往往可获得较佳的社会效益和经济效益。市场调研的能力应该说是新形势下外语编辑必备的素质之一。

九、要有一定的组织能力和策划组稿能力

要做好编辑出版工作,两支队伍的建设至关重要:一是本社的编辑、出版、发行和管理队伍,二是作者队伍。图书市场的竞争在一定程度上是作者队伍的竞争。谁拥有一流的作者队伍,就可能拥有一流的书稿,就能为出版一流的图书创造条件。随着市场经济的发展,各出版社越来越重视作者队伍的组建、培育和发展。对于专业外语出版社的编辑来说,培育和发展一支高质量的、人数可观的外语作者队伍更是当务之急。因为全国几乎所有的出版社都或多或少地出版外语图书,这对专业外语出版社来说压力很大。要能在夹缝中求生存,就必须多做工作、做好工作,竭尽全力组织和培育一支能够为本社撰写书稿的作者和专家队伍。要做好这一工作仅仅靠总编辑和社领导的努力是不够的,每一个外语编辑都应把这一工作视作编辑出版活动的一个非常重要的内容。有了好的规划、好的设想、好的选题,倘若没有一流的作者,出版好书仍然只是纸上谈兵而已。有了好的选题,物色到了一流的作者,书稿也就成功了一半。这就要求我们的外语编辑尊

重和继续发挥老作者、老专家、老教授的作用，依靠中年作者，扶植和培育青年作者，要同他们交朋友，多来往，了解他们的特长，目前正在进行的教学科研工作和创作情况，将本社的选题规划、出书计划同作者队伍的组建联系起来，同时根据作者队伍的特点策划选题和组织稿件。这样既落实了选题计划，又组织和培育了作者队伍。随着形势的发展，外语编辑的策划能力、组稿能力和组织能力日益显示出了其重要性。

十、要有一定的公关、交际和协调能力

外语编辑同其他学科的编辑一样，在其编辑出版活动中除了同作者、读者交往外，还常常同出版部门、校对部门甚至发行部门、书店和印刷厂打交道。这就要求我们的外语编辑应具备一定的公关能力、交际能力和协调能力。要善于同各种人打交道，善于协调各种关系，善于处理编辑出版活动中的各种矛盾。因为从编辑接受一部书稿开始到印成书出版发行得经过诸多环节，每一个环节都可能发生意想不到的问题和困难。面对各种问题和困难，编辑人员应遇事冷静，善于分析问题，找到矛盾的症结，采取适当的方法进行协调处理，化解矛盾，使书稿顺利完成每一道工作程序，最后按质按时出版发行，将高质量的精神食粮送到读者手中。

十一、要有撰写书评和图书广告的能力

图书出版后，为了引导读者更好地开展读书活动，图书编辑经常要自己撰写图书的简介或评论文章，使读者更好地了解图书的政治思想内容、学术观点和学术水平，这样既可便于读者有选择地阅读，又可扩大图书的影响。全国500多家出版社年出书10万余种，但书评工作却大大落后于出书量。大力开展书评活动有助于作者写好书、编辑编好书、读者读好书。开展书评活动应该是编辑出版活动的一个必不可少的重要内容。除了撰写书评外，编辑还常常要撰写新书介绍或广告等，让读者了解新书的基本内容和特点，扩大新书的社会影响，让新书拥有更多的读者。做好新书的宣传工作是每一个责任编辑的重要职责。目前的新书宣传广告工作远远落后于其他商品的宣传广告，应大力加强。加强对好书、优质书、精品书的宣传不仅可带来很好的社会效益，同时亦可带来可观的经济效益。外语编辑应该踊跃投入到这一编辑出版的重要活动中去，锻炼和增强这方面的能力。

十二、要熟悉和掌握现代化的编辑手段

改革开放的深入发展带来了经济的快速增长，带来了科学技术的突飞猛进，亦带来了人们的思想变化和观念转变。电脑的广泛运用和日益普及为外语编辑手段的现代化、电子化创造了良好的条件和机遇，越来越多的作者，尤其是外语图书的作者纷纷弃笔，改用电脑写作，这为加快图书的出版，缩短出书周期，提高图书质量创造了良好的条件。电子出版物的问世，多媒体的发展使出版物更加丰富多彩。为了跟上形势发展的步伐，外语编辑应尽快掌握现代化的编辑出版手段，例如电脑编辑、电脑排版、电脑辅助校对、电脑管理、电脑信息分析等。要熟悉一些常用的软件，充分利用先进的编辑、排版、校对等手段，为多出书、出好书、快出书服务。熟悉和掌握现代化的编辑技术和手段同样是当今编辑必须具备的素质。

综上所述，要成为一个合格的外语编辑需要诸方面的能力和素质（其中有些能力和素质是每个编辑都须具备的）。除上述之外，编辑还须学习和研究编辑业务，不断探索编辑工作中出现的新问题、新事物，掌握编辑学理论；注意知识的更新和积累，要有广博的知识等等。要做一名合格的编辑并非易事，正如吕叔湘先生所言："当好一个编辑不见得比当好一个教授容易些，从某种意义上说还要困难些。"从出版事业的发展、未来图书市场的激烈竞争来看，图书市场的竞争实质上是图书质量的竞争，这个质量包括内容质量、编校质量、装帧质量、印刷装订质量、服务质量等，而质量的保证和提高很大程度上取决于人才素质的提高。从更大的视野来看，无论科技竞争、经济竞争、质量竞争还是市场竞争等等，一切竞争最后恐怕都是人才的竞争。有了高素质的人才，就能出高质量的产品，就能在市场竞争中立于不败之地。因此，要编辑好外语图书，提高外语图书的质量，培养一支又红又专、高素质的外语编辑队伍实在是当务之急。以上仅是笔者的一孔之见，难免挂一漏万，敬请读者指正。

★本文发表于《外语界》1996年第二期，标题略有改动。

外语教学科研信息与选题策划

随着对外开放的深入发展,外语愈来愈受到社会各阶层的重视。全国500多家出版社几乎都出版外语图书,这些外语图书的出版,无论是对普及外语知识,提高外语应用能力,还是对提高我国的外语教学科研水平,繁荣外语学术研究都发挥了积极的作用。然而如何进一步出好外语图书,非常需要外语图书编辑出版工作者对所出版外语图书涉及的学科研究状况和发展趋势有所了解。因为了解、熟悉和掌握国内外外语教学科研信息和读者需求信息,从某种程度上说是策划好优秀外语图书选题的关键。本文拟就搜集外语教学科研信息的途径谈一些粗浅的看法。

一、关注、了解国外外语教学科研的信息和成果

我国出版的外语图书大多是英语方面的,主要是各级各类教材、教学参考书、学术著作、工具书、读物以及试题集、练习册等。所以我们的外语编辑出版工作者要关注、了解和掌握国外此类出版物的出版信息,从中了解国外英语语言教材、教学参考书的编写理论、方法和手段及使用的语料等;了解国外最近的语言教学、学术研究的水平和成果并预测其发展趋势;了解工具书的最新编纂方法和手段及出版情况;了解优秀读物的编写和出版信息:以利我们不失时机地将国外先进的外语教学科研成果介绍给我国广大外语教学科研工作者。若有必要,还可及时进行版权贸易,引进部分有价值的图书。总之,外语编辑出版工作者对英语国家的语言教学科研现状和语言类图书的出版信息必须有一个大致的了解,尤其要注意搜集这些国家的第二语言教学理论和实践经验及出版物的信息。笔者认为,这通常可经过下列途径去获取。

1. 及时翻阅国外最近出版的英语语言方面的图书

全国各外语院校、综合性大学或师范院校的外语学院、系、科每年都进口一定数量的外语图书，外语编辑出版工作者要同学校图书馆、资料室的工作人员保持密切的联系（最好有专人联系），每当一批外语图书购进后或编目后上架前，先去了解一下，将那些同国内正在重点研究或出版的项目有关的书籍的目录和内容浏览一下，对于要深入阅读或查阅的书籍可摘录其书名、书号，等上架后再借来细细阅读。及时知道以及翻阅这些图书，一可了解和掌握国外英语图书的出版信息，二可及时获取国外最新学术信息和教学科研成果信息，三可使外语编辑出版工作者开阔眼界和思路，不断提高自己的业务水平和能力，增强选题开发意识。此外，外语编辑出版工作者还应经常去其他购藏外语书刊的图书馆、资料室了解图书购置情况，从最新进口的图书资料中了解国外有关图书的出版信息。如此坚持数年，外语编辑工作者定能积累较多的信息，在策划、设计选题时可多获得一些发言权，在组织稿源或学术交流时同作者会有较多的共同语言，而在审阅稿件和编辑加工书稿时也能做到心中有数。

2. 及时阅读国外语言教学和研究的学术期刊

学术期刊刊载的文章所反映的学术信息和成果较之学术著作要快一些、早一些、新一些。一般来说，学术论文常是学术著作的先导。所以外语编辑出版工作者应尽可能多挤出些时间，经常及时地阅读国外语言教学和研究的学术期刊。假若没有时间细读整本期刊，至少也要阅读一下每期的目录，并选择重点文章阅读。有些语言教学和研究的学术期刊经常刊载有书评、新书介绍等，外语图书编辑出版工作者从中亦可了解重要学术著作等的出版信息，在策划设计选题、作出抉择时可以参考。

3. 注意搜集国外同类出版社或同类图书的书目和订单

国外出版社为了推销其图书，经常会寄一些图书目录或征订单给我国高校图书馆、资料室、公共图书馆和相应的出版机构等。尤其是同国外图书商经常有业务往来的单位，更会经常不断地收到外语图书的广告和宣传品。外语图书编辑出版工作者浏览此类广告和宣传品，也有助于及时获取国外同行的出版信息。若能将这些信息分门别类地输入电脑，建立起一个小信息库，则在策划设计选题时同样可以参考和借鉴。

4. 及时采访出国留学、进修、讲学回国的人员

改革开放以来，我国每年都向世界各国派出一定数量的留学生、进修人员、访问学

者等，他们之中每年又都有一些人学成归来。及时采访那些专攻语言理论或从事语言教学实践的教师、学者，是外语图书编辑出版工作者获取国外外语教学科研和学术信息的重要渠道之一。在同这些学者们交谈中，可以及时了解到国外语言研究、教学理论、教材编写、工具书编纂等方面的最新信息，了解其现状，探测其发展趋势，同时亦可及时了解这些学者的专长，了解他们自己在某一学术领域中的最新研究成果及国外在某一领域的学术研究成果。若有合适的选题，就可进行组稿。

有些出国攻读学位、作学术交流或搞课题研究的人员在国外停留的时间较长，暂不回国，同他们经常保持联系，则可委托他们了解国外有关的学术信息和出版信息，也可请他们利用国外图书资料资源的优势和人才的特点帮助出版社组织书稿或提出选题设想与建议，帮助外语图书编辑出版工作者开拓思路。此外，与国外相关机构和相应出版社保持联系，也可有针对性地进行一些咨询或信息交流。

5. 与来我国工作或讲学的外籍教师、专家交朋友

每年都有一些外籍专家和教师应聘来我国工作。短期讲学或作学术交流的人员则更多。这些外国专家、教师和学者往往在某一领域或某一方面学有专长。与他们交朋友、交流、座谈可以获得较新、较多的学术信息和出版信息。若有合适的选题，可请他们撰写书稿或帮助组织书稿。

6. 积极参加国际学术活动

改革开放以来，我国不但每年派出一些专家、学者参加在国外举行的国际学术会议，而且每年也在国内组织和举办一些国际学术会议，其中有些是语言教学和语言研究、翻译等方面的国际学术会议。外语编辑应关注这方面的信息，积极参与这种学术活动。这样既可以了解学术动态，提高学术水平，亦便于结识一批专家、学者，并在了解信息的基础上为日后组稿、物色作者开拓道路。

二、关注、了解国内外语教学科研的信息和成果

及时、准确、较全面地了解和掌握国内外语教学科研的信息，是外语图书编辑出版工作者策划及设计选题、组织稿源、物色作者的必要条件和保证。笔者认为，外语图书编辑出版工作者除了要关心时事政治、了解和掌握对外开放政策、党和政府有关外语教育的方针和政策以外，一般可从下列几个渠道去了解国内外语教学科研的信息和成果。

1. 浏览国内各出版社出版的外语图书

如本文开头所说,全国500多家出版社几乎都出版外语图书,尤以出版英语图书为多,目前其势如江海波涛,后浪推前浪,一浪更比一浪高。这些书有不少确是对教学和科研很有帮助的上乘之作,但也难免有一些粗制滥造的产品。随时浏览国内出版的外语教学科研图书,不但有助于外语编辑出版工作者了解这方面的出版情况,避免盲目赶热点、策划设计选题时拍脑袋,而且可以充分发挥自己出版社的优势和特色,扬长避短,编辑出版最合乎社会需要、内容形式均属上乘的外语图书。所以外语图书编辑出版工作者应做有心人,随时了解国内各类外语图书的出版和销售信息,经常跑图书馆、阅览室、新华书店、外文书店,参加各种图书订货会等,而且经常阅读书讯报和载有出版信息的报纸和期刊,以获取有关信息。若能将搜集到的信息分类输入电脑,建立一个外语图书出版信息库,则对外语图书编辑出版工作者策划设计选题、合理配置出版资源、多出有双效益的图书不无帮助。

2. 经常阅读国内出版的有关外语教学、研究的学术期刊

据不完全统计,我国现有各类外语期刊达50多种。其中学术性期刊约占1/2,被评为常用外国语类核心期刊的就有15种,即《外语教学与研究》、《外国语》、《外语学刊》、《现代外语》、《中国俄语教学》、《外语界》、《外语研究》、《中国翻译》、《解放军外语学院学报》、《外语与外语教学》、《外语教学》、《上海科技翻译》、《日语学习与研究》、《外语电化教学》、《国外语言学》。普及性的刊物有:《英语学习》、《英语自学》、《英语世界》、《大学英语》、《科技英语学习》等。这些外语期刊,无论在普及外语知识,提高全民族外语教育水平,还是在提高外语教学和科研水平,繁荣外语学术研究方面都发挥了重要的作用。外语编辑出版工作者若能经常阅读这些刊物,便可开阔学术视野,获取学术信息,了解目前国内的外语学术研究水平和状况,并可从中了解到作者队伍的状况,这也有利于以后策划设计选题和物色作者。

3. 同有关行政部门经常保持联系

国家教委高教司外语处、各省市教委有关部门领导着所辖管高、中等学校的外语教学和科研工作。同这些部门经常保持联系,可及时了解和掌握各级各类学校重大的教学科研活动计划及其进展情况,这也是外语编辑出版工作者获取外语教学科研信息的重要渠道之一。有了这方面的信息,外语编辑出版工作者无疑就掌握了策划设计选题、物色作者、组织稿源的主动权。可将出版工作同传播和贯彻外语教学科研的方针、政策,积极推广改革和科研成果有机地结合起来,以外语教学科研带动出版工作,使出版事业服务并促进外语教学和科研的开展。

4. 与外语学术团体保持密切联系,积极参加学术活动

我国目前有高校外语专业教学指导委员会和高校大学外语教学指导委员会及全国性的各级各类外语、外国文学、翻译、外语学刊等研究会和协会10余个。这些指导委员会、研究会和协会每年都要举行学术研讨会、年会等。同他们经常保持联系可及时获取外语教学和研究方面的学术活动信息。由于这些学术会议和活动往往能从某一个方面反映出我国外语教学和科研的学术水平、展示教学和科研的成果,所以有针对性地参加一些学术会议和活动,无疑是外语编辑获取所需信息、增长知识、开阔眼界、结识作者的好机会。

5. 经常深入教学和科研机构第一线

外语编辑出版工作者除了做好日常的编审、校对等工作外,应尽可能安排时间深入到教学科研第一线,了解教学科研情况,大学出版社的编辑尤应如此,有条件的最好能兼一点教学工作和承担一些科研任务。至少应经常到学校去听听课,多与教师和学生接触,了解教学的实际情况、教学需求、存在的问题等等,使编辑出版工作同教学科研工作紧密结合,更好地为教学科研服务。同时,外语编辑出版工作者应向教师和科研人员了解科研项目的立项和进展情况,以便及时将编辑出版工作同科研工作结合起来,一旦成果问世,便及时反映和介绍,促进教学和科研的发展。

综上所述,了解和掌握外语教学科研学术信息和出版信息,对策划设计选题,合理配置出版资源,减少撞车,充分发挥一个出版社的优势和特色,多出好书和双效益的书是十分重要的。途径和渠道应该是多种多样的。外语图书编辑出版工作者在了解获取国内外教学科研的学术信息和出版信息时,若能善于利用电脑等现代信息工具,则更能事半功倍。以上仅是笔者的一孔之见,难免挂一漏万,敬请广大同行批评指正。

★本文发表于《外语界》1998年第一期,标题略有改动。

增强编辑出版工作者的"四个意识"

在出版业由"规模数量增长型"向"优质高效增长型"转变的过程中,出版界强调,转变经济增长方式就是要使出版业从粗放型向集约型转变,提高整体素质和效益,从而促进出版产业的高效化,更好地为两个文明建设服务和改革开放服务。为顺利完成这一转变,笔者以为增强编辑出版人员的"四个意识"即政治意识、质量意识、市场意识和发展意识尤为必要和重要。

一、政治意识

我们的出版工作是在党和政府的领导下开展的,是我国社会主义事业和党的意识形态工作的一个重要组成部分,在建设社会主义精神文明中具有重要作用。江泽民同志曾深刻地指出:"舆论导向正确是党和人民之福,舆论导向错误是党和人民之祸。"这就决定了我们的编辑出版工作者首先必须具备正确的政治立场、政治鉴别能力和政治敏锐性,也就是说我们的编辑出版工作者在思想上必须坚定地同党中央保持一致,积极学习和宣传马列主义、毛泽东思想和邓小平理论,宣传党的路线、方针和政策,坚持编辑出版工作为人民服务、为社会主义服务、为社会主义物质文明和精神文明建设服务的方向,这样才能做到"以科学的理论武装人,以正确的舆论引导人,以高尚的精神塑造人,以优秀的作品鼓舞人"。其次,我们的编辑出版工作者必须具备大局意识,坚持编辑出版工作为全党和全国工作大局服务,我们的一切编辑出版活动都应服务于这个大局,认真发挥好党和人民的喉舌作用,成为宣传党和政府方针政策的坚强阵地,坚持正确的方向,努力为实现党的中心工作服务。总之,只能给党和国家帮忙,不给党和国家添乱。其三,我们的编辑工作者必须具有高度的责任心。我们所从事的编辑出版工作,从宏观上看,担负宣传党和政府的方针政策的任务,体现和反映党和人民的意志和呼声,指导和反映我们目前正在从事的工作;从微观上看,我们正从事着弘扬和积累中华民族的优秀文化的工作,传播科学文化知识,为学科建设和发展服务,为满足人民精神文化之需服务。我们的工作性质决定了我们必须具备强烈的责任意识,因为任何的疏忽都会给党和国家带来不可弥补的损失,这方面的沉痛教训已不少,前车之鉴值得我们很好记取。

二、质量意识

一种出版物是否会受到读者欢迎,是否会被读者和社会认可,是否有较强生命力,从某种意义上说,完全取决于该出版物的质量。这就要求我们的编辑出版工作者应具备强烈的质量意识。也就是说要有强烈的学术质量意识、文字质量意识、编校质量意识、装帧质量意识和印装质量意识。

1. 学术质量意识

我们在策划选题或编辑一部书稿时往往首先要考虑选题或书籍的学术质量,在某一学科领域是否具有领先地位,是否反映该领域的先进科研成果,是否有学术积累价值,是否科学,是否有推广价值和指导意义等等。这些,对把好质量关至关重要。

2. 文字质量意识

我们在策划选题物色作者时除了要考虑作者在某一学科领域内是否具有较厚实的学术功底外,还要考虑作者的文字功夫。如果学术水平很高而驾驭文字的能力很差的话,恐也难有一流的创作。在处理一部书稿时,我们也必须十分注意书稿的文字质量。要认真审查书稿的语句是否通顺,表达是否清楚确切,用词是否规范、贴切,是否符合国家的有关规定。

3. 编校质量意识

责任编辑在编辑加工一部书稿时,涉及的面很广。他不但要审查书稿是否有较高的学术水平,论点是否正确,论据是否充实、妥帖,论证过程是否正确、充分,还要从编辑的角度对作者的疏漏予以弥补,错误予以纠正,前后不一致的予以统一,有疑问之处一一核对或请作者释疑。同时,责任编辑是沟通作者与读者的桥梁,他还要考虑某种观点、某种表达方式或某种遣词造句方法读者是否能够接受。此外，还要与校对人员通力合作消灭排印中的一切错误，解决校对人员提出的质疑，保证书稿有较高的编校质量。

4. 装帧质量意识

图书的装帧将给读者以第一印象。装帧质量的高低有时直接影响到读者对图书的取舍。装帧是否新颖、是否能体现书稿的内容，往往直接关系到该书的命运。如果一本图书连封面上的文字都有错误，那就很难想象读者会对这样的图书有信心。装帧是图书的脸面，图书封面就是出版社的一张广告。读者接受一本新书往往是从封面装帧开始的。笔者曾作过一个试验，把两本新书放在一起，一本装帧较新颖，很有特色，一本装帧很普通，结果读者几乎都首先翻阅装帧新颖有特色的图书。提高图书装帧质量是树立出版社品牌的必由之路。一流的书稿必须要有一流的装帧，没有一流的装帧也就出不了一流的图书。出版精品图书必须有强烈的装帧质量意识，这是中国出版物走向21世纪，走向世界的需要。

5. 印装质量意识

印装是一本图书生产的最后一道工序，如果前面的工序均有比较好的质量而印装没有达到相应的质量要求，这本图书的质量仍然不是上乘的，甚至可能使前面的努力全部付之东流。可见关注印装质量是提高图书质量的一个必不可少的重要措施。尽管印装工作主要由工厂来完成，但对出版社来说，必须同前几道工序一样给予足够的关心和重视。印制前一定要将质量要求向承印厂说清楚，包括用纸规格、印刷、装订、包装要求等。现在市场上有些内容和编校质量相当好的书，但由于印刷不够清晰，或油墨深浅不匀，或用纸规格不一，或装订差错等，图书的质量便大打折扣并产生了很不好的社会影响。每年开学后数周内新闻媒体屡屡曝光的教科书质量问题，很大一部分是由印装质量低下导致的。目前，鉴于印装质量问题较多，增强编辑出版人员的印装质量意识，尤为紧迫和重要。

三、市场意识

随着改革开放的深入，出版业的市场竞争亦越演越烈，编辑出版工作者是否有强烈的市场意识，从某种意义上说，决定着出版社的兴衰。市场竞争的加剧，必然会导致优胜劣汰。尽管目前我国的出版业是受国家政策保护的，但各出版社之间的竞争仍然可以说是无情的。增强市场意识，就是要增强编辑出版工作者的竞争意识、忧患意识、调查研究意识、信息搜集和处理意识等。

1. 竞争意识

市场意味着竞争。同其他商品一样，图书市场的开发、占领也充满着竞争。A出版社不去开发占领某一细分市场，B出版社就会去开发占领。竞争往往从选题策划就开始了，社与社之间的实力较量最初就体现在选题策划的质量、规模和速度乃至细及策划的精度、深度、高度和广度上。谁具有强烈的超前意识和市场意识，谁就会增强策划选题意识、组织稿源意识、编校质量意识和出书速度意识以及封面装帧、宣传广告意识、公关意识、服务意识。反之则往往跟着别人的脚印走，市场热销什么图书就组织什么图书，盲目跟着市场热点走。市场上很畅销的书，待到你的书出来后，恐怕就不再畅销，不再是热点了。所以增强市场意识就是要增强超前意识、市场调查分析意识和预测意识，预则立，不预则废。

2. 忧患意识

要想在市场竞争中获胜，站稳脚跟，编辑出版工作者必须要有强烈的忧患意识。每家出版社都有自己的拳头产品、看家产品。拳头产品、看家产品一旦遇到挑战或冲击，往往会对出版社产生很大的影响，弄得不好会导致出版社走下坡路。问题往往出在一些有比较好的拳头产品的出版社，因为该产品给出版社带来了较好的社会效益和经济效益，便容易沾沾自喜，不思进取。一旦拳头产品出现危机，就显得束手无策。这方面的教训无论是出版社还是其他行业已有不少，值得我们记取。一个产品达到鼎盛时期之日，往往是它走下坡路之时。所以任何一个出版社若缺乏忧患意识，恐难以有较大的发展前途。只有根据市场的需要，尤其是潜在市场的需要，规划好自己的产品，不断有更新换代的适合社会发展需要的优秀产品问世，并且后续产品不断线，也就是说，市场上销售一个，正在生产中一个，手里抓着一个，眼睛盯着一个，脑子里想着一个，这样才能使自己的产品站稳并占领市场。

3. 调查研究意识

要想自己策划、设计的选题受到读者的欢迎，并占有较大的市场份额，编辑出版工作者必须对市场现状和需求有一个比较全面的了解。要做到对市场"胸中有数"，就必须开展调查研究。首先要对市场现在流行的图书、畅销的图书及本版书在市场的占有率等情况有一个较清楚的了解；其次要了解图书市场的走向，即发展趋势，要做到这一点就必须对党和政府的方针政策有比较全面的了解，尤其是对国家的发展规划、教学科研发展计划和社会潜在的需求等方面有所掌握。编辑出版工作者可以经常到书店去调查书的销售情况，向读者调查需求；也可以经常到学校去征求教师和学生的意见，了解教学的要求；同时也可以经常向政府有关部门了解教育、文化工作的计划和想法，便于出版工作与之进行有机的配合；还可以不定期地向各类读者寄发征求意见表以了解他们的需求。总之，无论采取何种方法，编辑出版工作者应把自己的出版任务和计划的制订建立在大量调查研究的基础上，切忌拍脑袋，否则难免会受到市场的报复。

4. 搜集信息意识

目前我国每年出版10余万种图书，市场竞争日趋激烈。如何把握市场，找准市场切入点，有许多工作要做。搜集图书市场信息并加以科学的分析，确实是编辑出版工作者必须花力气去做的一件基础工作。编辑出版工作者无论出席学术研讨会、参加订货会、召开读者座谈会或是拜访作者和读者，都应时刻想到搜集信息，处处做有心人，注意信息的积累，将搜集到的信息输入电脑。诸如与本社出版范围有关的图书出版信息、新书预告、相关出版社的图书目录等，对合理配置出版资源，减少撞车，并对编辑策划设计选题，开阔思路，发挥优势和特色，决定图书装帧和开本、字体、字号、体例等都大有益处，对经营者决定用纸、定价、销售、宣传、广告手段也不无帮助。从某种意义上说，谁占有信息，谁就占有主动权，谁就占有市场。

四、发展意识

发展是硬道理。20世纪90年代在邓小平同志南方谈话精神的指引和鼓舞下，全国各行各业抓住本世纪最后一次机遇，努力发展自己。不发展，故步自封，就会落后，就会被淘汰。只有不断发展、壮大自己的实力，才能在市场竞争中占有一席之地。因此，增强编辑出版工作者的发展意识尤为重要和紧迫。增强发展意识，也就是要增强编辑出版工作者的积累意识、创新和开拓意识。所谓积累意识也就是说编辑出版工作者所策划、设计的选题首先要考虑是否有文化积累价值，是否可以有较长的生命力，是否可以印刷发行5至10年或更长时间。因为出版业的发展很大程度上依赖于图书品种的积累，如果一家出版社有数百种可以重印10年以上或更长时间的图书，那就是一笔非常宝贵的财富，其价值往往要远胜一幢大楼或数百万元、上千万元的固定资产，所以在市场竞争中，注意增强积累意识至关重要。有些出版社往往急功近利，只顾眼前利益，策划选题不愿下大力气，不顾自己的实际情况，盲目跟着市场热点走，每年出很多书，但是积累甚少，重版率老是上不去。原因之一就是积累意识不强。所谓创新开拓意识是说编辑出版工作者不能只是守摊子，而是要不断添砖加瓦，锦上添花。市场经济的发展同样给出版业提出了很多新问题，带来了很多新情况。市场在发展，在变化，若我们的思路、运行机制、工作方法和手段仍然沿袭老的一套，就很难适应新形势的要求，难免处于被动的地位。市场经济的发展要求我们的编辑出版工作者不断提出适应市场变化需要的新思路、新机制、新方法。为适应市场的变化，我们的编辑出版工作者要敢于走前人没有走过的路，在把握好正确导向的情况下，要敢为天下先，要敢于尝试，善于总结，不断进取，不断研究新情况，解决新问题，开创新局面。

以上仅就编辑出版工作者在新形势下应增强政治意识、质量意识、市场意识和发展意识谈了个人的一些肤浅认识，以求教于出版界的广大同行。论述难免有不妥之处，敬请指正。

★本文于1999年12月发表于《耕耘集——献给上海外语教育出版社建社20周年》文集中，标题略有改动。

大力营造编辑的市场主体地位

我国的市场经济不断发展和成熟，市场调节的无形之手发挥着巨大的作用。市场规律引领或制约着市场的发展，人们越来越重视和尊重市场的发展规律。按市场客观规律办事，往往获益匪浅；不尊重市场规律，违背市场规律行事，则往往效果不佳，结果很糟，甚至会受到惩罚。党的十八届三中全会通过的《中共中央关于全面深化改革若干重大问题的决定》，把以往"发挥市场在资源配置中的基础作用"改为"使市场在资源配置中起决定作用"。这是深刻总结我国社会主义经济建设经验，适应和完善社会主义市场经济体制新要求作出的创新发展，表明中国共产党对社会主义市场经济的认识达到了新的高度，必将对我国全面深化改革，促进经济、社会等各项事业的发展，起到巨大的推动和促进作用。图书出版作为一种产业也不可避免地要融入市场经济，尽管图书出版除了产业属性外，还具有社会和精神方面的属性，有其一定的特殊性，也就是我们常说的精神动力、智力支持、思想凝结等。图书是一种商品，尽管也可称为特殊的商品，但进入了市场层面，便受市场供求关系调节，也必然不可违背市场的行事规律。在整个出版过程中，图书编辑作为产品研发的主体，其市场意识、视野、理念和对市场的认识、理解及判断等直接关系到产品的市场适应性。编辑应能做到所研发的产品不但能满足市场的需求，而且能引领市场的发展，这很大程度上取决于编辑的市场主体地位意识。然而，就我国目前出版业的运作体系而言，不少出版社的产品研发、制作常常与市场存在一定的差距，甚至脱节。司空见惯的是，不少出版单位经常等着投稿或来稿，或拿到什么书稿就出什么书；作者送来什么书稿，就生产什么样的产品，缺乏对宏观需求的判断和微观需求的把握，更缺乏战略思考和整体策划。编辑单打独斗，各自为政，各自为战，结识到怎样的作者，便拉到相应书稿的现象屡见不鲜，从而导致产品结构不合理，缺乏支柱性产品、名牌产品，难以形成品牌。这恐怕与编辑的市场意识,尤其是市场需求意识不足,对读者欲望等把握不住、不足,不无关系,因而也就难以做到产品既能满足市场需要,又能引领市场的发展。本文拟就大力营造编辑的市场主体地位谈一些粗浅的看法,以求教于同行。

一、什么是编辑的市场主体地位

首先,编辑的市场主体地位由编辑所承担的工作和职责所决定。图书的编辑工作和职责是:以出版文化为目的,以市场为主体和导向,策划和设计产品或作品,对自由投送的产品或作品进行选择、甄别与加工。具体地说,就是根据出版社的发展规划或年度计划制订或确定编辑计划。根据计划和工作需要策划选题,组织或预约相关稿件,这就是我们通常所说的组稿。稿件到了以后,对稿件进行整理、修改、润色等就是所谓的编辑加工。内容和文字确定后进行版面安排和设计,排版以后还需对稿件进行校对或审校。出版前还需对全稿进行通读,以保证内容和形式合乎策划和设计要求。此外,为保持产品研发的可持续发展,编辑还要花大力气去组建和维护相应的作译者队伍。从某种意义上说,作译者队伍的质量、结构、层次、数量等决定了产品的品质、结构、特色和规模。此外还要做好日常的作者来信、来稿和读者来信等事务的处理。大事小事,事事须做好。若有一事未处理好,就很可能会带来负面效应或带来工作的被动和损失。其次,编辑的市场主体地位由所面对的市场法则与机制所决定。我国建设和发展的是社会主义市场经济,因此,我国的文化图书产品的研发和生产也必须按市场的游戏规则来营运。也就是说,须大力开展以市场为导向,以市场需求分析为基础,以满足和引导市场发展为职责和目标的文化产品研发、营销和管理,防止产品研发与市场营销两张皮,各管一段(产品研发时不考虑市场和营销,市场营销推广时不了解产品研发的理念和对营销的要求或建议),而应将产品研发与市场营销有机地融合在一起。研发产品时,应十分清楚市场的需求、定位与特点以及营销策略,如此才能谋求最佳双效益。第三,图书产品要赢得市场就必须营造和确立编辑的市场主体地位。任何一个图书出版经营单位都离不开产品、营销和经营管理,在这三者中,产品是第一位的,营销是关键,管理是保障。产品的品质决定了企业的兴衰和成败。没有被市场和消费者认可、接受和喜爱的产品,没有能满足市场和消费者需求的产品,没有能够引领市场发展的产品,没有强势产品、支柱性产品,没有精品,就不可能树立企业的品牌,更不可能成为市场的名牌。没有成规模的、成系列的、高质量的、特色鲜明的、能较好满足市场需求的产品,就不可能有好的社会效益和经济效益。没有准确定位的、市场适应性强的、具有较好前瞻性的优质产品,就不可能有强大的市场竞争力。而产品的研发和打造，除了专业知识、专业能力外，主要取决于编辑的市场意识、市场视野和市场理念。编辑承担了产品研发和制作的主要责任。如果一个出版单位的产品在市场上没有地位，编辑不作为，便不可能有编辑的地位，也不可能确立编辑的市场主体地位。编辑的市场主体地位是由其产品研发能力、组织协调能力、制作能力和市场协助营销能力等诸因素决定的。编辑市场主体地位的意识和层级，决定了产品的品质和产品的市场竞争能力。因此，大力营造编辑的市场主体地位，至关重要，势在必行。

二、如何营造编辑的市场主体地位

如上所述，编辑的市场主体地位是由其工作职责所决定的。编辑承担着产品的研发、制作、辅助营销和与此相关的各项管理工作。其市场主体地位直接关系到产品的品质与特色、对辅助营销的成效和营销的支持及与此相关的管理工作的效率与效益。大力营造编辑的市场主体地位，就是要做到以下几点。

1. 努力研发和制作社会效益和经济效益俱佳的产品，即产品的研发和制作必须坚持定位准确、特色鲜明、品质上乘，具有较好市场适应性和前瞻性；这些产品的研发必须整体策划、整体设计、整体制作、整体运作，能形成产品群，形成一定规模的、适当的产品线和较长的产业链；能形成强势产品、支柱性产品；能产生较强的市场影响力和号召力；能对企业生存和发展起到重要积极作用，能为企业品牌增光添色。

2. 努力做好辅助营销工作，包括产品宣传、推广。辅助营销主要指的是产品的内部营销和外部营销。内部营销即在产品策划设计时就与营销人员沟通，听取营销人员对产品研发的意见或建议，准确做市场定位和确保市场适应性；产品完成后，向营销人员介绍和讲解产品的定位、特色、品质和建议营销策略等。外部营销即在产品营销推广阶段或过程中，协助营销经理们针对用户，开展产品的宣传、推广活动；介绍产品品质、特点、建议使用方法等，帮助用户正确使用产品，实现产品设计之目标；此外，还要开展整合营销，即分别进行产品营销推广，整体介绍和讲解产品模块、层次、产品线，市场针对性和有效性等；品牌营销，即介绍和营销出版社的出版理念、宗旨和服务的范围、内容、特色，并具体展示代表品牌的产品，产品和服务体现品牌，品牌由产品和服务支撑；学术营销，即研讨共同关心的问题、交流各自的学术观点、研究成果，达成某些共识，不断地发现问题、提出问题、分析和研究问题，提出解决问题的方案，以此促进用户的学术发展和出版社学术水平以及产品研发能力的提升。

3. 努力做好相关的管理工作，管理好作者队伍，管理好产品。作者是出版社产品研发的核心资源。能否打造一流的产品；很大程度上取决于作者的专业知识、专业素养和专业能力。没有一流的作者队伍便不可能打造出一流的产品；没有一定数量或规模的作者队伍便不可能有相应数量或规模的产品模块、产品群和产品线。重视和加强作者队伍的建设是一个永恒的主题，如同产品的研发、维护和升级换代一样。作者队伍的寻觅、筛选、培育和管理是出版社编辑的一项十分重要的工作，是编辑管理工作的首要任务。编辑还要管理和维护好产品。编辑对所出版的产品要做到熟悉熟知，不断加强和加深认知。对产品的品质特性、市场表现要烂熟于胸。尤其是对那些支柱性的、核心的、代表出版社品牌的产品更是要了如指掌。精心培育和管理好这些产品是编辑至关重要的工作内容，从某种意义上说，也就是培育和维护市场，管理好出版社的核心资产。多年来外教社赋予各事业部和编辑的工作职责是：产品研发、辅助营销和编辑事务管理，将产品研发同市场推广、编辑事务管理有机结合，取得了令人满意的成效。

三、营造编辑市场主体地位必须具备的条件与要求

无论是一个出版社，还是一个编辑室或是某一种产品的研发和管理，从某种意义上说，有什么样的出版社社长便会有什么样的出版社；有什么样的室主任便会有什么样的产品模块、产品群；有什么样的编辑便会有什么样的产品。也就是说，编辑决定了出版社产品的品质、特色和产品的市场适应性和竞争力。编辑要成为市场的主体或确立其市场的主体地位，应具备以下条件和要求。

1. 要十分了解和熟悉市场，包括市场的现状、总体运营状况、产品的销售情况、某一时期的特点和未来的发展趋势等。也就是要求我们的编辑人员做到以下几点。（1）了解和熟悉本社的发展历史与现状、发展战略和发展规划。可从产品的市场表现、双效益的评估，营销的策划、组织协调和产生的效果，经营管理是否高效有序及是否能保障各项工作顺利、健康开展、运作到位等诸方面去观照。要把握发展战略和发展规划，要关注、学习、领会和掌握出版社近期工作安排、年度工作计划和5年甚至10年发展规划的关系，以使编辑所研发的产品能合乎和融入出版社的整体营运发展节奏和要求，支持和促进出版社的发展。同时，又可借助群体的智慧和力量，拉动产品的研发和营销，个体融入整体，整体拉动和提携个体。既踏踏实实做好和完成今天的工作，又为未来的发展做好积累和铺垫工作。（2）了解和熟悉本社产品的结构，尤其是支柱性、标志性、核心产品和模块的优势与不足。这是研发和维护产品的必不可少的前提。尤其是对全社20%

的产品能赢得80%的市场和创造80%利润的产品更要悉心关注，研究是否可以继续开拓和扩展，如何维持其市场的竞争力，如何升级换代，形成品牌或名牌，并带动其他产品的开发，形成一定的产业链等。只有了解和熟悉现有的产品，知其优劣，才能减少盲目性，增加主动性和有效性，做到知己、知彼，开拓发展有力、有效、有利。（3）了解和熟悉本社的营销资源。所谓营销资源，主要包括：营销队伍的数量、构成、素养（运作能力、开拓能力和创新能力）；销售渠道和网络体系（实体书店、网上书店、B2B、B2C、电子书销售平台、图书馆馆配系统、自主专营销售系统等），销售体系的合作伙伴；常用的推广模式和营销策略及政策，宣传的方式和方法，营销的战略、策略和手段等。只有了解和熟悉了营销资源和运作方式，才能将产品研发与营销资源有机有效地实行科学合理的配置。很多情况下，并非出版单位缺乏有竞争力的产品，而是由于营销资源的匮乏，营销战略和策略的缺失或不当，导致众多的优质产品束之高阁，资源放空，致使产品见光死，出版后进仓库，过一段时间后送去工厂打成纸浆。若能在产品研发时就能将营销资源进行科学、合理配置，便往往可取得令人满意的双效益。（4）了解和熟悉国家的发展战略，尤其要熟悉和掌握与本社业务内容相关的方针、政策和出版要求。我国的出版社除了行业、市场特性外，与西方国家的出版社相比有一个显著的特点，就是出版社工作要服务于全党、全国的工作大局，服务于社会主义建设，服务于人民。而要为经济发展和社会各项事业的进步做好智力支持、精神动力和思想凝练工作，做好记录、传承、传播工作，只有将产品研发、营销和经营管理等工作紧紧围绕中国特色社会主义建设的发展需求，紧紧围绕着中华民族伟大复兴、中国梦的实现去进行，这样，才能坚持正确的导向，使出版社的各项工作沿着正确的轨道运营和健康发展；才能使产品研发自觉地围绕办社宗旨有效展开。（5）了解和熟悉与本社业务领域相关的科技、经济、文化、教育、外交、社会等的发展现状和趋势。这方面的信息了解得越多，越细致、准确，就越有利于做好产品研发的需求分析，就越有利于产品的准确市场定位，就越能彰显产品的特色，就越有较强的市场适应性和前瞻性，这是编辑研发产品的基础。关心经济发展，社会各项事业进步的状况和趋势，是编辑做好产品研发必不可少的重要工作。应时时挂在心上，处处留意，获取此方面的信息，才能对产品的要求和研发作出准确的判断，审时度势，做好编辑出版工作。（6）了解和熟悉与本社同类出版社产品的市场表现、营销策略、市场占有份额、产品的优势与不足等。这既可了解他人的长处和短处，做到知己知彼，从中获取有益的养分，同时也可学习他人产品的优势、长处，为我所用，不断提升和完善本社的产品质量，拓展产品群，延长产品线和产业链，尤其是加强产品研发和营销资源的有效配置，从而使本社的产品不断增强市场的竞争力、影响力和号召力。在做好对国内与本社同类产品了解和熟悉的基础上，若能了解和熟悉世界出版大国、强国同类名牌出版社的此类信息则更佳，将更有益于研发产品的前瞻性和国际化，更有利于中国文化和图书走向世界。这些出版社往往有一些同类产品值得我们仿效，尤其是他们产品研发的意识、视野和理念有不少可借鉴之处，可从中借智、借力，为我所用。（7）了解和本社业务内容关系密切的学科发展、学术研究、文化建设和人才培养的状况、发展战略和重大科研成果和文化建设项目成果等。出版的职责和使命是记录、传承、传播人类一切文明成果，不断满足人类社会物质文明和精神文明发展的要求，促进人类社会文明的建设和发展，服务于学科建设，学术繁荣，人才培养和文化、文明的传承与传播。了解这方面的信息，可使产品的研发和出版工作更自觉、有效、主动地服务于这一使命。学科的发展、学术的繁荣、人才的培养和文化建设的成就，既可促进社会的发展和各项事业的进步，又可促进和繁荣出版事业的发展。二者相互支持，相互依存，相互拉动，相互促进。（8）了解和熟悉与本社业务发展密切相关的作译者和专家队伍的状况，尤其是成长型的专家、学者、教授。作译者队伍是出版社生存和发展的重要资源。无论是产品研发、学术咨询、宣传、推广、营销、经营管理都离不开专家、学者、教授。从某种意义上说，有什么样的作译者队伍，就能研发出什么样的产品，能产生什么样的营销理念。组建、培育出一支高质量的作译者队伍，直接关系到出版社的产品研发、经营管理、生存和发展。做好此项工作的重要性和意义便不言自明了。

2. 要科学、谨慎、及时做好市场需求分析。在充分了解和掌握信息的基础上，做好市场需求分析，对产品研发至关重要。只有了解和掌握了市场需求，分析清楚了市场的即时需求，即当今市场显性的、已形成的需求和隐性的、明日或未来的需求，即还未形成的、潜在的市场需求，才能研发出既能满足当今市场需求的产品，又能满足明天或未来市场需求的产品，引领市场的发展。此外，还应对全局的市场，即全国的整体的市场，做好需求分析，使产品的研发能够满足最广阔的市场。同时，也应对局部市场，即某一特定地域、行业的市场做好需求分析，以使所研发的产品能满足多元需求、个性需求，满足不同层次、不同消费群体、不同市场的需求，最大限度地覆盖市场。若有可能还应对国外市场的需求进行调研和分析，以使所研发的产品既能满足内需，同时也能使某些产品适应和满足国际市场，以不断增强和扩大中国图书出版的国际意识、国际视野、国际理念，参与国际出版事务、国际合作和国际竞争，从而不断增强中国出版业的国际竞争能力。

3. 准确判断和预测，预则立，不预则废，谋定而后动。在充分获取信息，完成需求分析的基础上，制定详细、可行的实施方案，是保证产品研发达到预期目标的保障和基础。无论是产品研发计划、实施方案,还是运营中可能遇到的困难和矛盾都应作充分的判断和预测,才能运筹帷幄,决胜千里,坚定不移,不屈不挠,直至成功。这就需要我们做好如下工作。(1)制订详细、切实可行的产品研发方案,其中包括确定主体目标市场,充分考虑次要和相关市场并合理布局,弄清楚同类产品的出版现状和市场表现,分析清楚它们的优势与不足,熟悉和掌握所研发产品的主要竞争对手的现状,充分评估新产品的优势、特点、卖点、竞争力和市场前景及实现预期销售目标、预期双效益所需要的市场营销方式、手段及营销活动,如出版的新闻发布会、研讨会、媒体广告与宣传、巡回讲座、教学研讨和阅读竞赛等活动。也就是说必须做好从产品的研发到营销推广目标实现的整体策划、整体设计、整体运作和整体效益。(2)方案确定后,运作团队的组建、配置,对高效、有序实施计划是关键的关键。项目负责人、策划编辑、文字编辑、装帧设计、制作生产、市场营销、财务预算等人员组成项目运作团队,明确各自的职责,各司其职,加强协调,督促检查,运作到位。保证产品的研发、营销推广相互支持,相互配合,保证项目取得成功。(3)根据项目要求和特点,建立相应的政策制度保障体系和相应的约束和激励机制,充分调动团队的积极性和创造性,强化执行力。既需要有一流的决策能力,亦应有一流的执行力,实施目标管理与过程监控、协调有机结合,保证项目团队高效有序,运行到位。(4)产品研发既要有效果图也要有施工图。产品研发时运作团队(包括作者)就产品的研发既要有产品策划、设计、制作的详细要求和具体规定,又要抓好编纂和写作大纲、具体的产品规格、详细的样章和样课的研讨乃至审核及确认。保证产品总体的设计思路清晰,目标明确,具体要求详细,样章、样课体现目标、要求,实现和体现写作、编纂大纲的每一具体要求。(5)编辑在制订和完成产品研发大纲和实施方案等事项后,还应根据所策划设计的产品定位、特色和品质及目标市场或服务群体,向出版社领导或营销部门提出营销推广计划、建议,配合制订辅助营销计划,参与营销推广,尤其是做好社内营销工作——讲解和分析产品的市场定位、目标群体、产品的特性、产品的品质、产品卖点等并建议营销活动和步骤等;社外营销工作——主要是发挥编辑尤其是责任编辑对产品的了解和熟悉度,介绍和讲解产品的定位、特色、品质和适用性等,帮助终端客户了解产品,认识产品和接受产品。(6)及时做好信息收集和分析筛选,及时解决出现的问题和困难。在产品面世后,编辑人员要通过各种渠道及时做好产品推广,收集营销进程中各时段的信息反馈,包括产品市场表现的信息、用户对产品评价的信息、营销推广活动效果的信息、公众对产品的总体反响等。在充分收集信息和科学分析的基础上,及时作出调整、提升和完善。(7)产品进入市场一定时间后,应对产品的市场表现,受众满意度和双效益及时进行评估,以便及时作出必需的调整。对双效益俱佳的产品应加大开发力度，拓展规模，尽快形成板块、产品群、产品线或产业链。对效益欠佳的产品则应当机立断，控制或收缩规模，静观变化，或调整、整合、自我否定等，不一而足。

编辑的市场主体地位是由编辑的市场意识、市场视野、市场理念决定的，也是由编辑的发展意识、大局意识、竞争意识、产品研发意识、开拓意识、忧患意识等决定的，同时更依赖于编辑的产品策划能力、组织协调能力、研制能力和协助营销能力。大力营造编辑的市场主体地位是当今做好出版工作，研发贴近读者、贴近市场、贴近社会的优质产品，改变产品研发与营销、与市场相脱节等状况的一项十分重要的任务，值得花力气为之。

★本文发表于《中国编辑》2015年第三期。

一个点子，救活一套辞书，赢取三个市场

——"外教社简明外汉—汉外词典"系列选题策划和版权贸易案例

"外教社简明外汉—汉外词典"系列是上海外语教育出版社（简称"外教社"）"西索简明汉外系列词典"（西索为上海外国语大学英文名称首字母音译）的改造升级产品。"西索简明汉外系列词典"启动编写时，外教社曾对它抱有较高的期望值：可观的社会效益和经济效益，外教社辞书的一个拳头产品，较好的市场影响力和号召力。但是当系列丛书中的近10个品种陆续投入市场后，实际业绩和效果与预期相去甚远，销售不畅，库存积压，市场反响平平。尤其在进入21世纪后，这套丛书几乎处于滞销状态。究其原因，除了产品策划、设计和编写缺陷外，没有有效开展营销宣传和推广，乃至读者不知"西索"为何物也是导致失败的原因之一。针对这一状况，外教社领导进行了认真、细致的调查研究，分析原因，尤其是分析市场需求，决定采取措施，调整定位，拯救这套付出诸多心血的辞书。正是这一决策，不但救活了这套图书，使之实现畅销，而且其中数个品种的纸质影印版权还成功输出到世界主流图书市场；更可喜的是，在电子版权授权领域，这套图书也给外教社带来了不菲的收益，而且在业内产生了良好的反响。一个点子救活了一套图书，赢得纸质图书销售、国外版权贸易和电子版权转让三个市场。

一、调整定位，改造升级

"西索简明汉外系列词典"策划、组织、编写于20世纪80年代末，陆续出版于1992年至1997年间，涉及英、德、法、日、俄、阿、西、意、葡和世（界语）等10余个语种。

每种词典收词约 25 000 条，以收录汉语常用词汇为主，兼收了部分科技、社科词汇和常用的成语、谚语等。当时策划、设计、编写和出版这套辞书的主要目的是为了方便国内外语学习者和其他社会读者从事翻译和写作之用。尽管当时是中国出版的黄金期，几乎出任何书都能有比较好的市场业绩和社会反响，但这套辞书出版后销售业绩平平，库存积压严重。除个别品种有重印外，大多仅是一版一次的命运，印数最多的是《西索简明汉英词典》，一版一次印了5万册，数年之后还有3万余册的库存。

进入新世纪后，各家出版社不断推出新颖的汉外词典。有的虽然收录词条的数量与外教社的"西索简明汉外系列词典"相当，但是在出版时间和词典整体设计方面更具优势；有的则在收词规模方面占有明显优势，中型的、大型的汉外词典不断出现。在激烈的市场竞争中，外教社的"西索简明汉外系列词典"恐难振市场雄风。面对这样一种窘境，听其自然，必死无疑，前后近10年的心血也将付之东流，何况这么多的库存又是一大笔损失。

经过缜密的市场调查和读者需求分析，社领导决定：（1）把"西索简明汉外系列词典"由单向改为双向（bi-directional），在原有的汉外部分基础上，各词典都新增加一个外汉部分，经过市场调研，我们发现外语学习者中使用外汉词典的读者数量是使用汉外词典的数倍，汉外词典仅在从事汉译外和写作时被使用参考，改成双向可以兼顾中国读者学习外语和外国读者学习汉语两个需求，新增的外汉部分收录词条3万左右，收词以各语种中常用词为主，兼收部分通用的经贸、科技词汇，同时也选收一些新词语和各语种外来词语；（2）修订、更新原有的汉外部分词条，改正疏误，增加新词，剔除过时的内容和生僻词，体现现代汉语词汇日趋丰富的特点；（3）为方便外国读者学习和阅读中文，在外汉部分对汉语释义加注拼音，而在汉外部分则对词条增加汉语拼音；（4）将书名中的"西索"改为一目了然的"外教社"，以彰显品牌。后来的实践和结果证明这一调整定位、改造升级，不仅能较好地满足国内外语学习者的需求，而且对国外读者也非常具有吸引力，更是促使版权成功输往国外市场的重要原因之一。由于词典编者和语种的关系，我们最后选定"西索简明汉外系列词典"中的6种，并新增了希伯来语，整合成了新的"外教社简明外汉—汉外词典"系列，并于2006年开始先后出版，投向市场。决定调整定位改造升级后，在词典整体设计方面，我们采用了方便易携的64开小开本，力图让读者能"随身带，随时用"，能"装在口袋里，装进脑袋里"。封面装帧摒弃"西索简明汉外系列词典"的塑料套封的形式，采用软皮精装。丛书封面统一设计，大方简洁，风格一致，标识清晰，不同语种词典通过该语种国家的国旗颜色来区分，整个设计特色鲜明，很容易吸引读者的眼球。经过策划编辑紧张有序的组稿、样稿把关、审读和文字编辑的悉心加工以及全社有效的运营，新的"外教社简明外汉—汉外词典"系列中的第一种《外教社简明意汉—

汉意词典》于2006年7月以全新的面貌试水市场!

二、纸质词典畅销

自2006年出版该系列的第一种《外教社简明意汉—汉意词典》，该系列其他品种亦紧随其后相继问世：2007年推出《外教社简明希伯来语汉语—汉语希伯来语词典》，2008年出版《外教社简明英汉—汉英词典》、《外教社简明德汉—汉德词典》、《外教社简明西汉—汉西词典》，2009年出版《外教社简明日汉—汉日词典》，2010年出版《外教社简明法汉—汉法词典》。尽管这几年，纸质辞书因受到电子词典的冲击，市场销售每况愈下，有的甚至出一本亏一本，但这一系列词典出版后仍有良好的市场表现和不错的业绩。从销量上看，截至2010年8月，《外教社简明意汉—汉意词典》在出版后的4年时间内销售了23 100册，《外教社简明英汉—汉英词典》在两年零三个月内销售了2万册。除《外教社简明希伯来语汉语—汉语希伯来语词典》因语种相对冷僻、读者数量极为有限而销售平平外，余下几个品种一年左右时间里都各有近万册的销售。整个系列7个品种已实现销售码洋250多万元。在图书品种极为丰富、同类词典竞争异常激烈、小语种词典市场有限，纸质词典销量受电子词典、网络词典和光盘词典影响而大幅度甚至直线下降的现今市场环境下，"外教社简明外汉—汉外词典"系列推出后得到了市场的认可，受到了读者的欢迎，赢得了较好的社会效益和经济效益，这也证明了社领导重新调整选题定位，实施改造升级措施的正确性。有鉴于此，外教社计划把这套辞书做成一个开放系列，根据需要适时添加新的品种，目前已进入编写和编辑的新品种有《外教社简明韩汉—汉韩词典》和《外教社简明俄汉—汉俄词典》等。

三、版权输出创佳绩

"外教社简明外汉—汉外词典"系列不但在国内有不错的销售业绩，而且版权输出业绩更是令人振奋。目前这个系列的3个品种纸质图书版权已输出到欧洲和拉丁美洲图书市场。版权最先输出的是《外教社简明意汉—汉意词典》，这本词典版权的输出完全得益于"人和"。词典编者张世华教授与任教于意大利罗马大学东方研究中心的马西尼教授关系密切，而马西尼教授又同意大利出版界联系颇多，且有意把张教授的这本词典推荐给意大利出版社。经编者介绍，外教社与马西尼教授取得了联系，请他推荐对这本词典感兴趣的意大利出版社。电子邮件发出后不久，外教社便收到了意大利Hoepli出版社版权经理的邮件。在来信中，他表达了对这本词典的浓厚兴趣，希望外教社能寄送评估样书，并告知马西尼教授是他们出版社的顾问。收到外教社寄送的样书后，Hoepli 出版社决定在意大利出版该词典。经过后续几番邮件往返，外教社和 Hoepli 出版社在《外教社简明意汉—汉意词典》出版3个月后，即于2006年10月签署了该词典在意大利和瑞士提契诺州意大利语地区的影印版授权合同，意方首印3 000册，预付款8 000欧元。2007年初，Hoepli 出版社推出该词典，首印3 000册半年时间即销售一空。在安排重印的同时，Hoepli 决定把该词典一分为二，分别在意大利和瑞士意大利语地区出版它的汉意部分。2007年8月，Hoepli 又与外教社签订了《外教社简明意汉—汉意词典》中汉意部分的授权合同，首印数3 000册，预付款2 400欧元。这样仅《外教社简明意汉—汉意词典》一种辞书，外教社在同一地区同一家出版社就转让了两次版权，仅预付款就收入10多万元人民币。该词典两个版本在 Hoepli 出版后，2008年、2009年两年除赠书外，每年都各有1 500册左右的销量，两年支付外教社的版税近4 000欧元。

　　从《外教社简明意汉—汉意词典》版权转让的成果中，外教社看到了这套辞书的授权潜力，因此在后续几本词典的版权授权中，外教社不仅积极主动，而且提早介入。词典还在编辑加工阶段，外教社就向有可能对该辞书版权感兴趣的相关语种国外合作伙伴推荐，提供词典收录的词条数目、收词内容、编写形式、目标读者群等图书信息。待编辑定稿后，我们再通过电子邮件给有兴趣的国外出版社发送 PDF 样张。图书正式出版后，我们又在第一时间给国外出版社寄送评估样书。通过积极、主动和有效的工作，2008年10月外教社与德国克莱特出版社签订了《外教社简明德汉—汉德词典》的影印授权合同，授权地域为德国、奥地利、瑞士、卢森堡、列支敦士登和意大利北部德语地区，而此时这本词典在外教社才刚刚出版。外教社创造了国内图书出版、国外版权即售的外教社版权授权新速度！

　　打铁趁热。在《外教社简明西汉—汉西词典》出版之前，外教社也向国外同行介绍了该书，提供了相关信息，并告知该系列其他品种的授权情况。在收到评估样书后，西班牙合作伙伴的反馈也是同样及时且令人兴奋：该社决定同意在西班牙出版该词典，不过由于2008年出版计划已满，将列入次年的计划中，合同也将在2009年签署，希望我们能稍候。就在我们满心期待2009年能签约的时候，一个意想不到的小波折出现了。由于受源于美国的金融海啸影响，西班牙合作伙伴不得不压缩2009年的出版计划，所以引进外教社词典的计划得再往后推。外教社的版权经理好像一下子从沸点掉入了冰窟，但是没办法，只能耐心等待，希望能有好消息。时间到了2009年下半年，还真有好消息从西班牙传来：该社决定启动这个项目，同时还告诉外教社除西班牙本土市场外，该社在拉丁美洲市场的同事也对这本词典颇感兴趣，目前正在做市场调研。真是失之东隅，收之桑榆，外教社授权时间晚了，授权地域却扩大了。最终2010年1月外教社与西班牙合作伙伴Larousse Spain/VOX签署了《外教社简明西汉—汉西词典》在西班牙和整个拉丁美洲地区的影印授权合同，对方首印6 500册，预付4 366欧元。今年8月该词典的海外版已正式出版。

在积极推荐以上3种词典的同时，外教社也向国外同行推荐了《外教社简明希伯来语汉语—汉语希伯来语词典》、《外教社简明日汉—汉日词典》和《外教社简明法汉—汉法词典》，目前与感兴趣的国外出版社正在商谈中，相信它们都将会有不错的市场反响及极佳的效益。

四、电子授权成果显著

近些年，纸质词典的电子授权使用越来越多。在与国外出版社洽谈"外教社简明外汉—汉外词典"系列纸质版权授权的同时，外教社也主动接触国内一些知名电子词典生产厂商，向他们力荐这套辞书。在词典的众多特点中，外教社重点介绍这套词典在外汉和汉外两部分都加注有汉语拼音，非常适合外国人学习汉语这一特色，因此；这套词典的出版契合现在全球汉语热的兴起；外教社还顺带介绍这套词典在国外的纸质版权授权情况，作为适合国外读者需求的佐证。经过外教社的不懈努力，《外教社简明意汉—汉意词典》已同时授权两家电子词典厂家使用，《外教社简明英汉—汉英词典》授权一家使用。而整个系列已出的7种辞书又共同授权一家香港公司，开发应用于App-Store，BlackBerry，Symbian等手机平台的语言学习课程和词典内容，供用户下载使用。4份授权合同给外教社带来预付款收入15万元。

五、几点启示

"外教社简明外汉—汉外词典"系列的成功，既提升了外教社版权工作者的信心，同时也给我们带来一些启示：(1) 有效的市场调研和需求分析及准确的市场定位，乃至适时应变的有关修正，是图书策划设计成败的关键，更是决定图书生命周期的主要因素；(2) 认真分析了解国外读者的需求，策划和编写能真正满足他们需求的图书是实现我国图书成功走出去的关键；(3) 和谐的社际人际关系、宽广的合作网络和积极主动的推荐，对版权贸易的作用不可小觑。

★本文发表于《编辑学刊》2010年第五期，作者：庄智象、刘华初。

一个值得记录的成功出版项目

——以《新牛津英汉双解大词典》为例

一、概述

2007年1月5日下午3点,《新牛津英汉双解大词典》出版新闻发布会在上海外语教育出版社隆重举行。来自辞书界、外语教育界、出版界等的300多位专家和学者齐聚外教社,共同见证这部全球规模最大的英汉双解词典的问世。上海市人民政府外事办公室主任杨国强,上海外国语大学校长曹德明,上海市新闻出版局副局长楼荣敏,上海市出版工作者协会主席曹培章,英国驻沪总领事馆文化教育领事Evan Davis,上海世纪出版集团总裁陈昕,上海文艺出版总社社长杨益萍,牛津大学出版社中国有限公司总经理Simon Li,中国辞书学会副会长周明鉴,中国辞书学会副会长、南京大学双语词典研究中心主任张柏然和中国辞书学会全国双语词典专业委员会主任章宜华等到会祝贺。出席发布会的还有上海各兄弟出版社社长,全国著名外语院校和电子词典出版机构的领导、专家和代表。来自新华社、《光明日报》、中央人民广播电台、《解放日报》、《文汇报》、上海电视台、东方电视台等30多家媒体的记者出席了发布会,并对大词典的出版给予了高度关注。

2001年外教社启动了《新牛津英汉双解大词典》的编译出版工作,组织了上海外国语大学、厦门大学、南京解放军国际关系学院、广东外语外贸大学、洛阳解放军外国语学院等10余所全国著名高等院校和科研机构的近百位专家通力合作,开展了艰苦、严谨、细致、扎实的翻译和审校工作。历时六个寒暑,耗资数百万元,才有了牛津大学出版社授权在中国内地出版的、全球规模最大的英汉双解词典——《新牛津英汉双解大词典》——的出版发行。该词典根据《新牛津英语词典》(*The New Oxford Dictionary of English*)第一版(1998年)和第二版(2003年)编译而成,收列单词、短语及释义35.5万条,收录科技术语5.2万条,百科知识条目1 200余项,从英国国家语料库(The British National Corpus)精选例证7万余条,设置用法说明专栏500余处,精选新词新义5 000余项,约600个词条属在国内首次翻译,工程之浩大可见一斑。翻看这本2 500多页、总字数近2 000万的超大型英汉双解词典,可以充分感受到她背后沉甸甸的分量和编译者、审订者以及出版者的倾力付出与辛劳。正如时任上海市新闻出版局副局长楼荣敏先生在该词典出版新闻发布会致辞中所言:"《新牛津英汉双解大词典》的出版不能仅仅看作是一本辞书的出版,她诠释了上海出版人对出版工作的一种良知、一种责任、一种魄力、一种理念。"

辞书编纂出版是外语学科建设的基础性工程,需要巨大的投入,编者和编辑往往一坐就是好几年的冷板凳。将大型英语原版词典编译成英汉双解版在我国更是不多见。专程从海外赶来出席发布会的时任牛津大学出版社中国有限公司区域董事、总经理Simon Li坦言:"《新牛津英汉双解大词典》的出版是牛津大学出版社与上海外语教育出版社合作的里程碑,也是牛津大学出版社从事英汉词典出版以来的一座里程碑。牛津大学出版社之前没有出版过这么大部头的英汉双解词典,今天,外教社做到了,这是一项了不起的成就。"有着500多年历史的牛津大学出版社在词典出版方面有着悠久传统。该社于1998年推出的具有划时代意义的通用型英语词典——《新牛津英语词典》被誉为自1884年《牛津英语词典》(*Oxford English Dictionary*)问世以来最重要的英语词典,它不但将大型多卷本历时性英语词典的严谨、宏大和通用学习型英语词典的简约、通俗融为一体,而且在传承学术研究和语料分析传统的基础上开创了词典编纂的新方法、新理论;因此,Simon Li的评价尤其令人鼓舞。全国双语词典专业委员会主任、广东外语外贸大学词典研究中心主任章宜华教授对这一出版工程作了这样的评述:"《新牛津英汉双解大词典》的出版,是一项可以载入英汉双解词典编纂史册的重大出版工程,它的出版,不仅为广大外语学习者和工作者带来了福音,更会对语言教学研究及中西文化的交流产生深远影响,促进中西文化交流和积累。"

《新牛津英汉双解大词典》自2007年问世后因其内容权威、信息广博实用、编纂理念先进而得到了海内外业界和读者的高度关注和充分肯定。第一版累计销售纸质词典2万余册,电子词典授权收益共计近千万元(牛津大学出版社和外教社共享),并先后获得"上海市图书奖一等奖"、"第二届中国出版政府奖图书奖提名奖",取得了令人满意的社会效益和经济效益。在近年辞书市场发生重大变化的环境下,《新牛津英汉双解大词典》第一版能取得这样的业绩实属不易,因而被视为海内外合作出版和新时代辞书出版的典范和经典案例。

2013年6月2日上午,《新牛津英汉双解大词典》第二版出版研讨暨新闻发布会在上海外语教育出版社召开,外教社与英国牛津大学出版社合作编译出版的目前全球规模最大的、最权威的、最可信赖的英汉双解大词典——《新牛津英汉双解大词典》第二版——正式出版。外教社在2007年出版发行《新牛津英汉双解大词典》第一版后不久,即与牛津大学出版社商讨并着手词典的修订工作。修订工作历时6年,主要根据《新牛津英语词典》英语原版最新版,即2010年出版的第三版,对双解版做了几乎同步的大量的更新、增补、本地化修订和全面校订,使译文更准确规范、义项排列更科学合理、体例更科学统一,更符合中国学习者和读者的认知特点的需要。《新牛津英汉双解大词典》第二版反映了语言学和语言教学的最新研究成果,兼具教学词典与翻译词典双重特征,融汇语言与百科多方面信息,是能够很好满足英语教学、研究与翻译等多学科需求的新型词典,是英语教师、英语研究人员、翻译工作者和其他相关工作者案头必备的权威工具书。

当今,信息技术的发展以及多种媒介和应用平台的涌现,为辞书的研发和更有效、便捷地服务读者,提供了更多的发展空间及机遇。近年来,外教社在上海市科委、上海市新闻出版局等政府部门的大力支持和悉心指导下,成功研发了国内首个标准化双语词典编纂系统平台,为外教社辞书编纂出版数字化和语料库建设打下了坚实基础,也为纸质辞书电子化、数字化以及网络化做好了铺垫。《新牛津英汉双解大词典》第一版已实现基于国际标准的XML数据构建,第二版的数据库建设、网络和支持智能终端上的应用的合作和商业运行模式也在紧锣密鼓地进行之中,不久读者就可以看到或得到多种载体呈现的《新牛津英汉双解大词典》。

《新牛津英汉双解大词典》的授权出版,从合作条件谈判,编译、审订,编辑出版,营销推广、版权转让、出版形态探索,直至项目管理等都有不少经验和做法值得好好总结、思考和提炼。因作此文,以供同行参考。

二、授权:柳暗花明

谈起《新牛津英汉双解大词典》授权编译出版,还有一段鲜为人知的故事。1999年初,牛津大学出版社就刚出版的一套牛津百科系列词典(计划出版80种,已出60余种)和《新牛津英语词典》,以招标的方式在中国上海寻找合作伙伴,授权在中国合作出版发行这两种工具书。据说,有多家出版社参与这两个项目的投标和竞标。外教社当时正在努力调整图书结构,试图打造多个支柱性产品群,其中一个支柱就是研发双语词典。除了积极组织力量策划、组织队伍编写外，同时花力气有选择地引进海外优质出版资源，作为对自主研发产品不足的有效补充，并尽可能将自己的创造或创新成果融入引进的产品或项目，尽力向本土化发展或转化。据此，外教社积极参加投标和竞标，希望能够获取这两个项目的授权。1999年5月，牛津大学出版社经过招标、竞标和各种条件比较，决定将牛津百科系列词典（Oxford Paperback References）授权上海外语教育出版社在中国大陆出版发行；将《新牛津英语词典》授权上海远东出版社编译成英汉双解版在中国大陆出版发行。说实话，当时得知竞标的结果，外教社的领导既高兴又沮丧——高兴的是，获得了牛津百科系列词典的授权，可根据中国读者的需要挑选出40本或更多先重印出版，而后根据不同主题有选择地进行本土化改编，如此将大大提升外教社在专业辞书出版领域的影响力和市场号召力，同时加快外教社辞书研发的步伐和辞书编辑队伍建设；沮丧的是，外教社渴望能够得到《新牛津英语词典》双语版授权，并借此占据辞书出版的制高点，提升外教社辞书出版的水平，实现超越和跨越式发展的愿望落空。当时外教社虽已有一定的辞书出版理论和实践的积累，但远未形成自己的理念和运作体系。虽策划编写且已出版部分工具书，但无论是产品的质量和数量、产品的效益和规模都有待进一步提升和发展。而牛津大学出版社辞书出版的深厚积淀无疑将大大有助于外教社辞书编纂理念的提升，理论和实践的建设。若能保质、保量、按期完成《新牛津英语词典》双语版的编译和编辑出版发行工作，无疑将极大地提升外教社对大型工具书进行汉化的能力，增强工具书的编辑加工和审订能力、大型项目的管理能力以及推广发行能力，并加快工具书数据或语料库的建设步伐等等。况且，《新牛津英语词典》标识词语"The foremost authority — the most comprehensive coverage of current English"（最权威最大）以及牛津品牌词典的"The World's Most Trusted Dictionaries"（世界上最可信赖的词典）无不在辞书界、出版界和教育界打下深刻的烙印，对读者和市场有很大的影响力和号召力。

无奈《新牛津英语词典》双语版花落上海远东出版社。无论牛津大学出版社出于何种考虑，或远东社出了何等奇招斩获牛津大学出版社的授权，此时对外教社而言，已是无可奈何花落去，只能定下心来好好研究和实施牛津百科系列词典的编辑出版和推广发行工作，力争取得最佳社会效益和经济效益，填补中国专科英语词典的出版空白，为相关学科的建设和发展做好服务和支持工作。

上海市新闻出版局和牛津大学出版社非常重视这两个项目的合作。1999年7月，上海市新闻出版局、牛津大学出版社为这两个项目专门举行了授权签字仪式。时任上海市新闻出版局局长孙颙、党委书记钟修身、副局长楼荣敏等局领导和有关处室的负责人，专程从英国飞抵上海出席签字仪式的时任牛津大学出版社社长和上海出版界及全国各大有关新闻媒体的记者朋友60余人,到场见证了合作出版的签约。孙颙局长、牛津大学出版社社长、上海外语教育出版社社长、上海远东出版社社长都分别在签约仪式上发表了热情洋溢的讲话,高度评价了这两个项目的合作意义,并希望以此为契机,有效提升我国辞书出版的水平,推动和促进我国辞书的编纂出版工作。随后有关媒体对此事进行了高密度的宣传报道,产生了非常积极的影响。此后的数年中,外教社辞书编辑室的同仁们全身心投入牛津百科系列词典的出版工作中,先后出版了40种重印版,又从中挑选出了10种进行汉化,以双语形式出版。重印版和双语版均获得了较好的社会效益和经济效益,应该说是一个比较成功的合作项目。

与此同时,上海远东出版社也积极行动起来,在全国物色《新牛津英汉双解大词典》的主译人选,组织编译队伍,制订编译的条例和相关制度,并为主要编译人员准备各种所需的工作条件,甚至为解决主要编译人员的生活问题,不惜重金购置了相当宽敞的住房。总之,为保证编译任务的顺利开展和按质按时完成,远东社不遗余力,提供一切完成编译任务所需要的条件;但不知何故,词典的编译工作迟迟不能全面启动。个中原因,或许是缺少高水平的编译者,尤其是主译人员,也或许是出版社内部对该词典出版后市场前景的看淡或缺乏信心等等。

2001年5月初,我同时任上海远东出版社社长杨泰俊先生等10余人一同前往美国公差,参加美国书展。记得是在去首都机场的路上,杨社长问我是否能帮他一个忙,我不知何事,便说:"只要能帮得上的,一定尽力而为。"结果,他问我是否愿意接手《新牛津英汉双解大词典》的编译和出版任务,并告诉我,对这个项目,由于该社看法不一,且能积聚的编译力量有限等因素,他们准备放弃这部词典的编译和出版任务。然而若无下家接手,远东社将承担合同违约的责任,导致信誉受损,并在经济上遭受近百万元预付款被没收的损失。我一听此事便欣然接受。全面接盘《新牛津英汉双解大词典》的编译和出版任务,这对外教社辞书工具书出版的意义重大。当我询问远东社是否有什么额外要求和条件时,杨社长表示,只要外教社帮助接盘此项目,使远东社免遭合同违约处罚所带来的经济损失即可。考虑到远东社前期已做了一些工作,杨社长本人也为此项目花了不少精力,我承诺:"词典出版后,为表示承认贵社前期所做的工作,外教社愿意向贵社提供1万元人民币的转让佣金。"结果在抵达机场之前,这个项目的转让意向就基本达成了。其余的一些细节问题,我与杨社长在书展期间亦一一进行了探讨并取得了一致的意见。可以说,能获得此项目,是这次书展的重大收获之一。书展结束返沪后,外教社便开始着手《新牛津英汉双解大词典》编译和出版的接盘工作。此后,便是整整6年时间,一个团队,几十号人,多个部门,全身心投入了此项工作。

三、谈判：好事多磨

外教社接盘《新牛津英汉双解大词典》项目后，便要求远东社将相关的材料，包括合同、编译要求、体例、已定稿的编译样稿等，悉数转移至外教社。在仔细审读合同条款后，外教社觉得，有些条款不甚合理，按照版权贸易的国际惯例，有些权益没有获得，有些条件可以再谈。总之，从专业的要求看，合同的有关条款、条件、权益等在相互尊重、相互信任、互惠互利的基础上，似可再作进一步的沟通、磋商和谈判。首先，合同条款中英汉双解词典的版税按词典定价的10%支付，明显不合理。按国际惯例，这通常是购买重印权或影印权的购买方支付的版税，而对于英汉双解词典，版税显然是高了。因为双解版所需的翻译费、审校费、编辑费、录入费、排版费、校对费和业务管理费等是一笔巨大的开支，相比审读和稍加编辑后直接重印出版，无论是费用，还是所付出的精力和劳动都要大得多。更何况在全部内容中，汉语部分至少占到35%—40%。目前中国市场的图书定价，除了考虑内容的价值外，很大程度上要参照印前成本和纸张、印刷等直接成本。如此计算和平衡，双解版词典的版税应介于影印版和翻译版之间，在6%—7%之间较为合理。其次，这么一部超过2 000万字的鸿篇巨制，编译、审订、编辑、排版、校对，决非一蹴而就，需花多年时间才能完成，快则三四年，慢则五六年。其间市场将是一个空白，而此辞书又是教师、学生、科研人员和英语学习者急需或必需的。为满足市场需求应该将其重印或影印出版权拿下来，先重印出版发行。一则可满足教学、科研、学习之需，填补市场在双语版问世之前的空缺；二则在单语版营销推广之际，读者中需要双语版的用户，尤其是从事翻译工作的人员，便会询问是否将出版双语版，这样便可为双语版日后的面世起到推广作用，让这部分读者翘首以盼；三则，《新牛津英汉双解大词典》是一本大型工具书，语料非常丰富，覆盖面很广，兼具语文和百科词典的功能，释义和例证权威可靠，出版后应该根据不同的需求、不同的读者群体和不同层次的使用者开发相应的衍生产品，尽可能做到资源的科学、合理配置，物尽其用，不至于资源放空。当然其中亦包括了各种出版形态，如电子版、网络版等的版权合作等。鉴于上述的多重考虑，外教社与牛津大学出版社就有关版权条款、授权形式、年限等进行了沟通和谈判，经过多轮的磋商，牛津大学出版社同意授权外教社首先出版单语版，并应允双语版出版后，授权合作出版各种衍生产品，同时明确双语版版权由两社共同持有，保证了外教社应有的知识产权的成果和共享的权利。遗憾的是，双语版的版税，牛津大学出版社坚持不妥协，并声称远东社已与其签约，外教社做的是接盘项目，接盘合同并不是重新签约，无奈，外教社只得接受现实，按远东出版社的条款继续履行合同。

在重新审核、梳理《新牛津英汉双解大词典》的合同条款并与牛津大学出版社进行了深入、友好的沟通和谈判，明确了双方的义务和权利后，外教社便按合同界定的内容，积极稳妥地推进此项目的各项工作。首先，审读、编辑出版了《新牛津英语大词典》单语版。同时，有条不紊地推进双语版的编译、审订、编辑、排版、校对工作。在此期间，外教社与牛津大学出版社，尤其是牛津大学出版社香港分社保持密切的联系，就编译中出现的问题，即时进行沟通、磋商，保证了词典的编译质量和进度。大约在双语版初稿基本完成时，牛津大学出版社提出欲购买该词典汉语版的版权，并要求一次性买断。当然，如果条件合适的话，外教社应该非常愿意合作，因为牛津大学出版社将词典的英语版权转让给了外教社，外教社进行汉化后将汉语版权转让给牛津大学出版社应该是顺理成章的合作，是互通有无、互惠互利的好事。但出乎意料的是，谈判一开始就陷入了僵局。原因究竟是牛津大学出版社不了解中国国情，对编译、审订、编辑、排版、校对出版此工具书所需费用估计不足，抑或是故意压低价格，让外教社将汉语版权贱卖出去，不得而知。一开始牛津方面出价25万元人民币购买汉语版权。当时，我一听到这个价格，便说这是开玩笑，怎么可能出这个价格？不要说支付编译费、审订费、排版费和校对出版等费用，就是支付外教社该项目3位编辑一年的工资都不够，更不用说平衡其他的费用了。之后双方就转让版权价格进行了将近两年的拉锯战。牛津大学出版社报价从25万元起递加，50万元、75万元、90万元一直加到100万元。那是在德国法兰克福书展期间，就此问题谈到100万元时，我说，100万元可以，但不是人民币而是欧元。牛津大学出版社方面坚持人民币100万元是最后价，声称汉语版权不值100万欧元。当时我说那很简单，外教社正在编辑出版一本大型的汉俄词典，我们将该词典的汉语文本给牛津大学出版社，请他们组织队伍编译成汉英双语词典作为牛津英汉双解词典的交换，这样互不吃亏。结果牛津大学出版社版权经理和编辑部的主任一合计，认为无法完成此项任务，拒绝以这种方式进行交换，并仍然要求外教社以100万人民币的价格转让版权。面对牛津社咄咄逼人的气势，外教社没有退让，而是据理力争。牛津大学出版社甚至提出，外教社如当年11月底前不同意转让版权，他们将重新组织人员编译，然后终止与外教社新项目的合作。面对压力和不合理的要求及条款，外教社冷静应对，一方面，反复强调外教社的合作原则："相互尊重，相互信任，互惠互利"，据理力争；另一方面，向学校领导汇报所处的境况、挑战和压力，希望学校领导支持和理解。同时，做好各种最坏打算，万一出现合作破裂，持有底线思维。经过分析，外教社判断：在此项目问题上，必须坚持原则，守住合作的底线，不能屈服于压力和威胁。若这次退让、屈服或守不住底线，那以后的合作恐更加困难。而且，如果退缩，对方可以随心所欲，不尊重合作方，这样的合作恐行之不远。于是汉语版权的转让谈判陷入了僵局。外教社积极开展工作，与对方继续沟通，晓以利害关系：首先，按目前的状况，牛津大学出版社很难再组织起比外教社更强的编译队伍，因为中国辞书编译的主要力量，都不同程度地参与到了此项目中；再者，合作历来是互惠互利的，任何的损失都是双方的，何况在这个项目上外教社没有处置不当，若牛津大学出版社一意孤行，从短期看得不到任何眼前利益，从长期看更是会失去一个很好的合作伙伴。通过双方近20年的合作，牛津大学出版社无论是产品还是品牌，在中国的影响不断扩大，认知度、认可度不断提升，这一点外教社功不可没，尤其是牛津大学的不少专业图书若没有外教社的合作，恐亦很难有如此好的业绩和市场影响力和号召力。和则两利，裂则两伤。与此同时，外教社并没有放松双语版的编译、审订、编辑、排版、校对等各项工作，我们相信牛津大学出版社会通过综合、全面考量，作出明智的抉择。在此期间，牛津大学出版社负责此项目的版权经理届龄退休，牛津大学出版社重新整合海外业务，将亚太地区业务交由该社纽约分社接手。这一变故为双方打破谈判僵局创造了有利的条件。此后不久，牛津大学出版社纽约分社委托牛津大学出版社香港分社的版权经理与外教社进行沟通，表达了继续合作的愿望，提出双方就此项目继续沟通、磋商和谈判，并提出可以商讨双方认为更合适的合作模式。获此信息，外教社欣然应允继续合作、继续沟通、继续磋商、继续谈判，争取圆满解决分歧。外教社提出按照国际版权合作惯例，以版税方式进行合作或转让的建议。这样既可风险共担、利益共沾，又较之一次性买断更为合理，更能调动双方的积极性，保证项目按质、按量、按时完成，更有利于双方的紧密友好合作。在双方积极友好的洽谈后，外教社分析了在这一项目中各自承担的劳动和作出的贡献，合情合理地提出了转让版权或合作经营的条件，供牛津社方面参考和讨论。半年之后，恰值北京国际图书博览会举办之际，牛津大学出版社纽约分社的负责人邀约外教社就此项目的版权合作事宜在北京进行磋商。是日，牛津大学出版社方面参加谈判的有该社英国总部、纽约分社、香港分社等相关负责人6人，外教社方面有2人：我和对外合作部主任。简短寒暄之后，双方便直奔主题。牛津大学出版社方面强调必须抓紧时间，解决分歧，尽快达成协议，签署合同；而外教社方面则主张以合作双方的相互尊重、相互信任、互惠互利为合作之基础与原则。牛津大学出版社表示同意外教社的理念与原则，并提出若觉得以往的合作条件不合适、合作模式不可行，则完全可以提出新的条件和模式。有鉴于此，我先询问牛津社香港分社的负责人，牛津社方面是否讨论过前次外教社提出的合作条件与模式。对方回应，已讨论过，以版税分成合作的模式可以接受，但条件还须磋商。外教社表示，之前提出的条件是，全球所有形式的版权转让费，40％归外教社，60％归牛津大学出版社。为体现诚意，外教社愿意降2个百分点，即38％归外教社，其余归牛津大学出版社。结果，香港方面认为还不行，我便提议，再让3个百分点，即35％归外教社，65％归牛津大学出版社。此时，牛津香港方面表示可以接受，并提出由他们来转述这一条件。如此，我已了解了牛津大学出版社的谈判底线。恰在此时，牛津大学出版社纽约分社的负责人说："外教社若不同意原先所谈的条件，完全可以提出自己的条件和要求。"此时我便适时提出"全球所有形式的版权转让收入40％归外教社，60％归牛津大学出版社"。出乎意料的是，此时牛津大学出版社纽约分社的负责人——亚太业务总裁——站起来说："Do you like to make a deal？"我也站了起来说："Yes, let's shake hands."终于，一场旷日持久的艰难谈判修成了正果。通过这样的经历，外教社上下深深体会到：在业务合作中，碰到棘手的问题，特别是遇到hard negotiator（难对付的谈判对手），更应沉得住气，要有定力，要敢于坚持原则，守住底线，据理力争，将原则性和灵活性有机地结合起来，大事讲原则，小事讲风格，讲友谊，讲合作。这样既能得到对方的尊重和理解，又能化解矛盾和纠纷，达到预期的目的。这一项目的合作和谈判过程，令外教社不少同事深有感触，更有感叹。

四、制作：精益求精

与牛津大学出版社谈妥《新牛津英语词典》单语版和双语版及衍生产品的出版合作条件并签署合同后，外教社便集中精力投入到该词典两个版本的编辑出版工作当中，尤其是辞书事业部的领导和编辑们，认真思考，组织策划，安排落实单语版的审读、修改、编辑出版，按照双语版的编译、审订、编辑、排版、校对等各项工作的目标和要求，梳理每一项任务的操作步骤和监控要求，做到目标明确，任务清晰，步骤程序合理、可靠、有效，监控要求细致到位，以保证单语版和双语版的审读、编译、编辑出版的高质量和高水平，达到与牛津原版词典同等的质量和水平。按照合同条款，外教社首先出版该词典的单语版。尽管牛津大学出版社历史悠久，有非常丰富的编辑出版经验和严格的编辑出版管理程序，但外教社仍不敢对单语版的审读和编辑工作掉以轻心。首要的就是按国家有关引进版图书编辑出版的政策和要求，严格把好内容质量关，尤其是政治质量关。于是外教社根据该词典的性质、规模、特点和可能存在的一些问题制订了审读工作条例，明确审读的目标、要求、程序和审读人员的职责，并首先从该词典中挑选出若干字母和词条进行审读，从中找出共性的问题，提出解决问题的建议和工作程序。在此基础上，制订详细的核查表和差错或须修改处的登记表及修改建议等。条例制订完毕后，外教社便在全国物色审读人员,组织审读队伍,同时动员本社的英语编辑参加该项目的审读工作。所有审读人员经过短暂的培训后,便投入了紧张的、严格的、逐字逐句的审读工作中。每位审读人员负责审读一定页数,审读完后必须填写核查表并签署姓名。几十名审读人员经过半年多的审读,提出了数百条修改意见和建议。其中有的是语言错误,如拼写错误、语法错误、漏词、多词等;有的是编辑疏漏;有的是排版、印刷差错所致;有的是内容与我国出版方针、政策、国情相悖,不宜照样出版。针对这些问题,外教社组织有关编辑逐词、逐条认真审读和核对,并提出相应的修改建议,最后由总编辑们集中终审并逐条推敲、校核。全部定稿后,外教社再将经修订后的词条、例证等交牛津大学出版社审阅,最后决定是否采纳:主要是看语言是否规范、地道。牛津大学出版社收到修改意见稿后,感触颇深:没想到外教社对待工作如此较真,竟然发现和纠正了如此多的问题和差错,提出的修改意见如此的高质量和高水平。结果牛津大学出版社对外教社所提出的修改方案和建议几乎照单全收。从某种程度上说,外教社审读、修改后出版的单语版《新牛津英语词典》提升了原版的质量和水平。一方面改正了一些因各种原因所导致的明显的语言差错,另一方面修改了一些不适宜在我国出版的内容和表述。这里说一件真实的事情:当时,牛津大学出版社通过有关图书进出口公司,也向中国出口了数量可观的原版《新牛津英语词典》,有不少读者购买了原版的词典。有一次,我公差在外,突然接到上海市新闻出版局领导的电话,询问外教社是否重印出版了《新牛津英语词典》。听到肯定的回答后,该领导非常着急,要我马上将词典送至新闻出版局。我当时很纳闷,"究竟出了什么大事情,这么慌慌张张?"于是问:"究竟出了什么事情?"领导回答,"有人向上海市委宣传部写举报信,说你们出版的词典有严重的政治问题。"我听后说:"我马上回出版社,能否将举报信传真给我们?我想了解到底是什么样的严重政治问题。"下午,我返回办公室,看到了上海远东出版社一位退休的资深编审写给市委宣传部的信。看完信后松了一口气。原来,这位老先生在信中称他购买了原版的《新牛津英语词典》,查阅了我国领导人邓小平的词条,发现有严重的政治问题,此词典现由上海外语教育出版社引进出版,不知该社是否作了修改或处理。看到这里,我便如释重负,原版词典确有此类的政治问题,但我社引进出版时都作了处理。《新牛津英语词典》的D词条就是我自己审读的,审读时发现此问题并作了相应的处理。出版局领导拿到外教社引进出版的词典后,对照老先生所讲的问题,一一审读,结果发现外教社对上述相关内容全部作了处理,没有发现所说的政治问题。此后,外教社为此信专门写了一个报告给上海市委宣传部,汇报了外教社是如何组织审读的、如何作修改和处理的、如何编辑出版的,全程如何保证内容质量的等等情况,获得了市委宣传部领导的肯定和赞扬。

经过一年的努力,《新牛津英语词典》的单语版按合同要求如期出版发行。首印2万册,很快便售罄。词典的市场反响热烈,深受读者欢迎和好评,尤其是高校外语教师和科研人员更是对此词典喜爱有加,因为其收词量大、权威性强,特别是收录的新词语和语文加百科词典使其信息覆盖面等首屈一指。有不少读者致电外教社,说他们在英语教学和工作中,碰到的一些难词和问题几乎都可从这本词典中找到答案。有不少读者询问外教社是否准备出版双语版。当他们获悉外教社已启动双语版的编译工作并有一个具体的出版计划和方案时,更是翘首以盼,希望能早日用上双语版,更好地进行外语教学和科研工作。单语版的出版发行获得了较好的社会效益和经济效益,为双语版做好了铺垫和营销推广的热身工作。单语版的热销大大激励了外教社对双语版的编译和出版热情,同时也为双语版的编译、审订、编辑出版等工作奠定了经济基础。

单语版的审读、修改处理、编辑出版达到了较高的质量要求,得到了牛津大学出版社的认可。如何保证双语版的编译质量、水准,使其同单语版相比,更上一层楼,便成了外教社关注的重点。外教社针对上述问题与有关专业人员进行了充分的商讨,并借鉴外教社之前与剑桥大学出版社合作出版《剑桥国际英语词典》(双语版)的经验与教训,制订了编译原则与要求、工作条例、编译细则、编译人员条件、编译管理制度与程序、审订人员条件、审订要求与程序、编辑加工要求与程序等几十个工作制度与条例,从各个层面保证编译、审订、编辑、排版、校对出版工作的高效有序。光这些制度条例的文字就有10余万字。当然其中也包括了词典的编译体例和样稿等。制度制订完毕后,便安排几名编辑和审订人员试译样稿,然后根据试译中发现的问题制订相关要求与说明,以避免全面展开编译时无法可依、无章可循。这一切安排妥当后,便开始招收编译人员,报考对象是英语专业研究生、英语教师、翻译人员、英语编辑等。所有报名人员全部参加英语能力水平考试,主要测试英语的认知能力和汉语的表达能力。考试、阅卷、筛选后,便很快组成了一支几十人的编译队伍。接着对参加编译的人员进行培训,虚实结合。既培训对这个项目的认知,编译出版的目的、意义、价值,又培训编译的要求、原则、方法和须注意的问题等,同时还培训计算机操作的要求和一些要领。培训结束后,试译若干个词条,由外教社特聘的审订专家负责审核编译的质量,达到质量标准便开始正式编译工作,并以此作为验收时的质量标准。在整个编译过程中,外教社决心避免重蹈《剑桥国际英语词典》(双语版)的覆辙——在编译该词典的时候,编译者交稿后即发稿酬,结果错译、漏译、乱译的比比皆是,以至到最后审订时只能推倒重来,重新组织人员逐字逐句重新做。这一次,外教社建立了一项十分有效的工作机制:凡编译完的稿件,须由审订专家审读、验收合格,签署意见后才发放酬金,达不到要求的,必须重来。如此一来，编译者都十分认真，译完后自己先审校一遍，才敢交稿。《新牛津英汉双解大词典》项目实行优质优酬，从程序和机制上保证了编译的质量和水准。中间曾有若干编译人员因受不了严格的程序和质量要求而退出。同时，外教社根据审订的要求，从全国高校翻译、出版界中聘请了一批四五十人的审订专家，专门从事此项审订工作，保证了质量和进度。说实话，若没有这批专家的支持和帮助，仅靠外教社一己之力根本无法完成要求甚高的审订任务。他们的敬业精神、专业精神、职业精神，深深打动并激励了外教社的同事们。经过3年多时间的编译和审订，稿件基本上达到了预期的目标。其间，外教社一再重申，为保证编译、审订、编辑的质量，决不因赶时间、赶进度而牺牲质量。词典基本定稿后，牛津大学出版社提出要抽查编译、审订质量。经过抽查，牛津大学出版社对词典的编译、审订和编辑质量表示满意。前后6年多时间，两千多个日日夜夜，这一鸿篇巨制的编译审订、编辑、排版和校对出版工作终于完成了，正如有的专家所言：外教社做了一件make impossible possible的事情。通过该词典项目的营运，外教社充分体会和认识到：做任何事情都必须认真，不认真干不好事；必须努力，不努力难以成功；必须有严格的管理制度，没有规矩不成方圆，没有制度难言高效有序。

五、营销：环环相扣

经过6年的努力和辛勤耕耘，上百位编译、审订、编辑、校对人员的通力合作，在各方面的鼎力襄助下，《新牛津英汉双解大词典》终于在2007年初问世。这一双解词典中的扛鼎之作的出版，引起了辞书界、学术界、出版界、外语界和媒体及电子公司的高度关注。为做好这一部倾注了数百人心血的双语版词典的出版发行工作，外教社精心策划组织了一系列的营销、推广活动。

我们首先策划组织了隆重的新闻发布会和首发仪式，邀请辞书界、翻译界、出版界、外语教育界、新闻界、外事部门的领导和境外合作方以及相关的出版社等300余人出席。会上各界代表对出版该词典的价值、意义，给予了充分肯定和高度评价，对外教社所做的工作给予了高度赞扬，代表们认为该词典的出版将双语辞书的编纂和出版，提升到了一个新的高度，是辞书出版的一项示范性工程，是国际版权合作的成功典范，也是多方合作，协同创新的一个范例。一个小时的新闻发布会暨首发式取得圆满成功，营造了很强的新闻效应和市场影响力。当天有关媒体及时报道和播出了相关新闻，晚上外教社接到了来自海外的电话，称他们从新闻中获悉了这一喜讯，并致电外教社表示祝贺。第二天，不少手机用户都收到了新闻和短信，获悉了这一双语词典的出版发行信息。此后的几天中，各大媒体——报纸、期刊、广播、电视、网络等都从不同的角度和侧面报道了这一出版活动，引起了社会各界和读者的广泛关注，许多读者纷纷要求订购这部词典。同时，外教社有针对性地在一些媒体投放了一定数量的广告，达到了广而告之的目的，有效地促进了销售。

其次，借助新闻报道、媒体宣传、广告投入等的作用，外教社的营销人员展开了积极有效的营销活动，向所有有业务往来的零售网点、实体书店、电商，尤其是校园书店展开广泛的、数量控制的铺货工作，力争达到全面覆盖，取得了非常不错的效果。此外，外教社积极向终端消费者和各高校外语院系、部以及各外语院校推广这部对外语教学、科研和翻译等十分有益的权威工具书。有的院校为教师每人购置一册，有的在资料室、图书馆、研究所、室等购储若干册，供借阅或查阅。为满足部分消费者的收藏需求，外教社还专门提供个性化的、有纪念价值的特制版服务：在封面或扉页上烫上或印刻上读者的姓名或相关定制语。通过各种方式的宣传、推广、营销，纸质版取得了很不错的销售业绩。短短一年中，销售逾2万册，首战成功。

纸质词典的推广销售成功产生了很大的影响，业内普遍认为，这是一个多方合作共赢的、成功的典型案例。诸多电子公司、网络公司都纷纷提出合作意向，想要购买该词典的电子版权，置入其支柱性产品中，以增强其产品的内容和使用价值的竞争力。随之，外教社与牛津大学出版社就电子版权转让进行了深度的探讨和合作，制定了电子版权、网络版权转让的基本原则、要求、条件、方法和操作的程序，界定了彼此的权利和义务。双方加强信息沟通，及时协调和解决版权转让中出现的问题和矛盾。外教社先后至少与近10家公司就此版权转让进行了友好、共赢的合作，取得了很好的社会效益和经济效益。

六、经验：弥足珍贵

从《新牛津英汉双解大词典》的版权转让接盘、合同条款梳理谈判、多种版权形式转让到编译、审订、编辑、排版、校对、出版、发行、推广营销整个过程，外教社的工作团队感悟颇多，他们深感国际版权合作要获得成功、共赢，就必须熟悉版权业务，具备丰富的版权知识，了解国际版权合作的惯例，更要熟悉和了解市场需求和出版的过程与实践。无论是合同谈判，还是编辑出版操作与管理都应具备较高的专业水平，这样才能在合作中，既坚持原则，相互尊重、相互信任，互惠互利，据理力争，维护自己的权益；又不失适当的灵活性，大事讲原则，小事讲风格、讲合作。合作项目的运营和管理，必须合乎专业特性和要求，达到国际合作应有的要求和水平，才能让合作成功，取得双效益俱佳的结果。凭借外教社的专业和专注,《新牛津英汉双解大词典》的成功应属情理之中,但收获之丰硕仍出乎意料。首先,原版即单语版版权的获得,外教社经过审读、修改后出版发行,获得良好的销售业绩。因影印出版,编辑、排版、校对成本相对原创要少许多,赢利空间相对大一些,销售2万册,所获得的利润可以基本上支付编译和审订费用,同时为双语版的出版发行做好了市场铺垫,满足了一部分高端外语学者、外语教师、外语专业工作者、翻译工作者、研究生等的教学、学习和科研需求,尤其在双语词典的汉语翻译无法界定英语上下文的语境时,这种大型单语辞书,可以帮助使用者通过英文释义、查证、斟酌后确定词义。单语版的出版发行,其实从某种程度上已掀开了双语版的推广营销序幕。因为英语水平稍低一些的使用者,仅凭英文释义,常无法确定其词义,往往还得借助汉语的拐杖,帮助理解。单语版一出版,就有人打听是否准备出版双语版,何时出版等信息,口口相传,影响不断扩大,更多的使用者翘首以盼。其次,双语版问世后,在单语版使用者口口相传和一系列推广营销活动的支持下,再加上外教社销售人员的辛勤努力工作,以及特制版、个性化服务叠加效应的作用,双语版因其规模全球最大、最权威、最可信赖等特点大受读者欢迎,首印2万册很快售罄,获得了预期的市场效果。第三,由于单语版、双语版纸质词典的市场反响热烈,词典本身的高品质,不少电子公司纷纷前来洽谈词典电子版权的转让事宜,前后有近10家电子公司与外教社和牛津大学出版社签订了电子版权转让合同。《新牛津英汉双解大词典》第一版,电子版权转让收入近1 000万元人民币。一本工具书有如此丰厚的版权转让收入实属不易,也颇为罕见。第四,为外教社的词典数据库建设作出了贡献。词典出版后若干年,外教社投标的项目《外教社双语词典编纂系统研究》获得了上海市科委资助项目立项,并得到了200万元人民币的项目资金资助。该项目除了研发一套双语词典编纂系统外,还须相应建立一个60万句对的双语平行语料库。《新牛津英汉双解大词典》的语料为该项目的建设,尤其对双语平行句对语料库的标记和收集起到了积极的至关重要的作用,为课题的顺利完成、资源的再度开发和使用奠定了良好的基础。该项目亦可视作词典的衍生产品,为资源的整合使用起到了样板的作用。第五,为国际合作和专业化、标准化奠定了基础。《新牛津英汉双解大词典》出版发行,在出版界产生了巨大的影响,尤其在辞书出版界更是被视为合作共赢的成功范例,引起了国际出版界的高度关注。2007年法兰克福书展上,外教社的很多合作伙伴都询问这一词典的出版发行状况,一时传为美谈。此后,英国哈珀柯林斯出版社也提出愿与外教社合作开发词典项目。于是这种规范的、专业化、标准化的项目合作,尤其是双方扬长避短的合作共赢的成功模式,促成了外教社和哈珀柯林斯《汉英大词典》的成功合作。此项目正在紧锣密鼓地进行中,预计2014年底可完成编纂,交由外教社审订、编辑出版。值得一提的是，此项目是由外教社提供汉语语料，哈珀柯林斯出版社负责编译成双语版。所有编译人员均为英语为母语者，完成编译后由外教社负责组织专家审订，这样做是考虑到汉译英由中国学者来做固然有对汉语理解准确的优势，但其英语表达常常不甚确切、自然和地道，因为毕竟不是母语。外教社期望通过同国外出版社的合作能够编纂出版一部质量较以往汉英词典更好的双语词典，服务于中国语言和文化走向世界。此外，开发双语辞书的衍生产品，开发中小型的双语词典、专科词典、分类词典、资源使用和保护等方面的很多工作有待我们去思考，去尝试。

总之，通过《新牛津英汉双解大词典》项目的合作、营运，外教社从多个层面收获良多，这部辞书的出版不失为一个值得记录的案例。

*本文发表于《现代出版》2015年第二期，内容略有改动。

附录：媒体访谈

理念、策略与探索
——外语出版实务研究

清醒的实干家——记庄智象和他领导的上海外语教育出版社

庄智象：他的选择与众不同

桃李不言，下自成蹊

智者不惑，大象无形——记庄智象

会当凌绝顶 一览众山小

"可以请外国作者当翻译"

庄智象印象

谁说大象不能跳舞——记上海外语教育出版社社长庄智象

有所不为，而后可以有为——访上海外语教育出版社社长庄智象

把单向的引进变为双向的合作——外教社社长庄智象访谈

庄智象：外教社使命

清醒的实干家

——记庄智象和他领导的上海外语教育出版社

仅有100来人的上海外语教育出版社以年均增长5 000万元销售码洋的速度向前迈进，从1998年起3年增长了1.5亿，2000年突破3个亿，2001年的发展势头继续看好。这家悄然崛起的大社不尚空谈，不事虚华，眼睛向下，脚踏实地，走出了一条依靠结构调整，谋取持续发展的康庄大道。而社长庄智象则让我们看到一个忠诚于人民出版事业的共产党员是怎样创造性地执行党的方针路线，在纷繁变化的市场面前保持着清醒的头脑和实干的精神……

早就听说上海外国语大学主办的上海外语教育出版社近几年发展很快，但社长庄智象教授一向低调，不愿多作宣传，更不愿涉及他个人。去年8月乘社刊工程研讨会在申城举行之际，我们匆匆赶去外教社，因为车子中途耽搁，到达时已是中午，只吃饭时见了庄智象一面。他举手作揖，连称"我们信守上外人的一贯传统：只做不说，多做少说。不看你说得怎样，要看你做得怎样。归根到底，实力是最有说服力的。"说完这几句他就忙着去干活了。

今年6月，我们再到上海，13日专程去外教社，庄智象不好推托才慢慢打开了他的话匣子。他说："昨天晚上还有一家媒体要采访我，我婉言谢绝了。《出版广角》是我们业内的权威媒体，以前来采访约稿，我都没应命，感到有点却之不恭。这次，作为同行间的一种交流，向你们汇报一下外教社的情况吧。"

中等个儿的庄智象，穿着很朴素，谈吐也很实在，不像多少有些洋气的英语语言文学教授，也不像手握巨额资金的企业老板，除了言语间透现着的精明、睿智带有上海人的烙印外，更像一个老实本分、勤恳执着的园丁。

其实，今年46岁的庄智象算是地道的上海人，不过他不是生长在往日十里洋场的上海市中心，而是在靠近农村的宝山区。中学读的是同济，大学读的是上外，1975年入党，1977年从上外英语系毕业后就留校任教，以后出国进修，编杂志，办出版社，常年同外国语打交道。出生环境和学习、工作经历使他兼有见多识广的城里人的灵巧、活络和崇尚实用的乡下人的淳朴、憨厚，而在为人处世的许多根本问题上，他更多地表现出来的是心眼的诚实、做事的踏实和步履的坚实，他所最向往的境界也是那种看得见、摸得着的厚重、牢靠的感觉。

3年增长1.5亿

庄智象进入上海外语教育出版社是1993年。在此之前，他在上外学报编辑部历练了八九年。到出版社后做了三年副总编辑、一年副社长和一年常务副社长，1997年底担任社长，正式主持全社工作。三年多来，以他为首的社领导班子统领为数不多的百来号员工，把1979年即已成立并有一定规模和根基的上海外语教育出版社带上了高速发展的快车道。

2000年终盘点，外教社的各个重要方面较之庄智象出任社长之前的1997年，都有了显著的变化和发展。

年出书品种从300多种增加到808种，重印率达到63.2%；有近百种图书分别荣获"中国图书奖"和省部级以上各类奖项。

用纸量从20万令增加到33万令，年均增长4万多令。

发行码洋1997年是1.6亿元，1998年跃升到2.25亿元，1999年达到2.6亿元，2000年跃过了3亿元大关。3年增长了1.5亿，年均增长5 000万元。也就是说，外教社这3年每年增加的发行码洋相当于目前我国许多出版社全年的生产规模。

利润呢？尽管庄智象像许多出版社的当家人一样不便说得清楚明白，但我们举出上海其他出版社同仁说出的数字以及外界所说的外教社2000年利润居上海各家出版社第一和全国大学出版社第一，庄智象并不否认。事实上，我们从庄智象破例提供给我们的内部资料中也获悉外教社2000年的利润比1997年增加了118%。

进入2001年，外教社的发展势头继续看好，头6个月的销售码洋比去年同期又有较大的增长。

无论就出版规模还是销售实绩来说，上海外语教育出版社都已在全国100家大学出版社中走到了前列，在全国500多家出版社中进入了实力强劲的第一方阵，在强手如林、出版社多达40余家的上海市,外教社像忽然间拔地而起的高楼让同行刮目相看,让上海教育出版社这样的码洋大户、利润大户着实感到了形势的紧迫和竞争的压力。

特别引人注目的是,上海外语教育出版社3年来的大发展是在全国图书市场增势趋缓、库存数量增加、效益难以攀升的情况下取得的。大家都知道,去年全国性的中小学生减负,令各地出版社的经营形势更显严峻,生产和收入下滑的出版社已非个别,对比之下,上海外教社的持续大幅度上升就显得更非寻常了。

浏览一下外教社的常备书目和供货目录就不难懂得,外教社的迅猛增长并非一时机遇的促发,而是全社整体发展思路和增长战略实施的初期成果。从与庄智象的谈话中我们得知,外教社为中长期发展做了大量前期投入的项目,如全国首套从小学到研究生的系列英语教材、全国首套英语语言文学专业研究生系列教材,以及《大学英语》全新版教材,现在还刚刚开始有所收获或者收获的季节还没有到来,因而他们已经取得的进展不过是潜艇浮出水面的一角,更大面积的扩展和收获还在后头,更深层次的变化还在酝酿之中。

吃透"十五大"3句话

是什么因素和力量推动外教社取得如此高速前进的业绩并拥有足够的后劲和可持续发展的势头呢?

庄智象告诉我们,外教社对人员的控制一向很紧,近几年增加的人员不过一二十人,现在在编人员也只有95人,加上有限的一些聘用人员,按说要有这么大幅度的扩展和增长是很难的。庄智象说:"之所以能走到今天,开创出现有的天地和格局,真要细说起来并没有什么特别的招数,要说有,那就是坚决认真地贯彻执行了党的方针政策。党的十五大报告要求新闻出版业'加强管理,调整结构,提高质量',我们就是老老实实吃透这3句话、12个字,按党中央指出的方向去办上海外语教育出版社的。"

说到这里,庄智象特别强调:"外教社是大学出版社,是以外语教育为主要范围的专业出版社,自然有它特殊的任务和规律,自然需要专家办社、教授办社,但既是出版社就首先要遵循和承担我国出版社作为党的宣传思想文化工作阵地所蕴含的内在规律和所要求的职责使命,当社长,尤其是党员社长,理应把体现党性,把握方向,执行党的方针政策放在第一位。"

接着庄智象向我们讲述了外教社领导班子是怎样把"加强管理、调整结构、提高质量"的要求贯穿到实际工作中,指导全社形成积极可行的发展思路,从而带来了3年大发展的过程。其中，有关结构调整和人本管理的做法尤其给我们留下了深刻的印象。

建构四大板块

庄智象接掌上海外语教育出版社时，出版社早已度过了几万元起家的初创阶段，达到了发行码洋1.6亿的规模，但庄智象和社领导班子其他成员并没有满足于已有的成就。他们发动全社员工仔细分析外教社所处的大小环境和内部状况，特别是对出版社赖以生存的利润结构、出书结构作了一番比较透彻的审视以后，发现过去所做的工作大多集中于某一领域的几个品种上，涵盖不广，开掘不深；失之单一平浅的结构制约了规模的形成和抗风险能力的构建。实际上，对照出书范围和办社宗旨还有许多潜力可挖，还有许多空间有待开拓。

这样一分析，大家的思想豁然开朗。经过进一步调研之后，社委会在1999年便明确提出调整出书结构的方案，要求从四个方面去进行开发、充实和整合，逐步形成各具特色和规模的板块，共同构筑外教社进入新世纪的丰满活跃的新形象，把外教社办成国内一流、国际知名的大学出版社。

这四个板块由全新产品组成的"四个一百"工程来概括，即100种教材、100种学术著作、100种一般读物、100种工具书。——当然，100不过是象征性的约数，实际的品种数目远远超过了100。

外语教材是外教社的主打品种。按照结构调整的要求，主要从不同程度、不同类别的读者需要出发，从纵横两方面加以延伸和掘进。他们组织编写了全国第一套小学、中学、大学、研究生一条龙配套的"新世纪英语教材"系列，其中一部分已出版试用；和华东七省市师范院校合作编写的《新时代小学英语》进展顺利；中等职业学校、高等职业学校所需的英语教材，全国首套英语语言文学专业研究生所需的英语语言文学系列教材和全国外国语学校所需的英语系列教材以及供成人教育和专科使用的引进版"大学新英语"系列教程，都在陆续编写和出版。外教社的王牌、全国4/5高校采用的《大学英语》修订版经过缜密的修订和有力有效的市场营销，用户增加，册数上升，发行码洋增长到历史最高水平。为适应新世纪需要而推出的全新版《大学英语》，去年秋季编出两篇样稿后，外教社先后派人奔赴20多个省市，广泛征求数百所学校英语教师的意见，做到认真定位，精益求精。这套教材将从今年秋季开始试用。《新编英语教程》、《交际英语教程》、《高级口译证书教材》等畅销品种的修订重版工作也正在抓紧进行，有的已完成面市。此外，还有若干套教材正在英国和美国编写，今年年底可陆续完成。所有这些教材都体现了21世纪的时代特色,并注意配套成龙,广泛覆盖,努力满足各级各类学校和社会各界多层次的不同需求,使外教社真正成为名副其实的外语教材王国。

学术著作100种,包括本社已有几个出版方向,如现代语言学与外国文学史丛书的充实和加强,国家"九五"、"十五"外国语言文学及交叉学科的重点科研成果和其他重点学术著作的出版,以及外国相关优秀著作的引进。其中"当代英语语言学丛书"20种、"牛津应用语言学丛书"35种、"剑桥文学指南"31种、翻译学专著30种、语言与文化专著20种等等,琳琅满目,高见迭出,其中一部分已经面世。

一般读物100种,采用国内外结合的方式,约请中外学者单独或联合编写,内容贴近现实、反映当代生活,对象以大中学生为主,包括"大学生英语文库"、"中学生英语文库"、"中学生英语梯级读物"、"英语科普读物"、"经典名著导读详注"等10余个系列。这是外教社运用自身的语言优势开发出来的全新板块,面市以后形势看好。

工具书100种,有权威的大型工具书《新牛津英语大词典》、《牛津百科分类词典》、《剑桥英语词典》、《柯林斯英语词典》以及我国专家编写的各种专门性词典与小语种双语词典几十种,以大、专、细和成系列、分层次为特色。

基于外语专业类图书市场的种种特殊需要,外教社近几年加大了对外合作的力度,并注意使引进版图书与国外合作编写的图书有控制地稳步增长。这方面的工作他们做得很细,不仅品种的选择、合作对象的选择和市场的调研、投入产出的评估经过反复比较斟酌,而且编辑出版时也毫不马虎。凡属有违我国法规与出版导向的内容都要进行必要而恰当的处理。庄智象说得好:"守土有责不是一句空话。脑子里的这根弦一刻也不能放松,即使是不容易出问题的地方也不能麻痹大意。"

舒畅·顺利·效益

一年800多种书、1.4亿字的发稿量和30多万纸令的印装量,要保证赶上出书季节,还要符合质量要求,人少事多的矛盾如何解决?庄智象说:"一味添人,把出版社专职队伍弄得很庞大,不是根本的出路。我们的对策是一方面以各种灵活可行的方式充分运用社外力量,不要把什么工作都揽在社里,可找专门的机构和人员来做。为此我们依靠上外和上海高校的外语力量优势,选择校内外力量,建立特约编辑室和特约高级编审室,使一部分编审工作得到了合理的分流;另一方面则是充分调动现有人员的积极性,使他们的潜能得到充分的发挥。当然,必需的紧缺的专门性人才,我们也要积极引进,毕竟事业的发展和更新需要有新型的年轻的优秀人才来支撑。"

人还是那些人，如何让大家把工作做得更多一些、更好一些？庄智象认为，要使大家不仅认真去做，努力去做，还要动脑筋去做，"认真、努力、动脑，三者缺一不可"。这就要创造一种良好的催人向上的环境和气氛，使大家在一起工作"心情舒畅一些、顺利一些、效益好一些"。达到这种境界的途径是加强管理，加强思想政治工作，同时把人员的进出、上下和岗位责任与考核、奖惩机制建立起来。庄智象说："这些机制的设置也许不太难，难的是如何坚持。而坚持的关键在于领导以身作则，身体力行。"

庄智象不仅清醒地看到了制度的重要，并且以自己的实际行动和整个领导班子的实际行动为大家做出了遵守制度的榜样。他全身心地投入与他生命融为一体的出版事业，3年来几乎没有安闲、完整地过一个双休日和节假日，而每逢一年两次的全社性考核，他总是毫无保留地把自己放在群众和上级领导面前，接受大家的检查和评审。出版社规定，所有正式工作人员每年都要在年中年底接受两次群众与领导相结合的考核。

在外教社，领导考核群众，群众也考核领导。庄智象的工作就要有三重考核，一是全社一般职工打分，一是全社科室干部打分，一是校领导打分，三种分加起来平均，得出最后的分数。外教社同志告诉我们，庄智象担任社长以来接受历次考核，满意率都达到95%以上。

对此，庄智象既为自己的工作得到上下一致的认可而感到欣喜和慰藉，更为肩负的担子愈益沉重和工作的愈益复杂与繁新而不安。"十五"期间，外教社的年销售要过5亿，门类要向集团型扩展，质量要与国际接轨，触角要伸遍大江南北，还要到美国和欧洲等地建立分社……里里外外有多少新事、难事要庄智象去清醒面对，去埋头实干啊！

★本文发表于《出版广角》2001年第七期，作者：刘硕良，路燕。

庄智象:他的选择与众不同

当今的出版界,群雄逐鹿,风起云涌。多少出版社红极一时又销声匿迹,又有多少出版人在激烈的竞争中闯出了自己独有的天地。在上海,有这样一个出版社,她总共只有100来名职工,但年均出书达900种,重版率达70%,销售码洋连续5年以5 000万元的幅度攀升,利润的增幅每年平均达1 000万元以上。

这个出版社就是上海外语教育出版社,带领大家创造这个奇迹的就是这个社的社长——共产党员庄智象教授。

现在出版界"跟风"现象已成顽疾,某种图书一旦走红,几十种甚至上百种图书便会蜂拥而上。但庄智象教授的选择却与众不同:"市场做红了的图书,我们坚决不跟;我们要做的,一定是人家做不了或做不过我们的。"近几年来,光是填补国内空白的项目,外教社就做了不少。我国的英语语言文学专业研究生教育发展很快,但缺少成系统的教材。他们集中了30余所大学的教授、专家,组织编写了总结反映我们自己研究生教育经验的首批50种教材。在本科系列的150余种教材中,该社又一反我国传统英语教材偏重语言知识与技能的习惯,加重了文化和人文科学的含量,已经出版的部分市场反映很好。外教社现已形成了我国第一套从小学、初中、高中到本科、研究生教育相衔接的"新世纪英语教材系列",目前已列入"十五"国家级规划教材。这套教材先后集中了全国50多所高校的专家编写,全部投资达上千万元。

有所为有所不为,注重潜在市场的开发,这就是庄智象教授的办社理念。《大学英语》是外教社的名牌产品,有段时间这套书在整个社的销售码洋中所占比例较重,庄智象教授为此反复告诫全社要居安思危:假如这套书的优势失去后,我们怎么办?因为市场不可能让某一套书永远独占鳌头。经过领导班子反复讨论,外教社作出了对日后发展具有深远意义的决策：用3年时间，进行出书结构的调整，实施"四个一百"工程，即100种教材、100种学术著作、100种读物、100种工具书。

在学术著作方面，外教社也积极主动出版国家社科、教育部及学校科研项目的图书，并率先引进了"牛津应用语言学丛书"（35种），当时同行中曾有人预言，这套书肯定要赔，结果这套书当年重印5次，已销售逾2万套；紧接着引进的"剑桥文学指南"（31种）、"国外翻译研究丛书"（30种），出版后也很受青年读者们的欢迎，一年售出1万余套。最近，外教社又策划、编辑、出版了"外语教学法丛书"（20种）、文化研究丛书（20种）。

外教社还开创了积极开拓与国外优秀出版社合作的模式。"我们出选题计划，国外出版社物色作者编写，进一步开拓海外出版资源"，庄智象教授对此充满信心。1998年外教社和麦克米伦出版社合作出版的《中学英语阅读》创造了一年销售8万套的业绩，接着与朗文出版社合作的《小学英语分级阅读》、《小学英语分级听说》与麦克米伦出版社合作出版《大学英语创意阅读》等合作项目均取得了很好的效果。此外，外教社引进了"哈·柯林斯英语系列工具书"（17种），"牛津英语百科分类词典"（80种）以及"剑桥英语词典系列"（6种）。

在圈内，庄智象教授是出了名的"有眼光"。这多少得益于他在外语教育和研究岗位上的丰富积累。他至今还担任中共上海外国语大学党委委员，是该校的一位资深教授，曾先后出版《现代外语教学——理论、实践与方法》、《英语语言艺术》、《英汉双解英语惯用语词典》、《英语表达词典》、《简明汉英分类表达词典》等专著，编、译著10多种，发表学术论文近30篇，涉及语言学、外语教学、翻译理论、新闻出版等多个领域。

虽然外教社这几年有了超常规、跨越式的发展，但庄智象教授认为利润和码洋并不是他们追求的全部，他们出版社的理念中还包括文化的理想和文化的追求。近年来，外教社先后设立了教材出版基金、学术著作出版基金和新学科出版基金，与教育部全国外语教学指导委员会合作设立了科研专项基金等，每年向这些项目提供专项资助。在不少出版社把专业期刊视为赔钱的买卖纷纷改弦更张时，外教社出版的《外国语》、《外语界》、《中国比较文学》、《国际观察》、《阿拉伯世界》、《英语自学》等6本期刊不仅没有生存之忧，而且越办越热火。庄智象教授的想法又是与众不同：这些刊物表面上是要赔一点钱，但它们可以团结一大批的专家、学者，可以为出版社带来宝贵的出版信息和资源。这也是一种效益。

* 本文发表于《文汇报》2002年11月7日，作者：陈熙涵、徐春发。

桃李不言，下自成蹊

提起上海外语教育出版社社长庄智象教授，在上海高校和出版界可说是尽人皆知。他的出名，不是靠炒作，而是缘自他10年的埋头苦干，以及他和他所率领的同事们创造出的骄人业绩。从1993年以来，他历任副总编辑、常务副社长、社长，一直信奉多做少说、做而不说的信念，多次婉拒媒体的采访，但近几年来，前来取经者、请他去作报告者，纷至沓来，印证了一句古话：桃李不言，下自成蹊。

最近，庄智象荣获了第四届"全国百佳出版工作者"荣誉称号，他所领导的外教社所取得的骄人业绩被誉为"外教社现象"，也在全国出版界流传开来。人们不禁要问：一个小小的百来人的专业出版社，哪来那么大的能耐——能够在近5年，年均出版图书近900种，重版率达70%，发行码洋以年均5 000万元以上的幅度攀升，利润以年均1 300万元的幅度递增？

2002年，外教社完成发行码洋4亿元，并在每印张平均1.02元的低定价的基础上实现利润逾1亿元。据《上海新书报》2003年第三期专题报道，2002年，从销售码洋、实现利润、人均创利、图书总销量、总用纸量五方面统计，外教社在上海40余家出版社中都名列第一，并有《英国小说批评史》等30余种图书在国家、省部级各类评比中获奖，外教社的图书已逐步形成了闻名国内外的品牌效应。

学者的专业眼光　企业家的胆识

庄智象的专业是英语语言文学，做过10多年高校英语教师、外语专业核心期刊主编，这使他对中国英语教育的现状、需求了如指掌。作为一位学者，他曾出版了《现代外语教学——理论、实践与方法》《英语语言艺术》《英汉双解英语惯用语词典》等10多部译、著作，发表学术论文近30篇，涉及语言学、翻译理论、外语教学等多个领域。

1998年，针对产品结构单一，品牌产品不多，教材又过分依赖某一品种的情况，庄智象极富战略眼光地提出了"四个一百"工程，即在3年左右时间里，出版100种教材、100种学术著作、100种工具书、100种读物以及50种左右的电子出版物。这意味着将要投入上亿元的资金，风险不小。庄智象在和班子其他成员统一思想的基础上，拍了板。这样做一方面是基于繁荣学术研究，增加文化积累，提高中国外语教学水平，提高全民族外语水平的考虑，困难、风险再大也得干；另一方面，也反映了庄智象把握市场需求的充分自信。后来的事实证明：全社上下艰苦拼搏，实施图书产品结构调整战略的3年，恰恰是外教社超常规、跨越式发展崭露头角的3年。也正是在这3年中，外教社接二连三地在教材、学术著作、工具书、外语读物等领域，独辟蹊径地填补了许多国内空白。外教社率先在全国推出了熔最新人文、科学知识和语言技能于一炉的英语语言文学本科生、研究生教材，全国首套从小学生到硕士生"一条龙"的新世纪英语系列教材，外国语学校教材等一系列特色鲜明的教材；开创性地引进、出版了深受各界欢迎的"牛津应用语言学丛书"30余种、"剑桥文学指南丛书"30余种、"国外翻译研究丛书"20余种、"外语教学法丛书"20余种等一系列经典学术著作，以及"牛津百科分类词典"80余种……，所有这些图书的出版，保持了外教社在国内这一领域的领先优势，满足了各级各类学校和社会各界各层次的需要，受到广泛的欢迎。中国英语教学研究会会长、北京外国语大学教授胡文仲，副会长、北京大学教授胡壮麟等许多国内著名学者都认为外教社在我国外语教育改革、外语教育事业中作出了突出的贡献，功不可没。无论是教材、工具书、还是学术著作、学术期刊以及电子出版物的出版方面，外教社都取得了优异的成绩。

千头万绪　队伍建设是根本

出版社工作千头万绪，庄智象认为：队伍建设是根本。他始终把队伍思想作风和工作作风的建设放在重要的地位。他在各种会议与其他场合经常阐述这样两个观点：其一，出版社工作人员只有关心、了解党和国家的宏观决策，才能把握好方向，出好书，多出书，而出好书的首要一条是把好每本书的政治关、质量关；其二，不管国内外出版业形势如何变化，销售码洋是上去了还是暂时下来了，最根本的是抓好队伍，有一支高素质的队伍,就能创造出奇迹;队伍风气不正,士气低落,拥有的优势也会很快丢失。这些被实践反复证明过的理念,深深地印在全体员工的脑海中。除了必要的策划研究,出访谈判外,庄智象大量的时间都花在了与班子成员,与干部、员工的交流沟通上,听取大家的意见,完善他的想法、决策。连续几年的高指标,员工们感受到很大的压力。每年确定了下年度的指标后,总有人会产生疑问,庄智象总是一遍又一遍地列举外教社的优势和将要采取的政策、措施,以他坚定的信念和激情给大家鼓气,树立起大家的信心。凡重大决策出台前,他都要充分听取职能部门的意见,经过社务委员会的研究作最后决定。工作再忙,每周一次的社务委员会例会雷打不动。持之以恒地这样做,形成了领导班子的坚强团结、全体员工奋力拼搏的好局面。

近几年来,外教社根据发展规划,有计划、有步骤地吸纳了一批编辑、营销、出版和经营管理方面的优秀人才,采取公开招聘优秀大学生和研究生的办法,加快了队伍年轻化、专业化的步伐,提高了工作效率。对于新进社的人员,必定进行上岗前培训,并定期召开座谈会,对新进人员进行教育。凡是这样的会,庄智象必到,并从思想、业务到工作作风,无不一一提出要求,其核心内容是:要做优秀的出版人,一定要认真、踏实、吃得起苦。外教社每年都有计划地安排人员参加出国培训、进修、考察;积极支持员工参加各种类型的业务进修、培训;实行以老带新的办法帮助新上岗的职工熟悉业务、掌握技能;不定期邀请外语界、出版业的专家来作报告,帮助职工开阔视野,提高学术素养。

在社内,庄智象实行的是公开、公平、公正的企业管理工作方法。科室负责人以上干部实行任期聘任制,全社员工进行每半年一次的德、勤、能、绩的考核,这些考核绝不是单纯的自上而下考核,而是采用匿名打分的双向考核办法,即科室干部给下属员工打分,员工给科室干部打分,给每位社领导打分。根据考核结果,结合各人的职务分、职称分得出考核分,实行优劳优酬,优绩优得。庄智象也把自己交给大家打分,这既反映了他对全社员工的信任和自信,也是实行公开、公平、公正的企业管理的一种全新创举。这种平等、民主的社务公开,充分调动了全社员工自觉参与管理、努力做好本职工作的积极性。

坚持不懈的作风建设,使外教社员工们始终保持着饱满的工作热情。他们有干不完的活,使不完的劲。虽是高校出版社,但员工们已经连续几年放弃了令人羡慕的寒暑假。常年的快节奏、高效率,使编辑们的发稿字数逐年提高,人均每年300多万,多的达到400多万。从社长庄智象本人到副社长、总编及编辑们,常常带稿回家,利用夜晚,利用双休日、节假日,甚至出差途中见缝插针,完成源源不断的书稿加工任务。做销售的业务员们，则不管风霜雪雨，跑遍了大江南北，一年中的大部分时间，奔波在祖国的各地。外教社的员工们为读者提供优质图书的同时，也为社会各阶层、各级各类学校提供了优质的服务。

公而忘私　严于律己

庄智象既是社长，又兼副总编，经常直接参与选题策划的全过程，在管理全社的同时，又常常担负书稿的三审，工作的压力是可想而知的。在社外，他还担任全国高等学校外语学刊研究会会长、华东地区大学出版社协会理事长、上海出版经营管理协会副理事长、上海外国语大学党委委员、学术委员会委员、国家重点学科英语语言文学学术委员会委员……工作几乎成为他生活的全部，他几乎没有娱乐，没有休闲，没有业余生活。无论多么疲倦，只要与他一谈起外语图书，谈起外教社工作，就点燃了他的兴奋点，他能滔滔不绝地畅谈他想做的事、他正在酝酿的书、外教社的所有工作考虑，只要你不想停止，他就可以一直谈下去。他有做不完的事，出不完的好书，有一个接一个喷涌而出的点子……工作，使他兴奋不已。凡是出国参加书展或出差、跑书店，他总是尽可能多做工作，争取最佳效益，不到关门打烊他是不会停下脚步的。回到宿舍，谈的还是工作，一直到深夜仍然会兴致勃勃，毫无睡意。可以这么说，他全身心地投入了与他生命融为一体的外语教育出版事业。

如果说外教社取得今天的业绩，一代一代的同仁献出了青春年华，社班子成员、全社干部、员工都付出了巨大代价的话，那么可以毫不夸张地说：庄智象付出的更多更多。正如有的员工所说的：我们的社长像一台永不知疲倦的机器人一样，开足了马力。对于全体员工来说，这无疑是一种激励，是无言的榜样。这或许从另一角度回答了外教社连续多年超常规、跨越式发展的重要原因，正所谓：天下没有免费的午餐，丰盛的奶酪得靠呕心沥血的拼搏才能挣来。庄智象用他的全部行动，实践着作为外教社指导方针的一句话：全心致力于中国外语教育事业的发展。

骄人的业绩赢来了荣誉。外教社多次被评为"先进高校出版社"、"上海市模范集体"、"良好出版社"，庄智象本人于2000年荣获"上海出版人奖金奖"。事业做大了，名声响了，但庄智象作为一名教师、编辑的朴实的本色始终未变。在奖金分配、福利待遇方面，在公布的规章制度面前人人平等。只要你干出业绩，干得好，就会得到嘉奖。外教社分配上的差距是存在的，但很小；作为社长，他以身作则，不搞任何特殊。凡涉及群众切身利益的重大问题，庄智象和班子成员都保持了清醒的头脑。要求班子成员、干部、党员都要模范带头，自觉遵守各项规章制度：凡是要求群众做到的，自己首先做到；凡是要求群众不做的，自己坚决不做。一位新进社的党员，看到几位社领导繁忙的程度，感叹说：在外教社做头头，真累啊。身先士卒，严于律己，是庄智象及班子成员在全社员工中享有很高声望的重要原因。

★本文发表于《中华读书报》2003年4月23日，作者：谈志耀。

智者不惑　大象无形

——记庄智象

教材"战役"：让时间来做裁判

1997年底，庄智象走马上任，成为上海外语教育出版社历史上最年轻的社长。而此时，伴随着网络的异军突起，出版界的市场竞争已经如火如荼地展开了。

庄智象的第一次硬仗，是打造《大学英语》系列教材。

外教社的名牌产品之一《大学英语》系列教材，曾荣获"全国高等院校第二届优秀教材特等奖"、"国家教委高等院校第二届优秀教材一等奖"，这是迄今为止唯一一套获得两项殊荣的高校公共英语教材。庄智象反复告诫员工："品牌是靠踏踏实实的质量做出来的，品牌形成后又需要不断地维护，在不断改进、修订、创新中才能形成久远的品牌影响力。"

1998年，在万份问卷调查的基础上，外教社推出了《大学英语》系列教材的修订本；同年又推出了设计新颖、制作精良的《大学英语》多媒体辅助光盘，这是全国首套真正意义上配套齐全的立体化大学英语教材，在国内外教学界引起了巨大的反响，促进了教学水平的提高，同时也为以后大学英语同类教材的出版提供了典范。新世纪初，外教社又推出了集图书、音带、光盘、网络于一体，体现最新教学理念、方法和手段的《大学英语》（全新版），并被教育部指定为"普通高等教育'十五'国家级规划教材"和"推荐使用大学外语类教材"。如今，《大学英语》系列教材已经被全国近千所高校采用，发行量以每年15%的速度递增；同时，使用范围越来越广泛，由原来的本科院校扩大到专科院校、电大、高职院校、社会培训等领域，显示了其强大的生命力。

面对成绩，庄智象没有丝毫懈怠。2001年，《大学英语》（全新版）系列教材发行了2万套。全国几十所试用教材的学校，庄智象一家家跑去听意见，结果反映都很好。他心里有了底，第二年就一下子发展到了40万套，而2003年的目标是至少60万套。

实际上，竞争一刻也没有停止过。业内曾有人叫板，3年内把外教社的教材挤出市场。庄智象坦然以对：让时间来证明吧。

外教社为社会奉献的名牌外语教材岂止《大学英语》系列教材一种？《新编英语教程》、《交际英语教程·核心教程》等系列教材被全国英语专业60%以上的师生所采用。其中《交际英语教程·核心教程》系列教材（修订本）荣获"2002年普通高等教育优秀教材一等奖"，《新编英语教程》荣获"全国高等学校第二届教材优秀奖"。荣获全国优秀教材奖的还有《新编英语语法》、《现代俄语理论教程》、《新编日语》、《公共法语》、《现代宾馆管理原理与实务》等。外教社的外语类教材涵盖了各个读者层面，形成了独特的名牌产品链，成为外语教学界一道亮丽的风景线。

市场沉浮：智者制胜

在热闹的市场上冷静思考，在低迷的环境中发现机遇，是庄智象出奇制胜的"秘密"。他深知，要在最强的时候做最有优势的事情，亦步亦趋只能是死路一条。在很多领域，庄智象的周围团结着国内外一流的作者队伍。已经很难有人超越他建立的这座"人才制高点"。作为以为教学服务、繁荣学术为主的出版社，庄智象用这样的标准来衡量选题的质量：唯一性、填补空白性、创新性、领先性。

这两年"雅思"、GRE如日中天，此类书籍也随之铺天盖地。社里有些编辑曾提出，要"趁热打铁"，也出一些这方面的书。庄智象也没否定，只是先给编辑出了几个问题："现在有多少人要考雅思？有多少培训点，他们都在用什么书？我们要出的话，在哪些方面可以有优势？如果找准了优势就出，没有就不出。"他一直提醒同事：我们要做的，是别人轻易做不了的。大家都能做的事情我们不要去做。别人在做，我们做不过人家的也不做。

严谨并不意味着裹足不前，事实上，庄智象一直在社里催化"竞争意识"和"忧患意识"。他清醒地意识到，拳头产品很容易让人沾沾自喜，不思进取。这样，鼎盛之日亦是下坡之时。所以庄智象告诫同仁，永远要做到"销售一个，生产一个，抓着一个，盯着一个，脑子里还想着一个"。1998年，当《大学英语》系列教材等出版物正风行神州大地时，庄智象未雨绸缪，提出了开发"四个一百"工程的宏伟目标，即外教社在3年左右出版全新教材100种、全新学术著作100种、全新工具书100种、全新读物100种。

庄智象的每一个决策，都要经过无情市场的一一考验。所以，争论是不可避免的。一次，庄智象国外考察回来，决定引进出版一套涉及德、法、意、俄、西等多个语种的柯林斯双语英语词典系列，但有的同志却并不看好，觉得国内没有市场。庄智象的判断却是：这套书会比一般的英语工具书还要有市场。现在市场上英语工具书多如牛毛，10个读者要面对20本英语工具书，就会有选择。而对于其他语种，即使只有3位读者，但只有1本工具书，那市场就是我们的了。这套工具书起初只印了3 000册，庄智象不满足，说至少该印5 000册。事实胜于雄辩。不出3个月，这套书销售一空，那一年总共印了3次。

庄智象一直和教学一线保持"零距离"，甚至两年前还兼任教职；全国大学所有的外语学刊他每期必翻，各类重要的学术活动和会议他也从不落下，而且很多会议的主题，庄智象都参与拟定。

凭着多年的教学和编辑积累，庄智象已经"胸中有丘壑"，国内外语院校的系主任，他可以如数家珍般叫出名字来。谁的专长是什么，谁能编写怎样的书，他都了如指掌。

这些年来，外教社新的品牌特色和规模板块已经形成，其中有许多图书品种填补了国内空白。例如：我国第一套从小学、初中、高中到大学本科、研究生教育形成"一条龙"的"新世纪英语系列教材"；全国首套外国语学校英语系列教材；英语专业本科系列的150余种教材以及首套反映相关学科前沿、符合我国英语专业研究生教育需要的教材中首批50余种教材。

为了酝酿出版全国首套英语语言文学专业研究生系列教材，庄智象开出了一张长长的名单，邀请国内50多位专家来上海开会。但这么一次聚会，单单会务费就是一笔庞大的开支，同事们对他的建议捏了一把汗。没想到，庄智象自信地说，我打电话一位位邀请，他们肯定都会来。不久，这些专家果然从天南海北赶来了，没有一个人提差旅费的事。上海的一所高校没有在邀请范围之列，但他们还是派了人来参加。专家们说，这么乐意赶来，一是因为这件事意义重大，二是因为召集人是庄社长。庄智象的工作触角，已经深深地扎根在国内的相关院校里，人们为他的眼光，更为他的为人所吸引。

繁荣学术：赔钱也要出好书

智者不惑，大象无形。搞出版不能没有"商眼"，但成大气候、创大业者更要有"大家"的气魄，在学术著作的出版上更是如此。学者出身的庄智象，一直十分注重学术研究和学术著作的出版。多年来，社里不间断地组织国内外专家和学者编写、修订能反映或代表有关学科研究前沿的学术著作，累计出版达400多种。其中《新编美国文学史》、《澳大利亚文学史》列入国家社科"九五"规划重点项目，《意大利文学史》曾被国家领导人作为珍贵礼品赠送给来华访问的意大利总统。而《朱生豪传》、《中国文化在启蒙时期的英国》等著作曾获中国图书奖。

质量是企业的生命，在学术著作的把关上，庄智象一直很严谨。常常有人找上门来要求出书，许诺自己愿出多少多少钱，但庄智象说：书的学术含量高、质量好，即使赔钱我也要出，还要付你高稿酬；书不好，出钱再多也不行。

当社刊工程越来越多地成为出版社新的经济增长点，越来越多地为迎合大众口味而改版时，外教社的社刊工程仍坚持为我国外语教学和科研服务。外教社出版的《外国语》、《外语界》、《中国比较文学》、《国际观察》、《阿拉伯世界》、《英语自学》等6种期刊不仅没有生存之忧，而且越办越热火。庄智象认为，这些刊物表面上要赔一点儿钱，但它们可以团结一大批的专家、学者，可以为外教社带来宝贵的出版信息和资源。这也是一种效益。

繁荣学术，不仅要出好书，更要服务于高校的教师队伍和广大读者。庄智象认为，出版工作的根本目的在于更好地实现社会效益，发展先进文化。2002年6月，外教社正式创建了中国外语教师俱乐部，通过该社网站为全国大、中、小学外语教师提供学术信息，提供一个广泛便捷的交流园地。

运筹帷幄：盯着明天的市场

出版社的发展是和社会的脉搏同步的，只有在为社会的服务中才能发展自己。这是大眼光，真功夫。庄智象经常提醒大家事事关心，大到国家大事，小到小学生的阅读趣味。

1998年，北京、上海等城市开始取消小学升学考试。庄智象在第一时间拍板：马上出小学英语教材！他分析道：因为原来体制下是考什么教什么，不考就不教，现在升学考试不考了，教师就要选择教材了。不出3年，这个市场初露端倪的时候，外教社的教材如《新时代小学英语》、《新世纪小学英语》已经送到了师生的手里。此举又让同行望洋兴叹，"追悔"莫及。

庄智象永不停息地思考着，他像一个所向披靡的将军，永远遥望着尚未征服的山头；但他深知，只有一支足够强大的部队，才能真正战无不胜。目前，外教社的100多名员工中，具有高级专业职称的编辑占专职编辑队伍的27%，具有硕士、博士学位的占27%，在同行中遥遥领先。2001年，外教社裁撤原有的3个专业编辑室，组建了策划、审读两个编辑室,实行策划编辑与文字编辑分流。一次,庄智象到国外考察,一位外国同行介绍说:我们出什么书,完全根据市场来规划。庄智象笑道:"你只说对了一半。今天你看到的市场,明天你已经没份了。"所以,他要求外教社的策划编辑们都要为明天的市场筹划。

作为社长,庄智象一直对自己有着近乎苛刻的要求。"如果我的想法和大家完全一样,那我就应该下来了。我应该想得更远一些、高一些。"每当问题来临的时候,员工看到的是镇定自若的社长。有人问他:为什么你永远不紧张?庄智象回答:"我紧张的时候已经过去了。""明者睹于未萌",常常是战争还没打响,庄智象已经闻到了硝烟……

以身作则:员工的楷模

庄智象全身心地投入与他生命融为一体的出版事业。多年来为了外教社的发展,他无暇顾及年过七旬多病的母亲和在中学读书的儿子。风里雨里,家里很多事情全靠在机关工作的妻子一人照料。庄智象说,作为父亲,他爱自己的孩子;作为丈夫,他爱自己的妻子;然而他却很少奉献给他们应有的温暖。他认为,工作是一种责任,工作着是美丽的。他既是社长又兼副总编,往往直接参与选题策划的全过程,在管理全社的同时,又常常担负着书稿的终审工作。5年多来他几乎没有完整地在家度过一个双休日和节假日。凡是在国内外参加书展或出差跑书店,不到关门打烊他是不会停下脚步的;回到宾馆,无论多么疲倦,只要同仁们与他谈起外语图书,谈起外教社工作,就激发了他的兴奋点,他会滔滔不绝地畅谈他想做的事,他正在酝酿的书。

在外教社,所有干部和职工都必须接受一年两次的德、勤、能、绩方面的考核,而这种考核的重要依据,便是"三级交叉打分制":社领导和中层干部给下属员工打分,全社员工也给领导打分,以考核结果作为分配和奖惩的重要依据。庄智象也把自己交给大家打分,他的工作也要通过三重考核,一是全社一般职工打分,二是全社中层干部打分,三是校领导打分。庄智象担任社长以来接受的历次考核,满意率都达到95%以上。

昨日的辉煌,明天的起点

庄智象常说,成绩是干出来的,不是吹出来的;要少说多干,先干后说,干好了再说。从1997年12月庄智象出任社长起,外教社年均出书达900多种,重版率达70%,销售码洋以年均5 000万元的幅度攀升,利润的增幅每年也在1 000万元以上,人均效益名列上海出版界和全国大学出版界之首。通过实施图书产品结构战略调整，不断开拓创新，外教社又有《新世纪英语用法大词典》、《英国小说批评史》等数百种图书在省、部级以上各类评比中获奖。目前，外教社已在全国建立了2 000多个销售网点，还与剑桥、牛津、培生教育集团、麦克米伦等10多个国家和地区的数十家出版社建立了长期的版权贸易和合作伙伴关系。根据教育部汇总的统计数据，在我国100余家大学出版社中，1998年以来外教社出书的用纸量位居第一，图书的出版总定价和销售码洋也名列前茅。"九五"期间全国出版社竞争力评估报告表明，外教社的综合竞争力排名位居大学出版社第二，外语专业类出版社第一。外教社曾多次被评为"先进高校出版社"、"上海市模范集体"、"良好出版社"。

★本文于2003年11月发表于《上海出版人》，作者：俞丽辉。

会当凌绝顶　一览众山小

上海，中国近现代出版业的摇篮和大本营，出版人才辈出之地，一方正在酝酿着新一轮出版集团化改革的沃土。

上海外语教育出版社，扎根上海的我国最大、最权威的外语图书出版基地之一，当地科教出版业的中坚力量。

庄智象，中年人，外教社有史以来最年轻的社长，为该社掌舵的有勇有谋的出版人。

这样的时机，这样的背景，意味着庄智象在1997年出任外教社社长时就难以回避业界关注的目光。事实证明，这位学者出身的出版人不负众望，一次次地将外教社推向业界的潮头，使其不断发展壮大。

从1998年起，外教社年均出书达近千种，重版率在70％以上，销售码洋以年均5 000万元的幅度攀升，2003年则净增销售码洋1亿元，全社利润的增幅每年也在1 300万元以上。能带领不到180名员工创造如此佳绩，庄智象必有其成功之道。我决定赴沪"探秘"。

然而，庄智象的低调却令我一筹莫展。好不容易约到的采访被限制在一小时内。不仅如此，他一再强调这篇人物专访不要过多涉及他本人，"多谈出版社就好"。与这位社长见面之前，他之于我，也仅是电话那头低沉的男中音，一串陌生的手机号，以及网上两三篇提及他的文章。

不过，随着采访的深入，我渐渐觉得担心是多余的。谈到外教社的发展，刚见面时似乎话语不多的庄智象却是那么健谈，句句能说到点子上，说出的话也极有分量，深邃的眸子里透着睿智。

五 年 磨 一 剑

1997年底，庄智象出任外教社社长。当时国内出版界竞争已日趋激烈。作为外教社将近10年的拳头产品，《大学英语》系列教材就像一把保护伞为外教社挡风遮雨，同时也削弱了它对业界硝烟的敏感性。

20世纪80年代，外教社承担了国家重点教材——《大学英语》系列教材的编写和出版工作。这套应时之需的教材一面世就备受青睐，全国80%的高校都以此作为课堂用书。凭借这套教材，外教社将"全国高等学校第二届优秀教材特等奖"收入囊中，从此在业界站稳了脚跟，提升了名气。直到1997年，《大学英语》仍然生命力不减，是社里盈利的支柱。然而，庄智象却先人一步地洞察到成绩背后潜在的危机。

"《大学英语》必须不断地进行修订，要紧跟时代的步伐。"掷地有声的决策给外教社人指明了前进方向。

在万份问卷调查的基础上，1998年外教社推出了《大学英语》系列教材的修订本，不过这时，庄智象早已开始酝酿下一场战役——推出配套齐全的立体化教材。同年，功能齐备、制作考究的《大学英语》多媒体教学辅助光盘问世，在业界引起了不小的震动。大学外语教学研究会会长杨治中教授曾评价其为"我国体系最完善、配套最完备、学术最成熟的高校公共英语教材"。

然而，在庄智象的词典里没有"最好"，只有"更好"。他反复告诫员工，品牌形成后"需要不断地进行维护，在不断改进、修订、创新的过程中形成久远的品牌影响力"。2001年，庄智象又召集近50名英语教育专家学者编写推出了集图书、音像、光盘、网络、题库于一体的《大学英语》系列教材（全新版）。

在庄智象看来，出自专家之手的教材也必须接受大学课堂的检验，得到老师和学生的认可。于是，外教社兵分数路，奔赴全国二十几个省份，听取教材试用情况。一贯亲历亲为的庄智象又怎能坐等市场部的调查报告？他亲自带领员工征求各学校意见，足迹踏遍山东、陕西等多个省份。

在经济效益和社会效益面前，庄智象更看重后者。当听说某大学已经订购7 000册全新版教材，并准备在全校范围内使用时，庄智象脸上没有一丝喜悦，反而心生担忧："我宁愿他们先在小范围内试用，根据使用效果再决定订数。"

经过近两年的稳扎稳打，全新版教材的发行量一路飙升，以每年15%的速度递增，仅2003年就发行了80万套。

业界的"拓荒者"

"若待上林花似锦，出门俱是看花人。"庄智象深谙此理。庄的过人之处在于他总能在"绿柳才黄半未匀"时就洞悉业界的发展趋势，早早酝酿应对策略。1999年，庄智象就预测英语教材将很快成为各大出版社大施拳脚的领域。这种直觉告诉他必须拓展教材产品的领域，捷足先登出版纵贯小学、初中到大学以至研究生英语教育的系列教材。

2002年，全国首套英语语言文学专业研究生系列教材的问世，再一次让庄智象一役成名。他不惜投资邀请国内50多位专家赴沪开研讨会。庄智象打电话一位位邀请，向专家阐述这套教材的开创性。专家们都答应赴沪参会。这与其说是对教材重要性的认同，不如说是庄真诚恳切的个人魅力让他们会聚于上海。

经过不到两年的努力，外教社成体系化的教材规模板块已经形成，不少图书品种填补了国内空白。全国首套外国语学校英语系列教材的出版改变了外国语学校没有系列主干外语教材的局面。英语专业本科系列的150余种教材，则加重了文化和人文科学的含量，并充分考虑到了当前社会对外语复合型人才的需求。

几乎在抢占教材市场的同时，庄智象在另一战场也吹响了号角："我们的产品结构必须多样化，不能总停留在盈利主要靠教材的状态。他提出了开发"四个一百"工程的目标，即在3年内出版全新教材100种、全新学术著作100种、全新工具书100种和全新读物100种。

这项全面的新品开发工程使外教社图书产品结构得到全面调整。"新世纪高等院校英语专业本科生系列教材"、剑桥英语词典系列"、柯林斯COBUILD英语词典系列"、上外—朗文学生系列读物"等优秀出版物进一步发挥了外教社作为外语出版社的专业优势。

打造出版托拉斯

1993年进入外教社之前，庄智象是上海外国语大学英语系的教师、《外语界》学术期刊的编辑部主任。在出任社长之前，他是外教社的副总编。作为英语语言学专家，他曾编写《现代外语教学——理论、实践与方法》、《英语语言艺术》、《英语表达词典》等10多部著作，可以说庄智象是一位学者出身的出版人。不过，这位"半路出家"者对于出版经营却很精通，对出版社的发展模式也有其独到的见解。

"我们要发展跟文化、科教有关的文化产业，要把出版社建成一个融教学、科研以及出版业务为一体的综合性平台。"庄智象这里说的综合性平台体现了他一贯坚持的"裂变"理论。

所谓"裂变"理论，就是谋求内涵式发展，以出版社本部为基地建立销售网点、海外分社、专业出版分社和出版研究所。

目前，外教社不仅在北京设立了外教社北京文化发展中心，还在上海、陕西、山东、湖南、福建等地建立了图书发行有限公司，增强在这些地区的影响力和销售能力。此外，外教社已在全国建立近2 000个销售网点，掌握着全国各级各类外语教材的出版和使用信息。庄智象不仅想通过这些销售网延伸外教社的触角，更希望能利用它们构建信息服务网络。2002年，外教社在陕西建立的销售分公司，运营仅8个月，当地的发行码洋就比2001年增加了1/3以上。

可以说"专业化"是庄智象"裂变"理论的核心。

外教社下一步的发展目标是成立多个细分化的专业出版分社，如教材出版社、辞书出版社和期刊出版社等。

不仅如此，庄智象还正在酝酿筹建3个研究所：出版物研究所、出版发展研究所和中国外语教材与教法研究中心。

出版物研究所专门从事出版物的研究，为外教社策划、编辑和发行出版物提供科学研究和分析的基础；出版发展研究所则专门从事出版社体制、运作程序、分配和人事制度等方面的研究，为出版社的发展提供科学指导；中国外语教材与教法研究中心将主要致力于外语教材的开发和外语教学研究。

为了更好地与国际接轨，外教社已与10多个国家和地区的数十家著名出版公司建立了经常性的业务往来，引进或合作出版了一批国际领先的语言学著作、语言地道的外语教材和特色工具书。除了向境外出版社购买版权外，庄智象还开创了与国外优秀出版社合作出版的模式，即由外教社拟出选题，请境外出版社物色作者编写。

为了加强与海外出版机构和作者队伍的联系，2002年6月外教社在纽约创立了外教社北美分社。不久，外教社还将在西欧和东亚建立分社，安营扎寨。

"国外有很多出版资源尚未开发，这不仅包括海外学者，还有从中国出去的学者。设立海外分社，一方面可以开发这些资源，另一方面也有利于加快相关专业知识与国际接轨的速度，第一时间了解国外教材和其他图书的编写、出版和销售信息。"庄智象如是说。

做好手头每一项工作

"让我们得以成功的经验，也许会成为明天失败的根源。""要少说多干，先干后说，干好了再说。"出自庄智象的这两句朴实而耐人寻味的话总是被外教社人提起。

都说不断总结经验有助于日后的成功，而庄智象却认为这句话只说对了一半："事物总在发展，在总结经验的同时，更要关注当下的时局状态，过去的成功之道未必能化解今日之难题。"

曾荣获"上海市劳动模范"殊荣的庄智象是个不折不扣的实干家。既是社长，又兼副总编的他总是坚持参与选题策划，在管理全社的同时，还经常担负书稿的三审。双休日和节假日成了工作日，打球和游泳等兴趣爱好也只能"被压制"。

到了"知天命"年纪的庄智象谦虚地说自己仍在"惑"与"不惑"间徘徊，而成功对于他来说就是"努力做好手头每一项工作"。

聊得正尽兴，有人进屋提醒庄智象去主持选题会。采访戛然而止。庄智象一边抱歉地表示他实在公务繁忙，一边起身匆匆离去。此时，我的脑海掠过俄国近代出版家绥青的自传书名——《为书籍的一生》。

★本文发表于《英语教育周刊》（电子版）2004年11月13日，作者：王昕。

"可以请外国作者当翻译"

上海外语教育出版社社长庄智象日前告诉记者,他前不久在外国书店里找书,发现中国书很少。他认为,中国文学博大精深,现在是到走向世界的时候了。

国内外语读者趋多 外教社曾出版过几十种世界名著外语版,其中有《简·爱》、《红字》、《名利场》等。读者表示读了这些书,一可增加文学素养,二可提高外语水平。有读者提出,还可以增加外国近年名著的翻译出版。外教社近年又出版了《拿破仑》、《星际历险》等,也受到读者欢迎。

国外中文图书难觅 庄智象每次出国,都要抽时间逛逛当地书店。他发现,国外有不少销售中文图书的书店,但那些中文书都放在不大起眼的角落,而且那些中文书都是3年前或更老的版本。有外国读者告诉他,中国的很多小说翻译有问题,他们看不懂。庄智象认为,看不懂的原因,除了他们对中国文化了解不多,还在于我们的表达方法不够灵活地道,图书的宣传意识太重。我们太急于宣传,给人的印象是板着脸,一本正经的。而外国人的宣传,是在你不知不觉中进行的,你一边阅读,他的观念就不知不觉地灌输成功了。

"利好"消息传来 庄智象说,近年来,欧美等先进国家十分重视中国,有的国家总统还提出今年要鼓励学习外语,汉语也是其中之一。这就为中国读物进入外国创造了有利时机。前不久,国务院有关部门邀请专家教授开会,庄智象在会上建议,要请外国著名文人来华"体验生活、写出作品",能够写出小说则更佳。因为外国人知道如何恰当表达许多难译、不可译的中国词语。用外国人的笔来写作中国的人和事,效果比中国人写要好得多,可以使外国读者更加可以接受、愿意接受。

"厨房"想着"餐厅" 庄智象表示,外国越是想了解你,就越是想看你的书。中国出版物是中国的一种形象。日本虽然发达，但日本的作品却难以走到世界上去，这与一个国家的语言体系有关。

庄智象有个比喻："出版社就像厨房，书店像餐厅，读者像顾客。"厨师们只有熟知了顾客口味，才能使顾客满意。外教社曾在北美召开过"海外作者座谈会"、"版权贸易恳谈会"，收到了一定效果。他希望在积极引进国外优秀图书的同时，有更多中国文学名著及畅销书等被优美地翻译成外国图书，满足国内读者的需要，也满足国外读者的需要。

★本文于2006年1月发表于《东方网－劳动报》，作者：张伟强。

庄智象印象

平日里，大学里面教教书；回到书房，一杯茶，读读书，看看稿子。这如神仙般自在的生活，庄智象想想都开心；但他心里明白，享受人生，享受生活，是他60岁以后的事。

这样一个热爱生活的社长，即使是出国访问，在飞机上，还在看书稿，看校样，把生活的乐趣都压缩掉了。他的一个同事告诉我们："等到有机会和社长一起去农村，我一定弄台拖拉机让社长开开，让他开心一下。"问起缘由，他告诉我们，"社长讲过，他18岁在安徽凤阳农村开过拖拉机。讲的时候，社长很开心。"

享受生活，对庄智象来说是奢望。工作着的庄智象，犹如一部高速运转的马达。

在公众场合，庄智象是低调的。在媒体上，他很少谈他自己。上网去检索一下，关于他个人，没有什么信息，与庄智象这个关键词同时出现的，全是上海外教社的发展思路、办社理念和炫目的业绩。采访他，说好了，只谈他，谈他的经历、生活，不谈工作。可采访进行中，我们就发现，他又兴致勃勃地谈起了工作。我们放弃了最初的采访意图，因为我们明白了，要把面前的这个人，与他的事业和工作分开，是徒劳的。一般的会议上，很少看到庄智象的身影，当然，外教社自己办的学术研讨会、培训会除外。今年，首届韬奋新人奖颁奖，我们在会场上没见他的身影。后来一问，才知道为了早已安排的公务，他这个获奖者出差了。执掌上海外语教育出版社近10年，他这个掌舵人，始终隐在外教社辉煌事业的背后。说起外教社的《大学英语》，20世纪80年代后接受过高等教育的中国人，无人不晓，知道它的出版者外教社的人也不少，但知道外教社的领军人物庄智象的却不多。做人做事，扎扎实实，不张扬，这就是庄智象为人做事的风格？我们不敢确定，但这是我们的直觉。"我是群体中的一个人，我们是讲群体的，与西方不一样。"庄智象坚信这一原则，坚守这一原则，即使是在今天彰显个性、炫耀个人成为时尚这样一个背景下。

不管庄智象怎样回避，但他在外教社发展中的作用随处可见，甚至可以说，他做人做事的风格也深深地影响着外教社。在他担任社长的近10年间，外教社经历了飞速的发展。外教社的发展之路，是由品牌铺就的。发展顺利时，我们似乎也没有听到嘹亮的口号，令人眩晕的指标，但外教社得到的权威机构的评价却是货真价实的真金白银：上海市新闻出版局"上海出版行业2003年度图书出版信息通报"显示，外教社的创新能力、发展能力、总资产报酬率、净资产收益率、保值增值率、销售增长率、主营业务利润率等全部指标均名列上海市出版行业首位。近几年来，销售码洋、人均创利、用纸量等其他指标在全国出版社中也名列前茅。如今，在中国出版业已不再有高歌猛进的发展姿态，唉声叹气的面容司空见惯的时候，走进外教社内部，我们感受到的是张弛有度的发展节奏，领悟到的是从每个人言谈中表露出的对未来的坚定信心。

外表平和的庄智象，内心却是激情澎湃。与做人做事的低调不同，庄智象的追求，是高标准的，且激情洋溢。外教社的"十一五规划"是庄智象亲自动笔写就的。这是他心中酝酿了许久的方案。"'十一五'期间我们的发展目标是要将外教社办成国内一流、世界知名的出版社，实现出版、教育、科研互动的良性发展。出版是主业，外教社教育培训中心作为教材的中试基地，为出版提供机遇，这是我们大学社的优势所在。科研中心，则为我们发展决策提供依据。我们的任何一个产品设计，事先都有市场调查。科学的决策使我们的产品得以积累下来，同时在市场上出现的教材，有的早已销声匿迹，而我们的产品依然深受读者的欢迎。"对"中国一流"、"世界知名"，庄智象有自己的理解。"一流，有其丰富的内涵，这就是核心竞争力。要有强势的产品，不光是板块，要有产品群；要有比较好的市场运作体系，稳定的市场份额；要有打硬仗的人才队伍；要有规范、科学的管理。世界知名，称谓也颇具含金量，你要有广泛影响的出版物，你的产品要对人类的文化传播、文化积累做出贡献，像牛津的工具书、学术著作，剑桥的学术著作，商务印书馆的工具书与学术著作。"如今，庄智象心中的目标，外教社上上下下的员工全都清楚了，甚至可以说，成为全社员工心中共同的追求，可最初，能理解社长这"三驾马车内涵式发展战略"的人却不多。在外教社的采访中，很多人就此谈到了他们对社长的钦佩，可庄智象却说："如果决策的人没有更远大的目标，要你做什么？"

庄智象带领着他的团队，一步一个脚印地朝着心中的目标走去。他是引领者，行进中，他把自己心中的目标，幻化成团队的目标。"奇迹是大家创造的，作为社长，职责是把大家的情绪调整好。"外教社的员工告诉我们，庄智象是他们的主心骨，平时，他们愿意和庄智象聊天，因为他的自信、乐观是那样有力量，会感染、影响每一个走近他的人。

不断创新，是庄智象工作中的乐趣所在。"跟在后面模仿别人，永远不能超越。"他说，"没有危机感本身就是危机，创新是危机感催生的产儿。有强烈的危机意识，才能激活脑细胞。就像一个球在脚下，如果没有射门意识，机会就丧失。"须臾不曾离开的危机感，是庄智象的假想敌，激发出他的斗志。别人还在四平八稳地做着纸质出版物，他却在与国外出版社的合作及产业的发展趋势中敏锐地感觉到了多媒体浪潮的冲击，于是，调整产品结构，将CD-ROM产品开发成出版社新的经济增长点；当出版社纷纷转向CD-ROM产品开发之时，庄智象已经将目光转向局域网的开发。他像一个始终打开的雷达，搜索着各种有利于出版社发展的商机。多年来，庄智象养成了每天听新闻广播、读报的习惯，每天必读5份报纸，做着其他事情的同时收听新闻广播。别小看了这在车上、路上、饭前饭后零碎时间进行的节目，外教社的许多重要的宏观决策，源自从这里获得的信息。"一则新闻信息往往有着丰富的内涵。"庄智象说这话，是有依据的。现在，职教教材已是外教社的一个重要品牌，当初，决策灵感就来自报纸上公布的国家"十一五"期间宏观调整思路：高等教育主要提高质量，重点发展职业教育。"在我国，任何一个单位的发展、决策，离不开国家的发展和宏观经济背景。大学社与高教、基教息息相关，外语与改革开放紧密相连，将需求关系搞清楚了，明天以至后天的发展蓝图就清晰了。"庄智象每天在他的岗位上从容不迫地应付着无数琐碎的日常工作，办公桌上，总有一摞摞的书稿等着他；会议室里，要他出席的会议排得满满的；数不清的约见，来自四面八方。除社长的工作之外，庄智象自己还在不断地充电，一年写若干篇论文，带几个硕士研究生。但这一切，庄智象应对自如。似乎，他一个人，却有两套工作系统。身现一处在工作，心想一处也在工作，而且是更重要的工作。在他，心中从事的是系统的、宏观的、任何人和事都无法打断的工作。

把握住了外教社成长中的每一个机遇，接到了时代抛来的每一个绣球。这种能力和素质，是生活积淀的结果。成功的企业是庄智象倾注的心血开出的花朵，是他智慧投入后的结晶。

在外教社员工的眼中，庄智象"是身边一个热情的同事"。托他办的事，都有回音，哪怕是托他照顾在上海读书的同行的孩子这样的小事。尽管是社长，与同事出差在外，只要有老同志，享受单间的就不是他。"掌控几个亿资产的社长，出差住两人间，倒头就睡什么也不讲究。法兰克福书展，他去过多少次了，坐班车去洽谈业务，小年轻都顶不下来，社长次次从头顶到尾。"他的同事说。在外教社，许多人能讲出社长年轻时在安徽凤阳的经历，知道他做过炊事员，做过电工，当过泥瓦匠，而且行行精通。

我们想知道庄智象在儿子眼中的印象。"不用问，3个字'他很忙！'"庄智象说。去年，儿子上了大学，庄智象的心里轻松了许多。"我对儿子亏欠很多，10多年了，我忙完单位的事回到家，儿子已经睡着了，早上我上班走了，儿子还没起床，住在一个屋檐下，父子相聚的时候却不多。"

工作着的庄智象是美丽的：有条不紊，张弛有度，永不疲倦。思想着的庄智象更彰显魅力：灵感连连，饱含激情，富有睿智。

在庄智象的生命深处，我们寻找这美丽之源。我们窥见了一汪灵动的泉水，那是从他青少年时代，就开始积淀的生命之水。18岁，从小生活在上海大都市的庄智象，有了第一次离开上海的经历，在安徽凤阳生活了4年多。那时，在中国，"凤阳"就是"苦"的代名词。"我们这些学生，与农民实行'三同（同吃、同住、同劳动）'。我去的那家农户，家里5口人，只有5个碗，我来了，加了一个碗。很大的孩子，夏天没有衣服穿，全身裸着。住的泥屋开了唯一的泥窗，第二年开春，青黄不接，用泥堵上，举家出外讨饭。"昔日的凤阳，仍然留在庄智象的记忆深处，毫不褪色。"凤阳，中国最苦的地方，给我人生一个很深刻的印象，成为我人生的一个永久的参照系。那时的百姓如何生活？活生生地展现在你面前。"当时，从小学就一直是好学生的庄智象满脑子就一个问题："怎么会是这样！"现实教育了他。"那以后，我知道了天高地厚，懂得了珍惜。懂得了如何去工作，如何去生活。"

在中国最贫瘠的地方，庄智象获得了人生无价的财富：她如甘泉，滋润着我们面前这生气勃勃的生命。

*本文发表于《中华读书报》2006年9月27日，作者：庄建。

谁说大象不能跳舞

——记上海外语教育出版社社长庄智象

编者按： 在公众场合，庄智象是低调的，然而，他自1997年走马上任上海外教社社长以来交出来的答卷却是非常引人注目的。经济效益方面：2000年码洋1.6亿，到2007年码洋已过6亿。社会效益方面：近年来获奖图书层出不穷，《澳大利亚文学史》获"全国优秀外国文学图书奖"，《新世纪英语新词语双解词典》获"国家辞书奖"，《大学英语》文理科教材获全国特等奖，《交际英语》修订版获"全国普通高校优秀教材一等奖"……版权贸易方面：与境外出版机构达成版权贸易200余种。而庄智象本人获得了"全国百佳出版工作者称号"、"首届韬奋新人奖"……

走进上海外教社掌门人庄智象的办公室，给人的第一个感觉，干净！偌大的办公室里，靠墙摆放着一列书柜，一个办公桌，一套沙发。书柜里、桌子上、茶几上虽然堆满了书，但都码得整整齐齐，与坐在办公桌后面的庄智象的形象非常匹配。

找庄社长，难！在这个全年出书品种已达1 200多种（含重版），且多有电子版配套的出版社里，庄智象就像一个陀螺，整天忙得团团转，和我想象中大学教授的清闲生活完全沾不上边。庄社长无限向往地说，教教书、读读书的日子是60岁以后过的。而如今对于活跃在学界和出版界的他来说，即便是出国访问，也会带上一叠稿子，飞机上、汽车上，抓紧点滴时间看稿、看校样。

在紧张工作、辉煌业绩的背后，庄社长又是低调的，他强调的是——

团 队 精 神

　　海德格尔是这样解读老子的"道"的,"道"即道路。一条不断出发的道路,一条不断从自身出发连接世界万物的道路,一条成为可能的道路!

　　这个"道",不仅仅是求索之"道",它还关联着天地人神的运迹。其神圣性就在于:"道"即生命的历程! 也将是一个出版家出发、坚守、返回自身的运动!

　　大学是出思想、出人才的地方。大学出版社,有着与大学天然的学缘与地缘优势,最易站在学术前沿,最了解大学课程改革与设置,因而最能直接参与理论攻坚和创新以及新教材的编写,并直接通过出版物的传播,强化其学术功能。

　　早在10年前,庄社长接管外教社时,社里就已经划定了出版范围。国家规定外教社主要出版外语教材、学术专著、外语工具书、外语读物和相关学科的图书,翻译小说不能出。面对全国500多家都能出外语类图书的出版社,新来乍到的庄社长,第一个动作就是在出版范围上寻求与其他出版社的区别。他认定的方向是:将各方面的因素综合起来考虑和选择,寻找有潜力的强势学科。如外教社的外语图书有基础有特色,庄社长就充分发挥大学社的优势,从"专、精、深"入手,希望通过外教社的出版活动,对学校的学科建设、提高教学质量、弘扬大学的学术风范,起到别的出版机构所无法取代的作用。经过不懈的努力,如今外教社的外语类图书已成了众多出版社中的领军门类。第二个动作是在选题上凸显个性。以前外教社的选题比较分散,缺少中心。庄社长主张要发挥群体优势,专业化运作,整体策划,不搞单打独斗。他强调全社参与选题的策划与运作,充分发挥团队的智慧。在策划过程中,编辑和作者共同商定,营销部门负责前期市场调研。

　　庄社长相信,凡是做过调查研究的课题,就会有较强的竞争优势。他要求每个课题的负责人不仅要对所做的课题情况了如指掌,而且要合理分配好选题的中长线市场;不单求眼前的市场效益,同时把目标锁定3年、5年后的市场。外教社所采取的团队式的合作方式,让员工受益匪浅,他们会沉下心来做好每一本书,不会为一点小利而苟且从事。

　　在当今的出版领域,浮躁、粗率、急功近利几成通病,许多书越来越乏味、盲目跟风,冠以学术著作之名,实际内容平庸或东拼西凑的书也比比皆是。书是越印越漂亮,但能真正长留于读者心中,让人爱不释手的书却越来越少。不可否认,我们所目睹的中国出版界繁荣的背后确实存在着隐患:越来越关注对规模、码洋和利润的追求,越来越为经济利益所驱动而热衷于短线做大,越来越有意无意地忽视文化、价值和人性的意义。越来越多的出版社对编辑的利润指标的考核让大部分编辑整天东奔西走,为追求码洋而忙得焦头烂额。

外教社和大多数出版机构的最大区别就是编辑不用考核利润指标。庄社长会把对全社整体的选题思路告诉大家，然后由选题策划组策划。社里一个月召开一次选题论证会，通过的选题成立项目组，由编辑完成组稿、改稿，最终形成产品。年终对编辑的考核采用打分的办法：第一步，室主任考核室里的每位员工；第二步，分管社领导考核每个部门的员工；第三步，社长最后给每位员工打分。3次分数加起来除以3，就是这个员工应该得到的奖励分数。反过来，全体员工考核社长，给社长打分。这样的三级考核既公平，员工也比较信服。

我们无意对图书出版考核到个人的制度说三道四，但外教社抱成团的做法，无疑是具有外教社特色的。难怪，在外教社员工的心里，庄社长是他们的主心骨。平日里，他们有什么想法都愿意和社长沟通，因为社长自信、豁达、开朗的人格魅力吸引、感染着外教社的每一位员工，他们由衷地敬佩庄智象的——

战 略 眼 光

文化是一种能力，文化是观念和方式，一种普遍自觉的观念和方式，一种很伟大的能力。这种力量的强大，目前看来仅次于自然之力。

10年来，庄社长孜孜以求的外教社的企业文化就是成就"中国一流"的出版文化。所谓出版文化，其实是出版业一种根本的、最有价值的、崇高的责任和任务。一个出版社的文化反映了该社生存和发展的根本性目的。它是出版社价值观的系统体现，能够充分而深刻地阐述我们干什么或为什么干，即每一位出版社员工为什么而工作，为什么干这一项工作。它是出版社的最基本的观念，是出版社文化的核心，是出版社的宗旨。

外教社的文化宗旨就是做品牌，创"中国一流"、"世界知名"图书。庄智象在其亲自起草的外教社"十一五规划"中强调："'十一五'期间我们的发展目标是要将外教社办成国内一流、世界知名的出版社，实现出版、教育、科研互动的良性发展。"

在全球文化竞争进入白热化的今天，世界一流的公司正在采取一个简洁而有力的发展战略：就是将某一产品（服务）做到世界第一或一流，然后在全球连锁、扩张或销售。这种战略使非一流的产品失去在全球存在的可能。对此，庄社长有自己的理解："一流，有其丰富的内涵，这就是核心竞争力。要有强势的产品，不光是板块，要有产品群；要有比较好的市场运作体系，稳定的市场份额；要有打硬仗的人才队伍；要有规范、科学的管理。世界知名，称谓也颇具含金量，你要有影响广泛的出版物，你的产品要对人类的文化传播、文化积累作出贡献，像牛津的工具书、学术著作，剑桥的学术著作，商务印书馆的工具书与学术著作。"

如何实现这个文化战略，庄社长有自己一整套的计划和要求。如做任何图书必须从四个方面来要求自己：第一，必须是高质量；第二，必须有非常鲜明的特色；第三，必须是权威性的；第四，必须有较好的市场适应性。其他出版社都能做的书，那就用不着外教社来做。比如以前关于雅思的书外教社没有做过，有编辑提议做，庄社长说可以，但请先对这类图书的市场情况做一个深入的调查：第一，每年参加雅思考试的学生到底有多少？第二，现在全国雅思的培训点有多少？第三，现在有多少雅思培训方面的教材，是哪几家出版社出的？第四，这些教材当中哪几种是最有代表性、最权威的？最后，如果我们要做，在哪几个方面可以超过它们？庄社长强调，只有先调查清楚了这几个问题，然后才能考虑如何着手：书如何设计，由谁来做可以超过他人。一定要将做什么、怎么做、谁来做这几件事情弄清楚后才能开始动手。现在这方面的书外教社已出版了不少，且占有不小的市场份额。

庄社长的战略眼光还体现在他敏锐的市场把握上。外教社的《新牛津英汉双解大词典》最早是由上海某出版社获得授权的。由于某些原因，这家出版社无法继续出版，他们老总找到庄社长，希望外教社接盘。庄智象觉得这是部难得的工具书，肯定会有不错的市场前景，但之前出版社和海外版权输出方在利润的分配上存在着不合理的因素。他认为，关键是如何降低书的成本，让利给读者，刺激读者的消费欲望，然后带动发行的良性循环。在和海外版权合作方谈判时，对方人多，所提条件苛刻，庄智象不慌不忙，有理有节，靠着自信和对出版的精通，一番"舌战"之后最终让对方心服口服地按照我们的思路重新签订合同，为《新牛津英汉双解大词典》的重版取得利益上的保证。正如庄智象所预料的，经过外教社的修订及重新包装，这本书再版时，印数大增，非但一年把投资全部收回，而且还创了不少利润。

这个领军人带着外教社奔走在创"一流社"、"知名社"的征途上，那份激情源于出版人神圣的——

出 版 使 命

朱光潜先生曾说过："人要有出世的精神才可以做入世的事业，要把自己的事业当作一件艺术品看待，只求满意、理想和情趣，不斤斤计较于利害得失，才可以有一番真正的成就，伟大的事情都出于宏远的远见和豁达的胸怀。"

超前的市场意识，科学的营销办法，丰富的信息来源，精准的学术眼光，我想这是人们对庄社长的大体印象。作为大学出版人，职业要求和使命感让庄智象不仅可能而且必须"把自己的事业当作一件艺术品看待，只求满意、理想和情趣"。自从踏上了出版这条路，庄智象和他的团队始终满怀一种冲动，以一种独到的眼光，力求自己的出版物能感召读者，征服读者，传承文明，播种智慧。

庄智象认为，出书、出产品不易，如何进行市场营销，如何营造市场影响力，如何让产品具有特色更难。一个出版社，产品是第一位的，销售是关键，管理是保障。没有好的产品，销售再强调也搞不上去。当然，如果仅有好的产品，销售不努力，也是不能达到目标的。

在目前整个经济大背景下，在自身发展的竞争压力下，出版界任何一个经营者面对生存危机，谁敢在商不言利？外教社当然也不例外。社里大的、重要的选题推行必须在全社的整体性经营原则下，由策划部和编辑部实行双效目标责任制和项目负责制。策划部负责选题策划、组织稿件，编辑部在形成产品时发挥积极的作用。每一个产品的成功与否，责任有分解，最终责任在社长。一本书能否进行投入、生产、经营，做多大的投入，需要在全社的整体目标框架中作决策。社长是全社生产经营的最高指挥者，主宰着全社的命运。这就是整体性经营下的目标责任制。

外教社的外语专业教材，从2002年到2007年，在庄智象的总策划下，已由原先的150种发展到现在的200多种。庄智象认为，语言技能是核心，是外教社的品牌。如果这类选题做不好，外教社就等于失去了自己的特色。庄智象要求把以前出过的外语专业教材的选题全部进行修订，这种修订不是稍微改改弄弄，而是一定要有质的提高。他建议每个编辑多从学生、教师的需求出发，走在作者的前面，引导作者，朝着读者的真正需要而努力。他要求编辑对自己所做的选题有最起码的市场和读者定位的判断。现在，光是外语专业教材这个门类的品牌产品就够外教社好几代编辑"受用"了。庄智象希望，经过外教社全体员工的5年、10年乃至15年的努力，把外教社创立的外语专业教材这个品牌流传下去，要让人们一提到外语专业教材就想到外教社。

外教社从开始做选题起，策划编辑就要说清楚为什么做，市场前景如何，做出来大概是什么规模，投入产出需要多少等。基本确定后，市场营销人员做方案，编辑需要多长时间，出版需要多长时间，合适的宣传途径有哪些，然后财务再做一个投入产出的预算。每年，庄社长会做这样两件事。一是将全年要出的新书根据教学、市场的需要全部按月份排好，然后市场部根据这份统计数据做好营销准备，发行也同步跟上。二是做一个财务预算，一年要花多少钱，每个月要完成的利润指标是多少，投入需要多少。庄社长说,一般从经营者的心态来说,投钱的时候都希望越少越好,但如果预算需要6 000万,而结果你只投入了5 000万,就好像水已经烧到了99℃,只差1℃就开了,可是有人偏偏舍不得花这1℃的钱,结果水就永远开不了。庄社长提倡满预算投资,如果中途需要追加,他觉得可以考虑,但策划书必须做好。

与其说庄智象是个好"商人",不如说他是个好"艺术家",因为他始终把自己的事业当作一件艺术品看待。明年是外教建社30周年。庄社长接下来的"理想"和"情趣"是什么呢?(1)全力打造外教社的品牌,做大做强品牌,把所有产品、销售、管理都集中到品牌上;(2)出版、科研、教育互动。通过出版支撑教育,再让科研提升出版发展。

谈到这几年的体会,庄社长感慨地说:经过努力,把想做的事做成了,支持了教学科研,繁荣了学术,出版的图书受到了读者的欢迎;出版社发展了,双效益提升了。尽管大家都非常辛苦,也十分忙碌,看到最后的结果比较好,应该说是件比较令人高兴的事情。庄社长的确可以为自己不负出版使命而感到欣慰。

庄智象说,一个人的人生道路与他的性格有很大的关系。回想自己走过的路,很多时候都是由性格在支配的,是由自己的人生观和世界观来决定的,而他最突出的性格就是:执着。但愿外教社在庄智象这个执着的"大象"的带领下,舞出更美好的未来。

★本文发表于《编辑学刊》2008年第五期,作者:孙欢。

有所不为，而后可以有为

——访上海外语教育出版社社长庄智象

　　自1998年起，上海外语教育出版社的销售码洋以年均5 000万元的幅度攀升，每年出书近千种，重版率高达70%。上海外语教育出版社不仅以一个中型出版社的人员规模，创造出了大型出版社的经济效益，更是出版了一系列质量优异的教材和学术著作，为推动我国外语学科建设和促进人才培养作出了应有的贡献。

　　10余年来，上海外教社"任凭风浪起，稳坐钓鱼船"的成功秘诀究竟是什么？带着疑问，《中国新闻出版报》记者采访了该社这10余年的带头人——社长庄智象。

质量为先　没有"最好"只有"更好"

　　"质量为先"是上海外教社出版遵循的首要原则。在上海外教社有一条不成文的规定，质量达不到要求或不成熟的图书，无论有多大的经济效益，坚决不出版；而对于已经形成的品牌图书，则要不断地维护。在上海外教社人的工作字典里，图书出版没有"最好"只有"更好"。

　　《大学英语》系列教材是上海外教社于20世纪80年代出版的品牌教材，自面世以来备受青睐，不仅获得了"全国高等学校第二届优秀教材特等奖"的殊荣，更成为社里的赢利支柱。然而，就是对这套已成为全国80%高校首选的教材，庄智象却先人一步地洞察到其成绩背后隐藏的危机，并果断提出："《大学英语》必须及时修订。"1998年，上海外教社推出了《大学英语》系列教材的修订本；2006年，上海外教社吸纳了全国几百所高校师生的使用反馈意见,在继承了教材原有优点和传统经验的基础上,完善了教材原有体系,调整并充分运用了现代教育技术手段,修订了全套教材60%以上的内容,由此《大学英语》(第三版)面世。同时,上海外教社又相继开发了《大学英语》(全新版)和《新世纪大学英语》,满足了不同类型高校的教学需求。

庄智象认为,只有紧跟时代的步伐,不断满足英语教学改革的需要,品牌的生命力才能绵延不息。

事实上,在上海外教社,一套系列教材的平均编写出版周期为3年至5年,使用3年以后就要考虑修订了,到了第5年的时候修订本就必须问世了。一般来讲,教材修订篇幅要达到至少1/3以上。庄智象说,优质的教材一定是"磨"出来的,急功近利或想一蹴而就是做不出好教材的。"我们很愿意花时间认认真真地做一套书,也相信,别人没有投入相同的精力,是无法与我们竞争的。"庄智象如是说。

保持品质　现代出版绝非"拿来主义"

庄智象告诉记者,在人们的传统观念中,出版无非是"拿来主义",把作者的来稿编辑印刷成书就行,但现代的出版工作绝没有这么简单,教材出版更是一项严肃而复杂的系统工程。如果仅仅依靠作者的自主投稿,出版社不规划、不策划、不开发和掌控教材的整体出版过程,则很难打造出合乎人才培养目标、合乎教学要求、教学过程和特点的高质量的、有较强生命力的教材。

毫无疑问,做到主动出版与策划先行,这对出版者提出了更高的要求。在上海外教社,编辑需要做大量的研究工作,如及时关注国家的教育政策变化,社会与人才需求的演变,教学大纲或教学要求的制定与颁布,教学理念、方法、手段的更新,需要深入学校进行调查研究,了解开设什么课程,需要什么教材,哪些教授有这方面的积累等。在策划编写一种新教材时,要进行全方位的研究论证,收集一切有用的信息材料,仔细听取教师、试用单位和地区销售经理对新编教材的意见和建议。为了让图书出版建立在科学研究的基础上并有效论证与实践,2004年,上海外教社成立了出版发展研究所与出版物研究所,并与上海外国语大学合作建立了中国外语教材与教法研究中心。其中,上海外教社历史上最新一代的大学英语教材——"新世纪大学英语系列教材"就是密切关注我国大学英语教学改革、发展,将英语教育产、学、研相结合的产物。

此外,在大力开发海外资源方面,上海外教社没有实行简单的"拿来主义",而是"洋为中用",注重本地化发展,并基于该理念开发了新的合作模式,即由上海外教社根据中国国情设计开发选题，同国外的出版公司共同策划、共同制作。这样既利用了上海外教社熟悉我国外语教育现状的优势，又利用了国外专家语言地道、选材丰富的特长，做到了优势互补，资源共享。"外教社—朗文中学英语分级阅读：新课标百科丛书"和《新世纪大学英语视听说教程》就是这一合作模式下的产物，自面世后备受欢迎，多次脱销。《大学英语创意阅读》则是上海外教社与麦克米伦出版有限公司合作出版的项目，由上海外教社提出选题，邀请国外专家合作编写，成为深度合作的又一个成功典范。

术业有分工　鼎力为教学科研服务

2011年，上海外教社创造了多项新的发展里程碑，是其目前发展史上收获最多的一年。在第二届中国出版政府奖评选中，上海外教社一举荣获4个奖项："先进出版单位奖"、"图书奖"（《汉俄大词典》）、"图书奖提名奖"（《新牛津英汉双解大词典》）和"网络出版物奖提名奖"（思飞小学英语网）。此外，上海外教社有17个项目入选《"十二五"（2011—2015年）国家重点图书、音像、电子出版物出版规划》，包括"现代语言学丛书"等14个图书项目和"新理念外语网络教学平台"等3个电子出版物项目，入选品种数在上海出版单位和全国大学出版社中名列前茅。

对于取得的成绩，庄智象保持着清醒的认识，他说："出版是内容产业，出版社最大的积累不是大楼、不是汽车，而是那些有文化积淀、有价值的图书。"庄智象告诉记者，这么多年来，上海外教社始终恪守着专业分工，将外语教材与学术著作的编辑出版作为出版重点与专业特长。尽管业界有很多人比照着上海外教社的教材做教辅，收益不菲，但是，上海外教社并不为之所动，中小学教材占全社出书总量的比例很低。"码洋再高，也跟你无关。大学出版社的职责是，要看它对教学科研起了多大的推动作用，这比谈销售额更有意义。"庄智象坚定地说。

孟子曰：人有所不为，而后可以有为。这句极富哲理的话，大家都懂，可是要做到，真的需要一种勇气和决心。而上海外教社则用自身的发展证明并践行着体现其出版使命的"有所不为，而后可以有为"。

★本文发表于《中国新闻出版报》2012年5月18日，作者：金鑫。

把单向的引进变为双向的合作

——外教社社长庄智象访谈

长期以来，外教社既重视原创作品的出版，也重视国外优秀图书的引进和合作出版。2011年，该社在1999年"牛津应用语言学丛书"和"牛津应用语言学入门丛书"的基础上，又从牛津大学出版社引进了最新的15种选题，以求更加全面地反映当今国际应用语言学研究的学术水平和新的研究成果。2012年，他们又将推出《新牛津英汉双解大词典》（第二版）和《不列颠学生百科全书》两个大型合作项目，为此记者采访了社长庄智象。

庄社长告诉记者，外教社引进出版的图书主要有两类：一是国内短缺，用来填补市场空白的；另一类是国内暂时没有条件操作或完成的选题。1999年，外教社率先引进出版了"牛津应用语言学丛书"，紧接着又合作出版了"剑桥文学指南"、"国外翻译研究丛书"和"教学法研究丛书"等一大批反映国际最新学术成果的专著。如今，外教社每年出版的学术著作、论文集和学术参考书占全社出版量的30%以上，其中仅外语学术专著就累计出版了600多种丛书；有的小语种，甚至稀有语种印数非常少，但外教社还是坚持出。根据最新公布的《中国高被引频指数分析》统计，在语言文字领域高被引排名前10的图书中，上海外语教育出版社出版的图书共占了5种，说明长期以来外教社对学术出版和优秀学术专著引进工作的重视得到了读者的肯定。

谈到今年即将出版的两本大书，庄社长告诉记者，《新牛津英汉双解大词典》是根据《新牛津英语词典》第一版（1998年）和第二版（2003年）编译而成的，是牛津大学出版社授权在中国大陆编译出版的全球规模最大的英汉双解词典。将大型英语原版词典做成英汉双解版，在双语辞书界并不多见，对外教社来说也是一次新的尝试。这本独创的《新牛津英汉双解大词典》在2011年的第二届中国政府出版奖评选中获得了图书提名奖。而该书2007年甫一问世，外教社就启动了修订工作，历时5年。今年推出的是第二版。与第一版相比，第二版内容有了很多更新：首先，增补新词新义2 000余条，内容多涉及变化迅猛的领域，如计算机、移动通信、大众传播、财政和环境等；其次，增加了一个新的特色：语词演变（Word Trends），介绍了57个自本世纪以来词义或用法发生显著变化的词语；第三，重新审读了用法专栏，增补和修订专栏140多个，语言表述更简练直接，能为读者提供更真实准确的用法指导；第四，全面梳理了百科词条，将地名词条中的人口统计信息和人物词条中的生卒年份和重大活动更新至本世纪，共计更新3 000多处。

庄智象说，《新牛津》此次更新就根本而言，是基于对牛津英语语料库的分析。该语料库目前容量超过两亿词次，为同类语料库规模之最，所收语料最早不超过2 000年，且定期更新，因此，比起第一版利用的英国国家语料库，能更迅捷真实地反映英语的发展变化。尤为值得一提的是，《新牛津》（第二版）针对中国读者需求做了一个重大的本地化举措：《新牛津》英文原版只为可能给本族语者带来发音困难的词注音，而这不能完全满足中国读者的需求，借此次修订，外教社采用国内通行的音标体系和注音系统为几乎所有词目标注了读音。

谈到该社今年第二本合作项目《不列颠学生百科全书》时，庄智象给这本书的定位是多用途百科读物，而非单纯意义的仅供查阅的工具书。该书共15卷，设主题约2 200个，副题逾1万个，配图近4 000幅。出版该书时，外教社对中学英语课程标准以外的词汇进行了中文注释，以求为青少年读者扫除阅读中的词汇障碍，使得知识与趣味同在。

庄社长透露，由外教社和柯林斯出版社合作编写的《汉英大词典》项目目前也正在紧锣密鼓地实施中。国外出版社根据外教社提供的汉语语料进行汉英大词典的编写，这是一种工具书编写的新型合作模式，也是创新教材编写的合作模式。庄智象一直认为，版权贸易作为国际间的文化交流，应该是双向的、互惠的。充分利用和开发海外出版资源，积极引进优秀图书版权是选题开发不可或缺的有效补充，但真正要把合作做好，应该中外联手，发挥各自的特长与优势。"外教社未来国际合作的目标是实现真正意义的双向交流，把我们单向去找人家转变成双向的合作、交流和优势互补。"庄智象说。

★本文发表于《中华读书报》2012年8月29日，作者：方颖芝、余传诗。

庄智象：外教社使命

纵观全球出版界，大学出版社往往以学术性和服务教育见长，如享誉世界的牛津大学出版社和剑桥大学出版社等等，都对人类的文化传播、文化积累发挥了巨大作用。上海外语教育出版社专注、执着，始终坚持为学科建设、学术繁荣、人才培养和文化传承服务。在"服务外语教育、传播先进文化、推广学术成果、促进人才培养"的过程中，外教社得到了长足的发展，同时也愈发坚定了承担起一家专业外语出版社和大学出版社的社会责任与历史使命的出版信念。

外教社坚持走专业出版道路，围绕外语学科和高等教育开展出版业务，以外语教材、学术著作为最主要的出版内容，每一种重大出版物都以专业的高标准严格打造，力求做到世界先进、国内领先，不断提升外教社核心竞争力和品牌影响力。

外教社在国家级大型外语教材的组织、策划、研发、编辑制作和出版领域积累了丰富经验。从20世纪90年代中期开始，外教社教材出版逐渐形成了独特的理念与原则，即确保教材的科学性、系统性、前瞻性与适用性。"十一五"期间，外教社15个项目被教育部评为普通高等教育精品教材。2012年，在教育部公布的普通高等教育"十二五"本科国家级规划教材目录中，外教社8个项目176册图书入选，项目数占外语类教材的17.4%，册数占43.5%，入选数居全国大学出版社之首。

外教社秉承以服务教学科研为己任的学术出版理念，每年出版的学术著作、学术参考书和论文集占出书总量的30%以上，尽可能地为外语学科建设和科研提供有价值的学术参考资料。根据《中国高被引频指数分析》，在语言文字领域高被引前10种图书中，外教社出版的图书占5种。2013年6月，外教社推出了《新牛津英汉双解大词典》第二版。该书第一版自2007年问世后，因其内容权威、信息广博、编纂理念先进而得到业界和读者的热切关注，先后获得"上海图书奖一等奖"、"第二届中国出版政府奖图书奖提名奖"，累计销售2万多册。第二版历经6年的勘误、更新、增补、本地化等修订工作，词典的编译质量、语料的新颖性、信息的时效性及词典的实用性得到进一步提高。在大部头词典相继停止纸质版修订和出版的今天，它的修订、增补和勘误具有积极的现实意义。

外教社做教材有一种"如履薄冰"的感觉，因为教材不是一般的出版物，一点差错就可能影响千千万万的学习者；教材的内容，教材的舆论导向，教材所倡导的观点，往往会对学习者产生深远的影响，直接影响学习者世界观的形成。优质的教材一定是"磨"出来的。质量达不到要求或不成熟的教材，无论有多大的经济利益，外教社坚决不出版。

高水平、强大的编写队伍和阵容是保证教材质量的基础。首批进入规划教材的《新世纪大学英语系列教材》，由首届教育部国家级教学名师称号获得者、华南理工大学博士生导师秦秀白教授担任总主编和《综合教程》的主编；大学英语四、六级考试委员会原主任委员、上海交通大学博士生导师杨惠中教授，华东师范大学博士生导师、上海对外贸易学院黄源深教授，全国美国文学研究会会长、南京大学博士生导师刘海平教授，中国认知语言学研究会会长、上海外国语大学博士生导师束定芳教授，对外经济贸易大学原副校长、外经贸部教材编审委员会英语组原组长黄震华教授，四川大学副校长、博士生导师石坚教授分别担任视听说、阅读、写作、快速阅读和选修课教程的主编。除了高水平的编写队伍，还需要一个规范、科学、严谨的编写程序，需要不断地打磨。外教社和编写组以书面问卷、个别访谈和集体座谈等形式在全国各高校进行了广泛的调查研究，前期调研就花费了3年多的时间。教材在正式出版前，多所高校对教材进行了试用，并提出了很多反馈意见。

外教社严格执行稿件的三审三校制度，在确认稿件质量达到了出版要求并准确无误后，才进入出版制作程序。其间，出版社的策划和文字编辑要与作者进行密切的沟通与协商，并征求外语教师、使用学校及市场人员的修改意见。教材出版后，一般需经过使用学校的试用论证，才正式向学校推广。外语教材的出版耗时长、投资大、牵涉面广，需要投入巨大的人力、物力和科研力量，因此更需要形成规范的出版程序和科学的出版管理。外教社在教材的开发、编写和出版管理方面逐步做到了科学化、系统化和制度化。

为了让出版建立在科学研究的基础上并获得有效论证与实践，外教社相继成立了出版发展研究所和出版物研究所，与上海外国语大学共建中国外语教材与教法研究中心，开展科研工作，支撑出版发展。以出版服务教学科研、以科研提升出版，形成出版、科研、教育的良性互动。为了更好地将高校科研、教学资源转化为教学和科研成果，惠及广大外语学习者、教学者和研究者，外教社积极筹划与全国主要外语专业院校合作，建立外教社异地编辑部，挖掘并开发最有价值的学术与教育出版资源。

自2010年以来，外教社投入了巨大的人力、物力来举办"外教社杯"全国高校外语教学大赛，至今年已经是第四届了。大赛本身已经成为一个品牌，受到了社会各界的广泛关注，被誉为贯彻实施"教育大计、教师为本"政策的重要事件，是教学第一线特别是青年教师教学比武的重要赛事。2013年，大赛增设了电子教案设计与制作比赛，鼓励高校外语教师积极利用网络、多媒体等教学资源，创新课堂教学模式。举办大赛在短期内并不见得会有经济效益上的回报，但它对我国外语教学改革的意义却是深远的。

*本文发表于《中华读书报》2013年10月16日，标题略有改动，作者：向珊。

图书在版编目(CIP)数据

理念、策略与探索——外语出版实务研究/庄智象著.—上海:复旦大学出版社,2016.3
(上海出版研究丛书)
ISBN 978-7-309-12024-0

Ⅰ.理… Ⅱ.庄… Ⅲ.外语-出版工作-研究 Ⅳ.G237.9

中国版本图书馆 CIP 数据核字(2015)第 306588 号

理念、策略与探索——外语出版实务研究
庄智象 著
责任编辑/罗 兰

复旦大学出版社有限公司出版发行
上海市国权路 579 号 邮编:200433
网址:fupnet@fudanpress.com http://www.fudanpress.com
门市零售:86-21-65642857 团体订购:86-21-65118853
外埠邮购:86-21-65109143
常熟市华顺印刷有限公司

开本 787×1092 1/16 印张 22 字数 394 千
2016 年 3 月第 1 版第 1 次印刷

ISBN 978-7-309-12024-0/G·1562
定价:42.00 元

如有印装质量问题,请向复旦大学出版社有限公司发行部调换。
版权所有 侵权必究